헤어디자인창작론

CREATIVE HAIR DESIGN

최은정 · 노인선 · 진영모 공저

光文閣
www.kwangmoonkag.

책 머리에

국제기능올림픽은 회원국 청소년들 간에 기능 개발 촉진 직업 훈련 제도 및 방법 등의 정보 교환을 통한 21세기 무한경쟁 시대에 주역이 될 청소년들이 한자리에 모여 갈고닦은 기량을 겨룬다는 것은 큰 의의가 있다.

우리나라는 1966년에 시 · 도 기능경기위원회를 설립하여 제1회 지방대회와 전국기능경기대회를 개최하였다. 1967년 스페인에서 개최된 제16회 국제기능올림픽대회에 출전을 시작으로 2017년 아랍에미리트(UAE. 제44회 국제기능올림픽대회까지 이어지고 있다. 대학에서 수업 진행 시 기능경기대회 헤어디자인 분야와 관련된 교재를 통해 기술을 습득할 수 있도록 헤어디자인 창작론을 발간하게 되었다.

본 교재에서는 남성과 여성 헤어디자인 종목의 일부분인 클래식과 스트럭춰, 업스타일을 수록해 놓았다. 클래식은 남성 헤어의 대표적인 고전형 작품으로 중후한 멋과 신사적인 스타일로 올백, 맘보, 가르마 스타일이 있으며, 스퀘어 형태의 볼륨과 균형미의 조화가 돋보이는 클래식은 드라이 열과 바람을 이용하여 매끄럽고 부드러우면서도 남성미가 강조되는 스타일이다. 스트럭춰는 웨이브를 이용한 남성 작품으로 부드러우면서 역동적인 스타일로 염 · 탈색, 드라이 세팅 작업으로 다양한 형태의 디자인을 표현할 수 있으며, 기초 지식이 필요한 작품이다. 업스타일은 머리를 빗어 올려 목덜미를 드러내는 스타일이며, 그 모양을 만들기 위한 기초적 요소들은 헤어핀, 고무끈, 액세서리, 스프레이, 꼬리빗이 필요하다. 디자인 영역에서의 업스타일은 기능적인 것과 연결하여 색채와 형태, 질감 등 조화를 이루어 연출하는 것을 말한다. 따라서 업스타일은 여성들에게 있어 입체적이고 심미적인 모습을 표현하고 창의적인 디자인의 한 분야로서 기초적인 지식이 필요하다.

이 교재로 인해 기술을 습득한 학생들은 우리나라 뷰티산업에 무한한 발전에 기여할 수 있는 주역이 될 것이라 희망한다. 끝으로 이 책을 출간되기까지 믿고 협조해 주신 광문각출판사 박정태 회장님과 임직원님들께 진심으로 감사 드리며, 사진 촬영에 수고해 주신 고은자, 노복선 선생님께 깊은 감사의 마음을 전합니다.

저자 일동

PREFACE

CONTENTS

CONTENTS

CONTENTS

CHAPTER 01

국제기능올림픽과 국내기능경기대회

CREATIVE HAIR DESIGN

CHAPTER 01

국제기능올림픽과 국내기능경기대회의 역사

1. 국제기능올림픽

국제기능올림픽대회(International Youth Skill Olympics)는 청소년 근로자 간의 기능 경기대회의 실시를 통하여 최신 기술의 교류와 세계 청소년 근로자들의 상호 이해와 친선을 꾀하며, 각국의 직업훈련제도 및 방법에 관한 정보 교환을 주요 목적으로 하고 있다. 또한, 산업 기능의 경쟁력과 세계 산업 발전을 이끄는 대회로 회원국은 유럽 21개국, 아시아 16개국을 비롯하여 총 49개국이다.

이를 위하여 첫째 회원국 간에 주기적으로 국제기능올림픽대회를 개최하고, 둘째 직업훈련에 관한 세미나를 개최하여 급변하는 기술 · 기능 발전에 상응하는 새로운 훈련 방법과 직업훈련제도를 연구 개발하며, 셋째 각국에서 실시되고 있는 직업훈련에 관한 최신 정보를 수집, 편찬, 간행하여 회원국에 배포함으로써 직업훈련의 향상을 꾀하는 것이다.

국제기능올림픽은 1947년 스페인에서 2차 대전 후 '직업청년단'이 주최자가 되어 사상적으로 방황하는 청소년들에게 근로 의욕의 고취와 심신의 건전화를 위하여 직업보도의 일환으로 기능경기대회를 개최하였다. 첫 국제대회는 1950년 포르투갈이 이 취지에 적극 찬성하고 그 해 스페인 수도 마드리드에서 양국 청소년 근로자 대표선수 24명이 참가한 친선경기를 가지게 된 것이 국제기능올림픽대회의 시초이다.

경기 종목으로 기계, 금속, 전기 · 전자, 건축 · 목재, 공예 조제 분야 등 30여 직종에서 실시된 이 대회는 '1직종 1선수' 참가를 원칙으로 하고 있으며, 1952년에 두 번째 대회를 개최하였다. 이후 1954년에 국제조직위원회(IVTO)가 설립되었으며, 1973년부터 매년 또는 격년으로 대회를 개최하여 오늘에 이르고 있다. 처음에는 유럽 국가 중심의 회원국으로 구성되었으나, 1960년대 초 아시아에서 일본이 처음으로 회원국으로 가입한 뒤, 1966년 우리나라가 두 번째로 가입하면서 1967년의 제16회 대회부터 국가대표선수를 파견하게 되었다.

국제기능올림픽대회 또는 월드 스킬스(World Skills)는 직업 기능을 겨루는 국제 대회이며, 참가 연령은 17세부터 22세 사이이다. 2년마다 세계 각 도시를 돌아가면서 개최된다. 이를 관장하는 기구는 월드 스킬스 인터내셔널(World Skills International)이며, 이전 명칭은 국제기능훈련기구(International Vocation Training Organization, IVTO)이다.

1) 한국위원회 창립과 국제 대회 첫 출전

우리나라는 1965년 유럽을 순방하며 국제기능올림픽대회의 중요성과 가치를 깨달은 김종필 민주공화당 의장은 우리나라에서도 이와 같은 대회를 개최하고 국제기능올림픽대회에 기능 청소년을 참여시킴으로써 기능 습득 의욕을 북돋우고, 국가 근대화 작업에 동참할 수 있는 동기를 부여하겠다는 계획을 세우게 되었다.

1966년 네덜란드에서 열린 제15회 국제기능올림픽대회에 참관인단을 파견하여 회원국 기능 선수들의 실력 수준을 눈으로 직접 확인한 우리나라는 이 대회가 입상 선수들의 지위 향상 및 산업사회에 미치는 영향이 크다는 것을 인식하고 마침내 국제기능올림픽대회 회원국으로 가입할 것을 결정하였다.

1966년에 1월 김종필을 초대 회장으로 하는 '사단법인 국제기능올림픽대회 한국위원회'가 창단되었으며, 이 해에 우리나라는 동양권에서는 일본에 이어 두 번째로 국제기능올림픽대회 조직위원회에 정식 회원국으로 가입하였다. 그리고 같은 해에 수도권을 중심으로 한 지역에서 시·도 기능경기위원회를 설립하였고, 제1회 전국기능경기대회를 개최하였다.

1967년에는 스페인에서 개최된 제16회 국제기능올림픽대회에 처음으로 참여하였다. 이 대회에는 9개 직종에 9명의 선수가 참가하여 금상 2명, 은상 1명, 동상 2명, 특상(우수) 1명 등 총 6명이 수상하여 종합순위 4위를 차지하였다. 이 대회에서 개선한 선수단은 카퍼레이드를 벌이며 시민들로부터 환영을 받았다.

국제기능올림픽대회 한국위원회 회의(1966)

기능올림픽 국제조직위원장 만찬 참석(1967)

정일권 국무총리 제16회 국제기능올림픽
파견 선수단 환영대회 참석(1967)

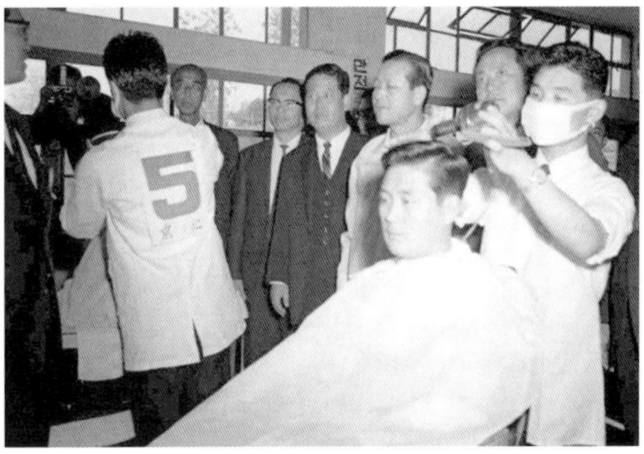

기능올림픽위원장 현장 시찰(1967)

기능올림픽위원장 현장 시찰(1967)

기능올림픽위원장 현장 시찰(1967)

박정희 대통령 기능올림픽
출전 선수단 접견(1967)

박정희 대통령 기능올림픽
출전 선수단 접견(1967)

1977년 23회 대회부터 1991년 31회 대회까지 9연패의 쾌거를 달성하였으며, 1993년 32회 대회에서는 개최국 대만에 밀려 종합순위 2위에 그쳤으나 1995년 33회 대회부터 2003년 37회 대회까지 다시 5연패를 이룸으로써 명실상부하게 국제기능올림픽대회의 최강자로 우뚝 섰다.

2007년에 이르러서는 50개 직종 1,796명의 선수가 참여할 만큼 발전하였다. 그뿐만 아니라 1967년부터 계속해서 국제기능올림픽에 출전하였는데 지금까지 거둔 16회 1위 달성이라는 가시적 성과는 질적인 성장을 드러내는 척도로 볼 수 있다.

국가석인 차원에서도 1981년에는 기능장려금 10억 원을 조성하였고, 1982년부터 국제기능올림픽대회에서 입상한 선수에게 기능장려금을 지급하였다. 그리고 1986년에는 기능장려기금이 입법화되어, 1989년에는 기능장려법이 공포되었으며, 기능 장려 정책 관련 조직으로는 노동부와 지방의 노동관서 그리고 고용노동부 산하 기관인 한국산업인력공단, 기타 관련 행정부처 및 지방자치단체 등이 관련되어 있다.

1982년 3월 노동부 산하 한국직업훈련관리공단(이후 한국산업인력공단으로 명칭 변경)이 발족되면서 한국위원회는 이 공단에 발전적으로 통합 흡수되었고, 현재는 한국산업인력공단 이사장이 회장직을 겸하고 있다.

우리나라에서는 국제기능올림픽에 참가하는 선수를 선발함에 있어, 국제기능올림픽회 개최년도 직전 2년간의 전국기능경기대회 상위 입상자 각 1 명을 후보 선수로 선발한 후 3 차례의 평가 경기를 거쳐 선발한다.

지방기능경기대회, 전국기능경기대회, 국제기능올림픽대회로 이어지는 일련의 대회들은 입상하는 기능인들에게는 긍지이고, 국가적으로는 산업 발전의 원동력이기 때문에 국가 차원에서 이를 장려하고 있다.

2015 08 제43회 국제기능올림픽대회 종합 우승으로 통산 19회 우승
개최지 - 브라질 상파울로
2013 06 제42회 국제기능올림픽대회 종합 우승으로 통산 18회 우승
개최지 - 독일 라이프치히
2011 10 제41회 국제기능올림픽대회 종합 우승으로 통산 17회 우승
개최지 - 영국 런던
2000년대
2001 09 제36회 국제기능올림픽대회 개최
개최지 : 서울
1900년대
1999 12 기금관리기본법에 의거 기능장려금을 기능장려적립금으로 변경
1991 02 한국산업인력공단에서 국내·외 기능경기대회 개최
1989 04 기능장려법 제정으로 국내·외 기능경기대회 개최 및
기능존중풍토 조성을 위한 각종 사업시행 근거 마련
1978 08 제 24회 국제기능올림픽대회 개최
개최지 - 부산
1967 07 제 16회 국제기능올림픽대회 첫 출전
개최지 - 스페인
1966년 1월
기능올림픽대회 한국위원회 설립

2) 국제기능올림픽 한국 유치 및 출전

1978년 8월 31일부터 9월 14일까지 부산에서 24회 국제기능올림픽대회가 열렸다. 이 대회에는 14개국에서 31개 직종에 239명의 선수가 참가하였고, 우리나라는 전 직종에 31명의 선수가 참가하여 금상 22명, 은상 6명, 동상 3명 등 31개 전 직종에서 수상자를 배출하며 종합우승을 차지하였고, 2위는 서독, 3위는 일본이 차지하였다.

2001년에는 서울에서 36회 대회를 9월 6일부터 19일까지 개최하였으며, 이 대회에는 35개국에서 39개 직종에 661명의 선수가 참가하여 우리나라가 종합우승을 차지하였다. 2005년 핀란드에서 열린 38회 대회에서 대만과 스위스에게 종합우승을 내준 것을 제외하곤 2011년 영국 대회까지 지속적인 종합순위 1위를 기록하였다.

또한, 우리나라는 2017년 아부다비에서 열린 44회 대회에서 종합 준우승을 차지하였으며, 역대 최대 규모로 49개 직종에 46명의 국가대표선수가 참여해 금메달 8개, 은메달 8개, 동메달 8개, 우수상 16개로 1위인 중국에 이어 종합 2위를 차지했다.

제17차 국제기능올림픽 출전 선수단 개선(1968)

제17차 국제기능올림픽 출전 선수단 개선(1968)

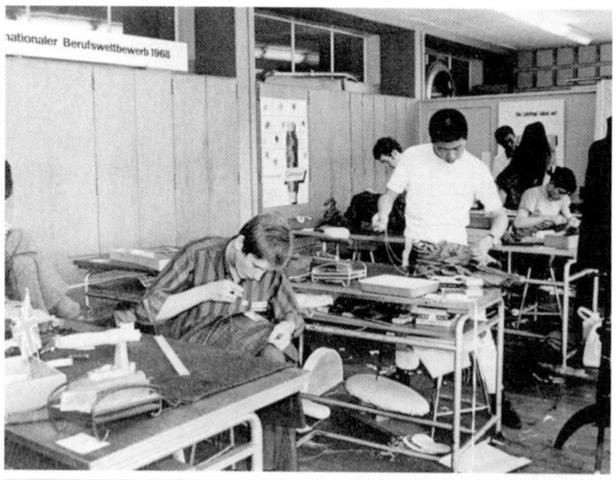

제17차 국제기능올림픽경기 대회 실황(1968)

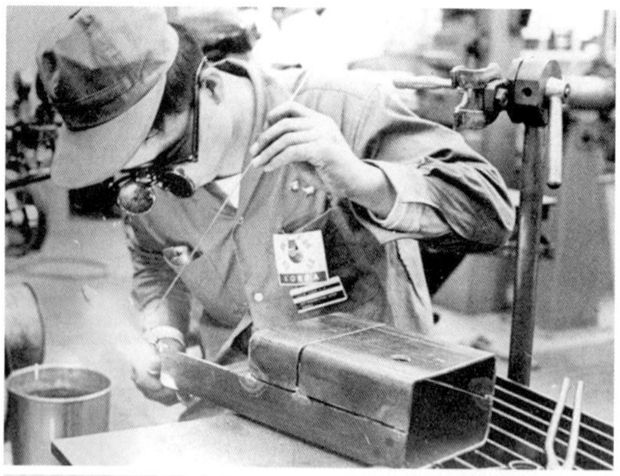

제17차 국제기능올림픽경기대회 실황(1968)

제17차 국제기능올림픽경기대회 실황(1968)

제18회 국제기능올림픽대회 파견 선수단(1969)

제21회 국제기능올림픽대회선수단
개선 퍼레이드 및 환영 리셉션(1973)

제21회 국제기능올림픽대회선수단
개선 퍼레이드 및 환영 리셉션(1973)

제23회 국제기능올림픽대회 선수단
국립묘지 참배(1977)

국제기능올림픽 파견 선수 기념촬영(1968)

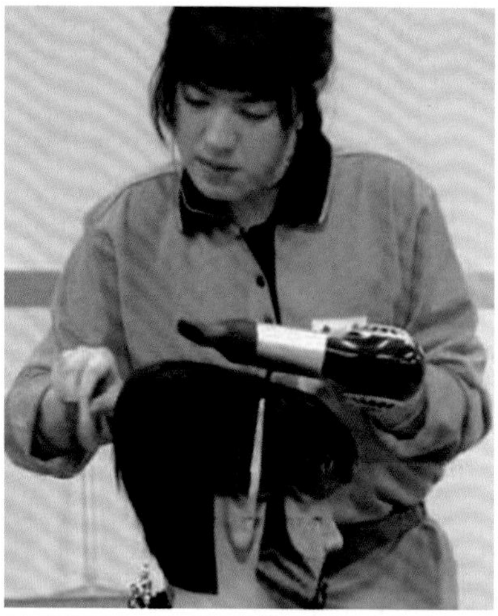

제39회 국제기능올림픽대회(2007, 일본) 헤어디자인 부문 금메달

제40회 국제기능올림픽대회(2009, 캐나다)

제43회 국제기능올림픽대회(2015, 브라질 상파울루)

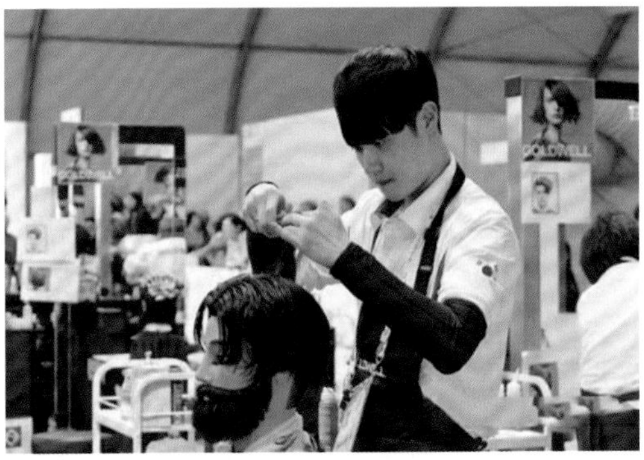

제44회 국제기능올림픽대회(2017, UAE 아부다비)

| 역대 국제기능올림픽대회 개최 현황 |

연도	회수	대회기간	개최국	참가국	직종수	선수수	한국참가	각국종합등위			한국입상자수			우수
								우승	준우승	3위	금	은	동	
1950	1		스페인 (마드리드)	2	12	24								
1951	2		스페인 (마드리드)	2	8	16								
1953	3		스페인 (마드리드)	7	24	65								
1955	4	4.18 - 4.30	스페인 (마드리드)	7	19	83		스페인	서독	모로코				
1956	5		스페인 (마드리드)	8	28	88								
1957	6		스페인 (마드리드)	8	35	128								
1958	7		벨기에 (브리셀)	10	30	144								
1959	8	9.8 - 9.24	이태리 (모대나)	9	31	150								
1960	9		스페인 (바르셀로나)	7	37	173								
1961	10	7.2 - 7.14	독일 (뒤스버그)	11	32	192								
1962	11	9.1-	스페인 (기혼)	10	28	156		스페인	영국	아일랜드				
1963	12	7월	아일랜드 (더블린)	13	32	224		일본	아일랜드	서독				
1964	13	7월-8월	포르투갈 (리스본)	12	28	197		일본	영국	포르투갈				
1965	14	7.19 - 7.29	영국 (글래스고우)	11	28	204		영국	일본	스페인				
1966	15	6.14 - 6.29	네덜란드 (우트레흐트)	11	30	220		일본	네덜란드	이태리				
1967	16	7.4 - 7.17	스페인 (마드리드)	11	32	218	9	스페인	일본	서독	2	1	2	1
1968	17	7.4 - 7.16	스위스 (베 른)	14	28	249	15	스위스	일본	한국	4	4	-	3

연도	회수	대회기간	개최국	참가국	직종수	선수수	한국참가	각국종합등위			한국입상자수			우수
								우승	준우승	3위	금	은	동	
1969	18	7.2 - 7.15	벨기에 (브루셀)	15	28	260	17	일본	스위스	서독	2	5	1	4
1970	19	11.03 - 11.19	일본 (동경)	15	30	274	29	일본	스위스	한국	4	4	5	7
1971	20	9.07 - 9.19	스페인 (기혼)	15	31	273	26	일본	스페인	스위스	3	8	-	4
1973	21	7.30 - 8.15	독일 (뮌헨)	15	33	281	18	서독	한국	일본	6	4	2	2
1975	22	9.8 - 9.22	스페인 (마드리드)	17	31	291	25	스위스	한국	스페인	8	6	5	3
1977	23	6.24 - 7.11	화란 (유트리히트)	17	31	267	28	한국	서독	일본	12	4	5	5
1978	24	8.31 - 9.14	한국 (부산)	14	31	239	31	한국	스위스	대만	22	6	3	-
1979	25	9.2 - 9.17	아일랜드 (코오크)	14	33	276	33	한국	일본	스위스	17	5	1	3
1981	26	6.8 - 6.20	미국 (아틀란타)	14	33	266	31	한국	일본	스위스	15	6	3	2
1983	27	8.15 - 8.28	오스트리아 (린츠)	18	32	309	32	한국	대만	오스트리아	15	2	3	2
1985	28	10.14 - 10.27	일본 (오사카)	18	34	307	33	한국	일본	스위스	15	6	3	4
1988	29	2.7 - 2.24	호주 (시드니)	19	34	354	34	한국	일본	대만	12	6	3	7
1989	30	8.19 - 9.4	영국 (버밍햄)	21	34	408	32	한국	대만	오스트리아	11	2	3	10
1991	31	6.20 - 7.6	네덜란드 (암스텔담)	25	34	430	32	한국	대만	오스트리아	13	2	3	6
1993	32	7.19 - 8.3	대만 (타이페이)	25	35	425	32	대만	한국	일본	12	3	5	6
1995	33	10.5 - 10.18	프랑스 (리옹)	28	34	499	33	한국	대만	독일	10 (11)	5	3	12

연도	회수	대회 기간	개최국	참가국	직종수	선수수	한국 참가	각국종합등위			한국입상자수			우수
								우승	준우승	3위	금	은	동	
1997	34	6.26 - 7.10	스위스 (상갈렌)	30	37	533	35	한국	스위스	대만	10 (11)	3	4	13
1999	35	11.4 - 11.19	캐나다 (몬트리올)	33	41	607	36	한국	대만	일본	7(8)	7	2	12
2001	36	9.6 - 9.19	한국 (서울)	35	39	661	39	한국	독일	일본	20 (21)	5	7	5
2003	37	6.11 - 6.26	스위스 (상갈렌)	37	42	664	39	한국	스위스	일본	11	6	8	8(9)
2005	38	5. 25 - 6.1	핀란드 (헬싱키)	39	39	673	39	스위스	한국	독일	3	8	5(7)	15 (17)
2007	39	11. 8 - 11.22	일본 (시즈오카)	46	47	812	47	한국	일본	스위스	11 (13)	10	6(8)	13 (14)
2009	40	8. 26 - 9.7	캐나다 (캘거리)	46	45	847	45	한국	스위스	일본	13 (16)	5	5(6)	12
2011	41	9. 28 - 10.13	영국 (런던)	50	46	949	43	한국	일본	스위스	13 (14)	5	7(8)	12
2013	42	6. 27 - 7. 11	독일 (라이프치히)	53	46	961	41	한국	스위스	대만	12 (15)	5	6	14 (15)
2015	43	8. 11 - 8. 16	브라질 (상파울로)	59	50	1,192	42	한국	브라질스	대만	13 (15)	7	5	14 (16)

2. 국내기능경기대회

기능경기대회는 기능 습득을 장려하고 국제기능올림픽 한국위원회 기능 향상을 촉진시키는 목적으로 기능인의 경제·사회적 지위 향상에 이바지하고 있으며 국가대표선수 선발을 목적으로 한다. 지방기능경기대회는 지역사회의 기능 개발 보급과 기능 수준의 향상을 도모하고 우수한 기능 소지자를 발굴 · 표창함으로써 기능인의 사기 진작과 근로 의욕을 고취시키는 것을 목적으로 하고 있으며, 매년 4월경 17개 시·도에서 주최하고 국제기능올림픽 한국위원회에서 지방대회를 후원하고 있다.

우리나라는 1966년부터 매년 지방기능경기대회가 개최되어 2017년까지 열렸으며, 지방기능경기대회에 대한 관심이 증대하여 꾸준히 참가 인원이 증가하고 있다. 자격 요건으로는 학력과 경력의 제한은 없으며 개최일 현재 14세 이상인 자로서 국제기능올림픽는 국제기능경기회에 입상한 사실이 없는 자를 참가 요건으로 하고 있다.

전국기능경기대회는 지역 간 기능 수준의 평준화를 도모하고, 범국민적 기능 존중의 풍토를 조성하며, 국제기능올림픽대회 파견을 위한 국가대표 후보 선수 선발을 목적으로 매년 9~10월경 고용노동부와 17개 시•도에서 윤번제로 전국대회가 개최된다. 전국기능경기대회의 참가 자격은 지방기능경기대회 입상자 중 출전 시·도 기능경기위원회의 추천을 받은 자로 한다. 단, 전국기능경기대회나 국제기능올림픽대회에 참가하여 입상한 사실이 있는 자 및 명장으로 선정된 자를 제외한다. 직종별로 1, 2, 3에 입상한 자에게는 상장과 메달을 수여하고 상금이 지급된다. 그리고 각 직종별 입상자를 제외한 자에서 고득점자인 선수들에게는 우수상을 수여한다.

1966년 서울에서 제1회 전국기능경기대회가 시작된 뒤부터 2017년 제52회 제주특별자치구대회까지 이어지고 있다. 1966년에는 3개 시·도에서 26 직종, 435명의 선수가 참가했지만, 2017년 전국대회까지 꾸준한 증가를 보여 52회 대회에서는 50 직종에 1,901명의 선수가 참가하였다.

1980년대 국내·외 기능경기는 국제기능올림픽대회에 국가 이미지를 부각시키고 한국인의 우수성을 과시했으며 정보 교류 국제 친선 민간외교 측면에서도 중요한 역할을 담당했다. 이로 인해 기능경기대회는 우리나라 산업의 급속한 발전과 기술 및 기능 인력의 수급에 큰 변화를 가져 왔고 산업 발전에 따른 기술 수준의 변화는 기능 인력 형성 변화에 영향을 주었다.

헤어디자인 직종은 2005년도까지 이용과 미용 직종으로 분리하여 진행되었으며, 2006년도부터 미용 직종과 이용 직종이 통합되면서 이 · 미용 직종으로 명명하였다. 2007년까지는 금메달 1명, 은메달 1명, 동메달 1명으로 입상자가 3명이었던 것이 2008년도부터 1~3 입상자는 직종별 채결과 고득점자에서 성적 차례에 따라 직종마다 1위 1명(팀), 2위 2명(팀), 3위 3명(팀)까지 선정하며, 직종별 참가 선수 인원수에 따라 입상자 선정 인원을 달리하였다. 이후 2009년도부터 헤어디자인 직종이라고 명명하였다.

국제기능올림픽 한국위원회의 헤어디자인 직종 설명서에 의하면, 남성과 여성의 두상 및 얼굴형 특성을 살려 새로운 크리에이티브한 헤어커팅(Hair Cutting), 펌웨이빙(Perm Waving), 헤어컬러링(Hair Coloring), 헤어스타일링(Hair Styling), 수염 손질(Beard Design) 등을 시술하는 직종이다.

헤어디자인 직종의 출제 작품은 이용 5과제로 클래식, 영패션커트, 퍼머넌트웨이브, 프로그래시브, 스트럭춰와 미용 5과제로 업스타일, 크리에이티브, 헤어바이나이트, 패션커트, 드라이웨이브로 구분된다. 출제 과제는 지방대회는 4과제가 출제되고, 전국대회는 3일 동안 오전, 오후를 기준으로 2과제씩 총 6과제로 출제된다. 출제 작품은 국제기능올림픽 한국위원회 홈페이지를 통해 도면이 공개된다.

1회 경인지방기능경기대회 개회식(1966)

경인지방기능경기대회 시상식(1968)

경인지방기능올림픽경기 선반공(1968)

경인지방기능경기대회 개회식(1969)

4회 전국기능경기대회개회(1969)

박정희 대통령 기능올림픽경연대회장 시찰(1973)

전두환 대통령 17회 전국기능올림픽경기대회 참석
(1982)

전두환 대통령 17회 전국기능올림픽경기대회 참석
(1982)

전두환 대통령 17회 전국기능올림픽경기대회 참석
(1982)

39회 전국기능경기대회(2004)

48회 강원도 전국기능경기대회(2013), 경기 장면

51회 서울특별시 전국기능경기대회(2016), 경기 장면

52회 제주특별자치도 전국기능경기대회(2017), 시상식

52회 제주특별자치도 전국기능경기대회(2017), 개회식

52회 제주특별자치도 전국기능경기대회(2017), 경기장면

1) 기능경기대회 목적 및 특전

<table>
<tr><td rowspan="3">지방 기능 대회</td><td>목적</td><td>· 지역사회의 숙련 기술 개발 및 기능 수준의 향상 도모
· 우수한 숙련 기술인을 발굴·표창함으로써 사기 진작과 근로 의욕 고취</td></tr>
<tr><td>대회 개요</td><td>· 주최: 서울특별시, 광역시, 도
· 주관: 17개 시 · 도 기능경기위원회
· 후원: 국제기능올림픽대회 한국위원회 (한국산업인력공단)
· 개최지: 17개 시 · 도 기능경기위원회 소재지 (서울, 부산, 대구, 인천, 광주, 대전, 울산, 세종, 경기, 강원, 충북, 충남, 전북, 전남, 경북, 경남, 제주)
· 대회 기간: 매년 4월
· 경기 직종: 폴리메카닉스 등 50개 직종</td></tr>
<tr><td>시상 및 특전</td><td><table><tr><th>등위</th><th>상금</th></tr><tr><td>1위(금메달)</td><td>30만 원</td></tr><tr><td>2위(은메달)</td><td>20만 원</td></tr><tr><td>3위(동메달)</td><td>10만 원</td></tr></table>· 1, 2, 3위 입상자는 전국기능경기대회에 참가할 수 있는 자격 부여
· 1, 2, 3위 입상자는 국가기술자격법에서 정한 바에 따라 해당 직종의 기능사 시험을 면제함</td></tr>
</table>

<table>
<tr><td rowspan="3">전국
기능
대회</td><td>목적</td><td>· 지역 간 숙련 기술 수준의 상향 평준화를 도모하고 범국민적 숙련 기술 우대 풍토 조성 및 저변 확산을 통한 산업 발전에 기여</td></tr>
<tr><td>대회
개요</td><td>· 주최: 서울특별시, 광역시, 도
· 주관: 17개 시 · 도 기능경기위원회
· 후원: 국제기능올림픽대회 한국위원회 (한국산업인력공단)
· 개최지: 17개 시 · 도 기능경기위원회 소재지 (서울, 부산, 대구, 인천, 광주, 대전, 울산, 세종, 경기, 강원, 충북, 충남, 전북, 전남, 경북, 경남, 제주)
· 대회 기간: 매년 10월
· 경기 직종: 폴리메카닉스 등 50개 직종</td></tr>
<tr><td>시상 및
특전</td><td>
<table>
<tr><th colspan="2" rowspan="2">순 위</th><th colspan="3">직 종</th><th rowspan="2">비 고</th></tr>
<tr><th>메달</th><th>상금</th><th>상장</th></tr>
<tr><td rowspan="3">입상</td><td>1위</td><td>금</td><td>1,200만 원</td><td>공용노동부장관</td><td></td></tr>
<tr><td>2위</td><td>은</td><td>800만 원</td><td>대회장</td><td></td></tr>
<tr><td>3위</td><td>동</td><td>400만 원</td><td>대회장</td><td></td></tr>
<tr><td colspan="2" rowspan="3">우수상</td><td rowspan="3">-</td><td>100만 원</td><td>대회장</td><td>우수상 대상자 중 최상위</td></tr>
<tr><td>70만 원</td><td>대회장</td><td>우수상 대상자 중 차상위</td></tr>
<tr><td>50만 원</td><td>대회장</td><td>우수상 대상자 중 최하위</td></tr>
</table>
</td></tr>
<tr><td rowspan="3">국제
기능
올림픽
대회</td><td>목적</td><td>· 회원국 청소년 간 기능 교류로 기능 수준 향상 및 기능 개발 촉진
· 직업훈련제도 및 방법 등의 정보 교환</td></tr>
<tr><td>대회
개요</td><td>· 대회 명칭: 국제기능올림픽대회
· 개최국: 국제기능올림픽 회원국
· 대회 기간: 격년 10월
· 참가 직종: 42직종</td></tr>
<tr><td>입상자
훈장수여
및 상금</td><td>
<table>
<tr><th>등위</th><th>포상</th><th>상금</th></tr>
<tr><td>1위(금메달)</td><td>동탑산업훈장</td><td>6,720만 원</td></tr>
<tr><td>2위(은메달)</td><td>철탑산업훈장</td><td>5,600만 원</td></tr>
<tr><td>3위(동메달)</td><td>석탑산업훈장</td><td>3,920만 원</td></tr>
<tr><td>우수상</td><td>산업포장</td><td>1,000만 원</td></tr>
</table>
· 국제기능올림픽대회 경기 직종 및 참가 연령에 해당하는 자는 평가 경기를 거쳐 국제기능올림픽대회 출전 기회 부여
· 해당 직종 국가기술자격시험 면제 (산업기사 실기시험)
</td></tr>
</table>

2) 출제 수준

① 지방기능경기대회: 국가기술자격 검정 기능사 자격 수준 이상

② 전국기능경기대회: 국가기술자격 검정 산업기사 자격 수준 이상 또는 국제기능올림픽 대회 과제 수준

③ 선발 및 평가 경기: 국가기술자격 검정 산업기사 자격 수준 이상 또는 국제기능올림픽 대회 과제 수준 이상

3) 경기 소요 시간 부여 기준

① 직종별 경기에 소요되는 시간은 '작업 내용'과 같이 부과함을 원칙으로 하되, 직종의 특수성 및 과제의 내용에 따라 소요 시간을 달리할 수 있다.

② 직종별 경기대회 소요 표준 시간

- 지방기능경기대회: 16시간 이내
- 전국기능경기대회: 18시간 이내

4) 기능경기대회 과제 작업 내용 및 시간

○ 지방기능경기대회: 제시된 과제 중에서 이용과 미용 각각 2~3 과제를 선택

○ 전국기능경기대회: 제시된 과제 중에서 이용과 미용 각각 3~4 과제를 선택

순번	과제명	주요 작업 내용	전국(지방) (단위: 분)	비고
1	살롱업스타일	커머셜 컬러로 조화를 이루고 제시된 과제에 부합되는 살롱 신부업스타일을 연출한다. 경우에 따라 염·탈색을 할 수 있다.	160 (160)	미용
2	크리에이티브	백모 마네킹에 커트와 컬러가 조화를 이루고 제시된 과제에 부합되는 데이스타일을 연출한다.	160 (160)	"
3	헤어바이나이트	커트와 염·탈색이 조화를 이루고 헤어 피스를 이용하여 제시된 과제에 부합되는 스타일을 연출한다.	180 (210)	"
4	패션커트	커트와 염·탈색이 조화를 이루고 제시된 과제에 부합되는 디자인을 연출한다.	180 (180)	"
5	패션롱헤어다운	커머셜 컬러로 조화를 이루고 다운헤어스타일이 제시된 과제에 부합되는 연출한다.	150 (150)	"
6	클래식	커트와 드라이 기법이 조화를 이루고 수염을 포함한 제시된 과제에 부합되는 클래식을 연출한다.	120 (120)	이용
7	영패션 커트와 컬러	컬러가 극단적이지 않으며, 현재 유행하는 영패션에 부합되는 스타일로 연출한다.	180 (180)	"
8	퍼머넌트 웨이브	커트와 조화를 이루는 컬링 및 웨이브를 구사하여 시술하되 제시된 과제에 부합되는 디자인을 연출한다.	150 (150)	"
9	프로그레시브	보다 현대적이고 진보적이며 다이내믹한 컬러와 커프로 제시된 과제에 부합되게 표현한다. (수염 포함)	180 (180)	"
10	남성 크레이티브	백모 마네킨에 커트와 컬러가 조화를 이루고 수염을 포함한 제시된 과제에 부합되는 스타일을 연출한다.	160 (160)	"

※ 남성 스타일에는 모든 과제에 수염 컷이 있을 수 있으며, 출제자의 의도에 따라 작업 내용과 경기 시간이 일부 변경될 수 있다.

■ 과제 공개에 관한 사항

○ 대회 개회 전 정해진 일정에 의해 사전 공개한다.

5) 과제별 주요 채점 항목 배점 기준표

순위	항 목		채점 방법		배점 비율	비고
	대분류	소분류	주관적	객관적		
1	살롱 업스타일	1. 작품성 2. 완성도 3. 창의성 4. 통이성(색채, 길이, 질감) 5. 균형 6. 조화(비례, 리듬)	○	–	10	
2	크리에이티브	1. 커트 2. 작품성 및 완성도 3. 창의성 4. 통이성(색채, 길이, 질감) 5. 균형 6. 조화(비례, 리듬)	○	–	10	
3	헤어바이나이트	1. 작품성 2. 완성도 3. 창의성 4. 통이성(색채, 길이, 질감) 5. 균형 6. 조화(비례, 리듬)	○	–	10	
4	패션 커트	1. 커트 2. 작품성 및 완성도 3. 창의성 4. 통이성(색채, 길이, 질감) 5. 균형 6. 조화(비례, 리듬)	○	–	10	
5	패션 롱헤어 다운	1. 작품성 2. 완성도 3. 창의성 4. 통이성(색채, 길이, 질감) 5. 균형 6. 조화(비례, 리듬)	○	–	10	
6	클래식	1. 커트 2. 완성도와 질감의 상태 3. 전체적인 균형감 <수평과 직각 형태 및 각을 약간 굴린 상태> 4.수염디자인	○	–	10	
7	영패션	1. 커트 2. 컬러의 선명도 및 배치도 3. 영패션에 적합한 균형 및 전체 조화도	○	–	10	
8	퍼머넌트 웨이브	1. 커트 2. 커트의 상태와 웨이브의 조화도 3.과제의 일치 및 전체 균형	○	–	10	
9	프로그래시브	1. 커트 2. 컬러 조화도 3. 수염의 시술도 4. 작품 전체의 조화도	○	–	10	
10	남성 크리에이티브	1. 커트 2. 컬러 색상의 상태 3. 빗살(선) 균형 및 조화도 4. 전체적인 작품의 조화도	○	–	10	

CREATIVE HAIR DESIGN

02

기능경기대회
이·미용 헤어디자인 작품 유형

기능경기대회 이·미용 헤어디자인 종목의 작품은 대중적이고 실용적인 스타일과는 다르게 헤어스타일을 연출하고 있다. 작품 제작 시 커트, 염·탈색, 드라이, 스타일링 등 모든 작업 절차에서 고도의 기술을 요구되기 때문에 살롱 고객에서 대중화되기 위해서는 기능경기대회 헤어디자인 종목의 작품에 대한 면밀한 분석을 토대로 새로운 기술 습득과 디자인 능력을 향상, 산업현장에서 활용 가능한 스타일로 재구성하여야 한다.

1. 클래식 작품 유형

클래식은 남성 작품의 기본이 되는 작품으로 커트와 드라이 기법이 조화를 이루고 수염을 포함한 제시된 과제에 부합되는 클래식을 연출하고 모발의 결의 흐름에 따라 올백 스타일, 옆 올백 스타일, 좌 파트 스타일 등이 있다. 네이프 라인의 모발을 짧게 커트하고 틴닝 커트나 레이저 커트를 시술한 다음, 브러시 및 도구를 사용하여 모발 표면의 질감을 매끄럽게 하고 작품 형태에서 직각을 구사한다.

출처: 제52회 전국기능경기대회, 최은정 과제 출제, 2017년

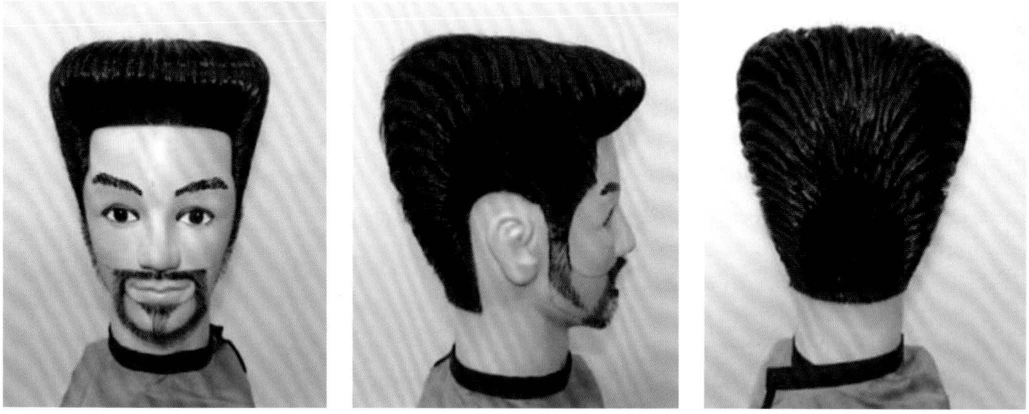

출처: 제43회 국제대회 1차 평가 경기대회, 2014년

출처: 소장 자료

형 태	• 남성스러움을 강조하고 머리 형태로 전체적인 사각형의 안정적인 구도 • 면과 면이 만나는 지점에 둥글게 연결 • ㄱ자의 모양
질 감	• 전체적으로 모발 표면이 흐트러짐 없이 매끄럽고 사이드를 직선으로 올리거나 사선으로 볼륨감을 강조하여 표현 • 커트 시술 시 모발 끝부분을 레이저나 틴닝 가위로 가볍게 질감 처리 • 드라이 시술 시 모발 끝부분에 C컬의 웨이브가 생기지 않도록 스트레이트로 시술 • 스타일링 마무리에 스프레이나 광택제를 사용하여 모발 표면을 매끄럽게 고정
색 채	• 블랙 컬러 사용

2. 스트럭춰 작품 유형

틴닝 커트와 2가지 이상의 컬러가 형성되어야 하며, 두 개 혹은 그 이상의 C컬이 방향을 교차하면서 생긴 물결무늬 웨이브로 복잡한 곡선과 웨이브의 연결을 조화롭게 연출한다. 커트, 염·탈색, 드라이, 마무리 과정을 거쳐 작품을 완성한다.

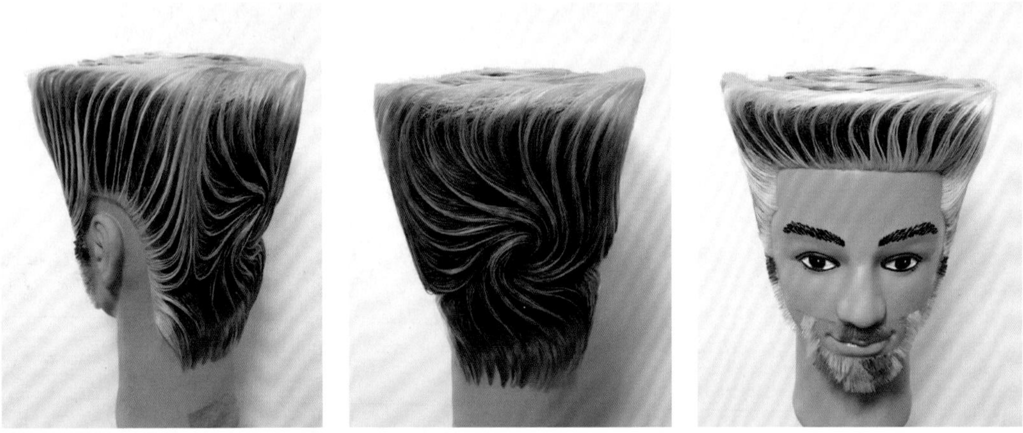

출처: 제52회 전국기능경기대회, 최은정 과제 출제, 2017년

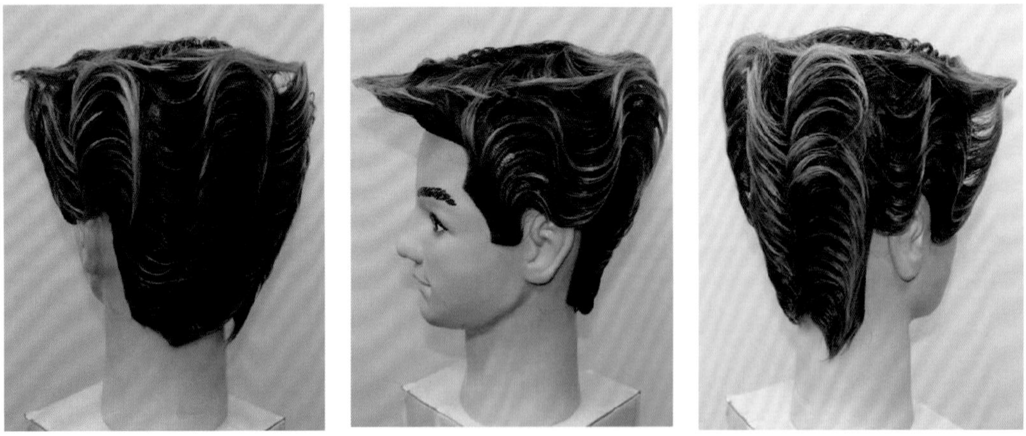

출처: 제43회 국제대회 1차 평가경기대회, 2014년

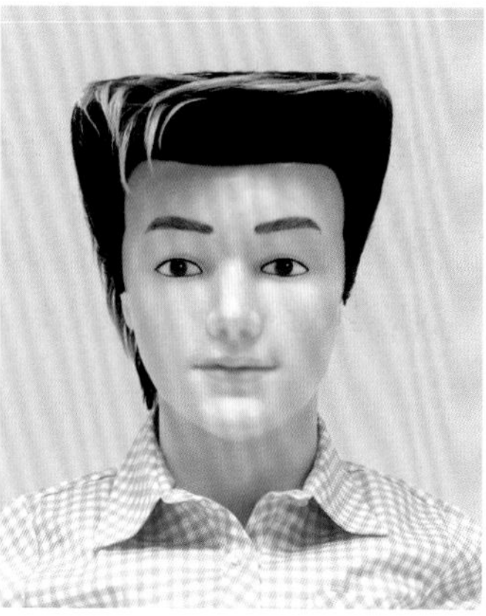
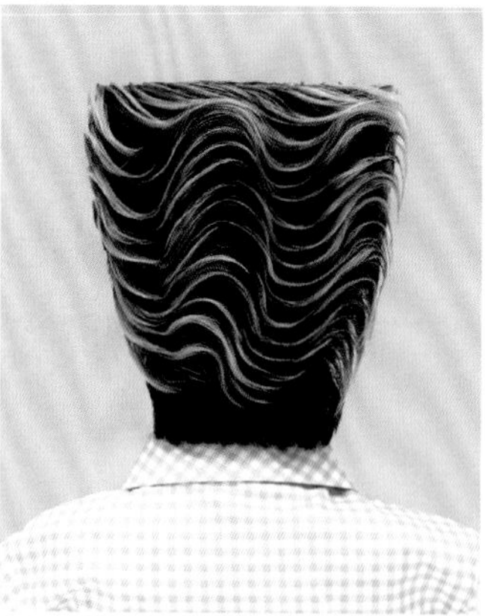

출처: 소장 자료

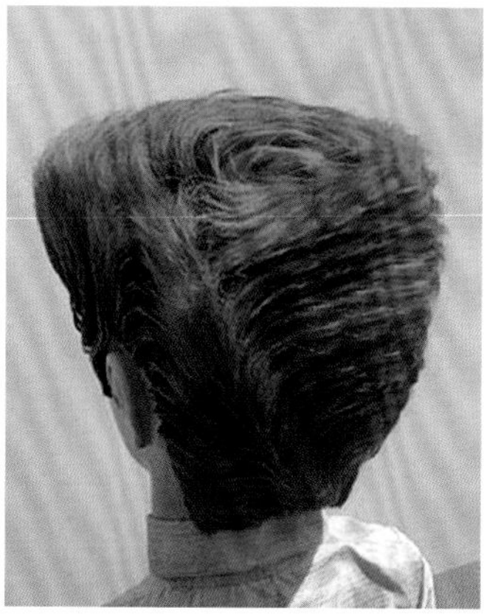

출처: 제41회 국제대회 2차 평가 경기대회, 2010년

형태	• 전체적인 사각형의 안정적 구도 • 웨이브의 흐름이 C컬과 S컬 연출 • 측두부와 후두부에 네로우 웨이브 연출 • 측두부에 변형 웨이브인 섀도 웨이브 연출 • 전두부는 원형으로 회오리를 연상시켜 표현 • 머릿결을 돋보이기 위해 창의적인 헤어스타일로 물결 웨이브 형태로 남성적인 분위기로 연출
질감	• 전체적으로 모발 끝부분을 가볍게 연출하기 위해 틴닝이나 레이저를 사용하여 질감처리 • 릿지와 골을 연결하여 곡선의 웨이브를 시술하여 활동적인 율동감 표현
색채	• 베이스의 블루 컬러가 모발 중간 부분의 분홍색과 연두색의 컬러에 균형을 맞춤 • 자연 갈색 컬러와 모발 끝부분에 밝은 갈색 사용 • 베이스에 진한 블루와 모발 중간 부분에 스카이블루, 하이라이트를 시술하여 모발 끝으로 갈수록 밝아지는 그라데이션 표현

3. 영패션 작품 유형

최근 트렌드를 반영한 남성 헤어스타일로 화려한 컬러와 패션에 부합하는 스타일로 부위에 따라 지그재그 커트를 시술한다. 현재 유행하는 영패션에 부합되는 스타일로 연출하며, 매쉬와 빗질로 모발 표면에 결의 흐름을 표현한다.

출처: 2015년 지방기능경기대회 출제 문제

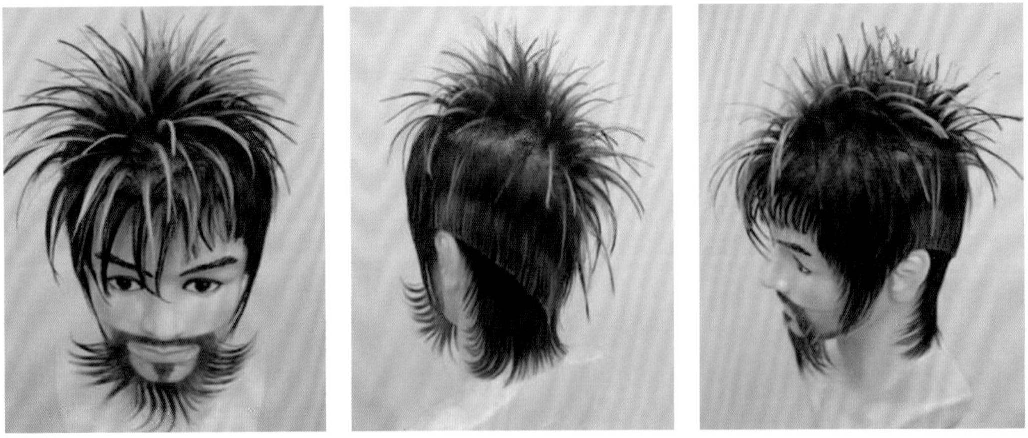

출처: 제44회 국제대회 1차 평가 경기 대회, 2016년

출처: 소장 자료

출처: 제44회 국제대회 2차 평가경기대회, 2016년

형태	• 전체적인 타원형의 구도 • G.P 부분의 머리카락을 세워 활동적인 느낌과 남성스러움을 강조 • 베이스 영역과 매쉬 영역으로 나뉨 • 크게 펼쳐진 매쉬로 불꽃 표현
질감	• 전체적으로 모발 끝부분을 가볍에 연출하기 위해 레이저를 사용하여 질감 처리 • 모발 끝부분은 얇게 가닥을 주어 가벼운 질감 연출 • 남성인 스타일을 강조하기 위해 모발의 질감을 가볍게 하여 베이스의 표면을 전체적으로 위에서 아래로 밀착시킴
색채	• 베이스의 브라운갈색과 오렌지 컬러 사용 • 베이스의 적색 부분과 하이라이트, 그린 컬러의 보색의 균형을 맞춤 • 그린, 적색이나 옐로우, 바이올렛 색상의 보색 컬러 사용

4. 프로그레시브 작품 유형

컬러를 극단적이지 않고 잘 어울리게 하며 역동적이고 진보적으로 디자인하는 창작 작품이다. 베이스 부분을 짧게 커트하여 붙이거나 클리퍼로 자른 후 조각을 하는 등 커트의 길이나 질감, 컬러의 대비를 크게 두어 보다 현대적이고 진보적이며 다이내믹한 컬러와 커트로 화려하고 독창성 있는 작품으로 디자인한다.

출처: 제45회 전국기능대회 출제 문제, 2010년

출처: 제41회 국제대회 2차 평가경기대회, 2010년

출처: 제43회 국제대회 1차 평가경기대회, 2014년

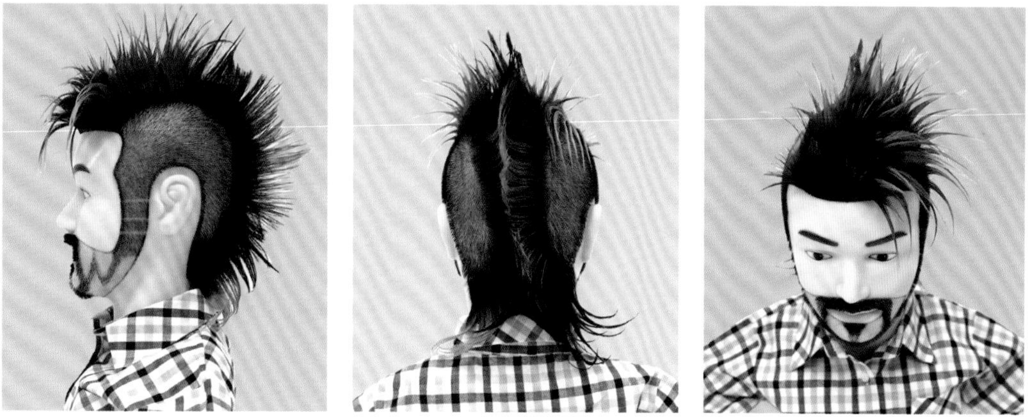

출처: 소장 자료

형태	• 전체적인 타원형의 구도 • 독창적이고 남성적인 스타일로 앞머리는 모발 길이를 짧게 하여 닭볏 형태 연출 • 베이스는 클리퍼를 사용하여 커트한 후 조각 시술 • 뒷머리는 모발 끝은 패널로 펼쳐 스프레이 고정 후 조각 커트 • 베이스영역과 매쉬 영역으로 나뉨
질감	• 모발 끝부분은 얇게 가닥을 주어 가벼운 질감 연출 • 남성인 스타일을 강조하기 위해 모발의 질감을 가볍게 하여 베이스의 표면을 전체적으로 위에서 아래로 밀착
색채	• 베이스는 블랙 컬러 사용 • 적색, 핑크, 옐로우, 바이올렛 색상의 보색계열 사용 • 그린, 옐로우 계열의 그라데이션 컬러를 사용

5. 크리에이티브 작품 유형

전반적인 사각형 구도 안에서 모발의 흐름과 컬러를 창의적으로 디자인한 작품이다. 커트와 컬러가 조화를 이루고 수염을 포함한 제시된 과제에 부합되는 스타일을 연출한다. 예전에는 모발의 방향 흐름에 따라 난잎을 표현하듯이 가지런하게 연출하였으나, 최근에는 과감한 컬러 선정과 모발의 흐름에서 독창성을 표현한다.

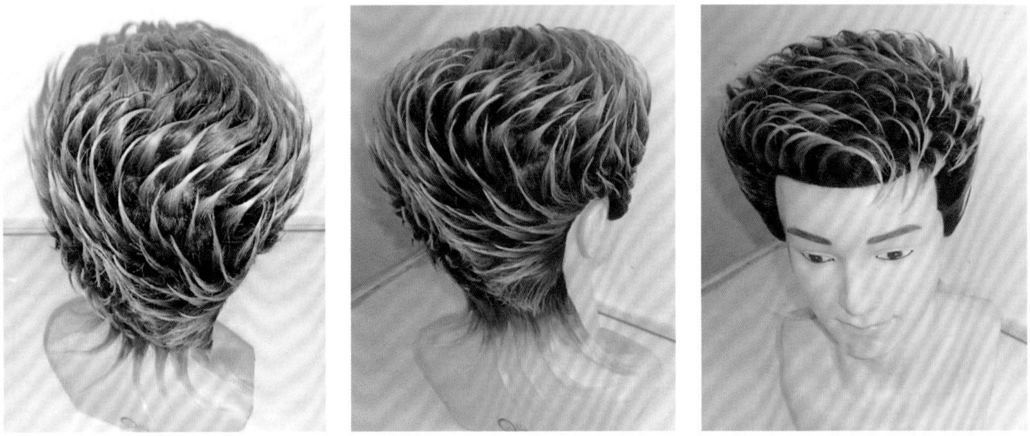

출처: 제44회 전국기능경기대회 출제 문제, 2009년

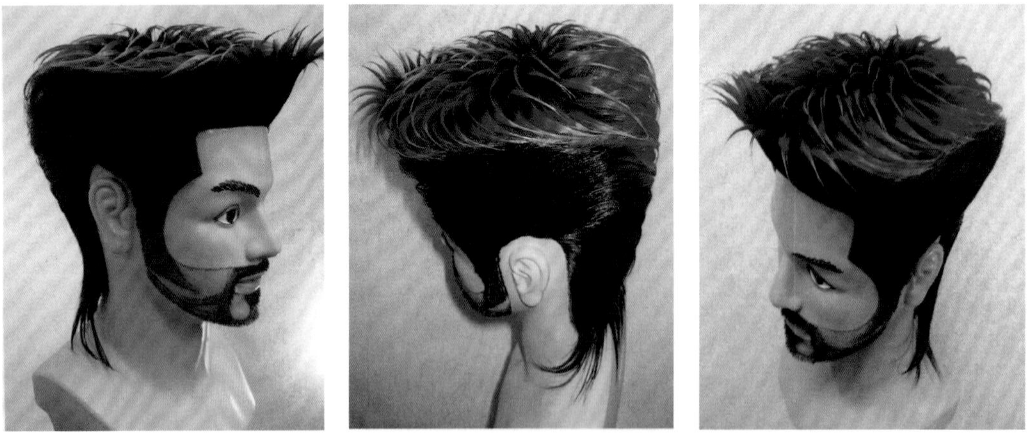

출처: 2008년 지방기능대회 출제 문제

출처: 제51회 전국기능경기대회 출제 문제, 2016년

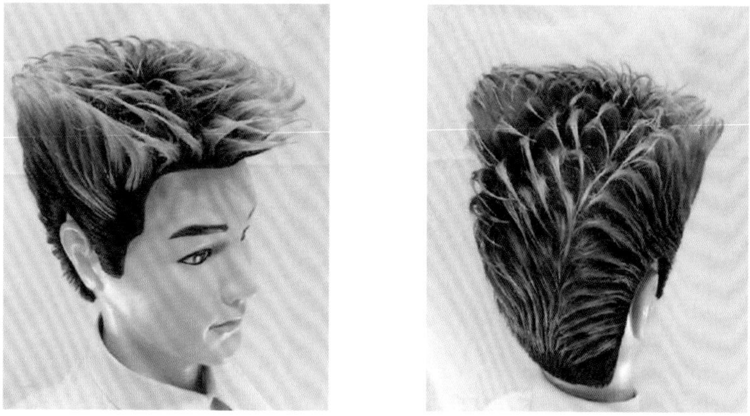

출처: 제41회 국제대회 2차 평가 경기대회, 2010년

형태	• 전체적인 사각형의 구도 • 방향의 흐름에 따라 난잎을 표현하듯이 모발의 매쉬를 가지런하게 연출 • T.P 부분과 G.P의 머리카락을 세워 활동적인 느낌과 남성스러움을 강조 • 앞머리의 크게 펼쳐진 매쉬로 불꽃을 표현
질감	• 모발 끝부분은 가볍게 표현하기 위해 틴닝 가위나 레이저를 사용하여 시술 • 남성인 스타일을 강조하기 위해 모발의 질감을 가볍게 하여 베이스의 표면을 전체적으로 위에서 아래로 밀착하거나 클리퍼를 사용하여 조각 커트 시술
색채	• 그린 계열이나 적색계열 컬러 사용 • 그린, 블루, 적색, 오렌지, 옐로우, 바이올렛 컬러를 사용

6. 퍼머넨트웨이브 작품 유형

커트와 조화를 이루는 퍼머넨트웨이브를 시술하되 남성적이어야 하며, 제시된 과제에 부합되는 디자인을 연출한다. 스타일 완성 시 핸드 드라이로 마무리하여 자연스럽게 표현한다. 최근에는 베이스 부위에 클리퍼를 사용하여 스크러치를 시술하여 과감하게 디자인을 연출한다.

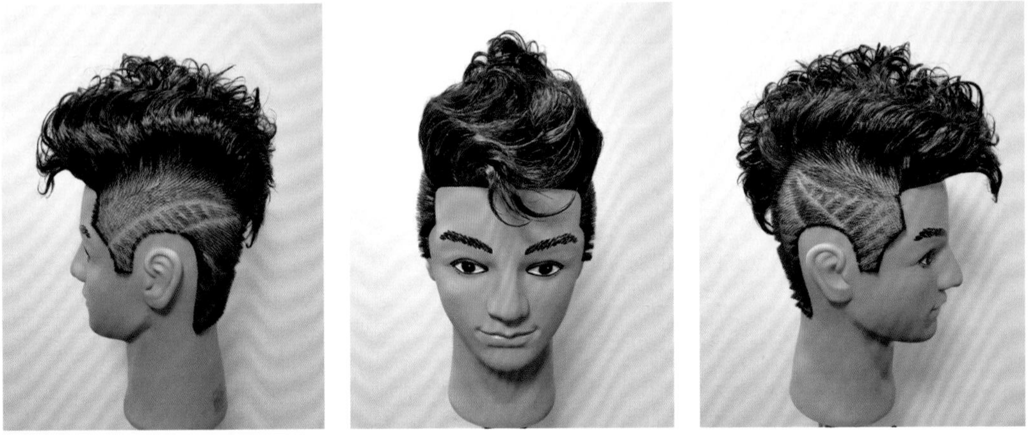

출처: 제52회 전국기능경기대회, 최은정 과제 출제, 2017년

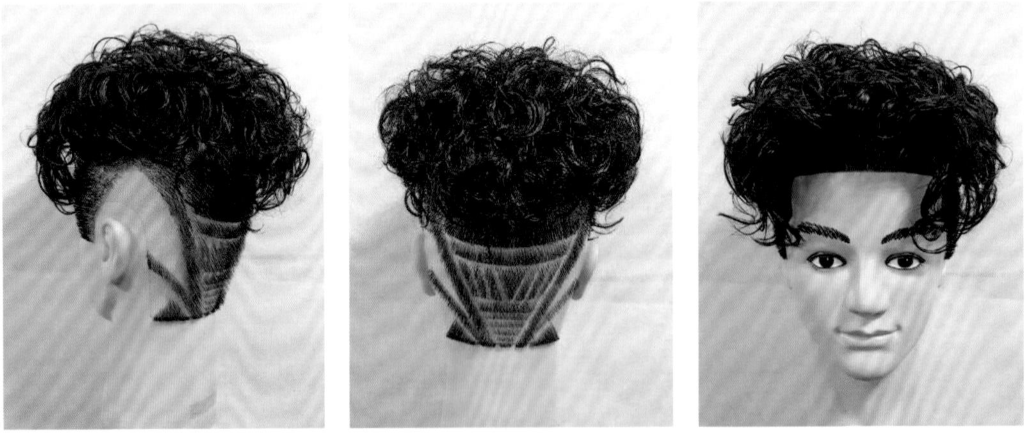

출처: 제51회 전국기능경기대회 출제 문제, 2016년

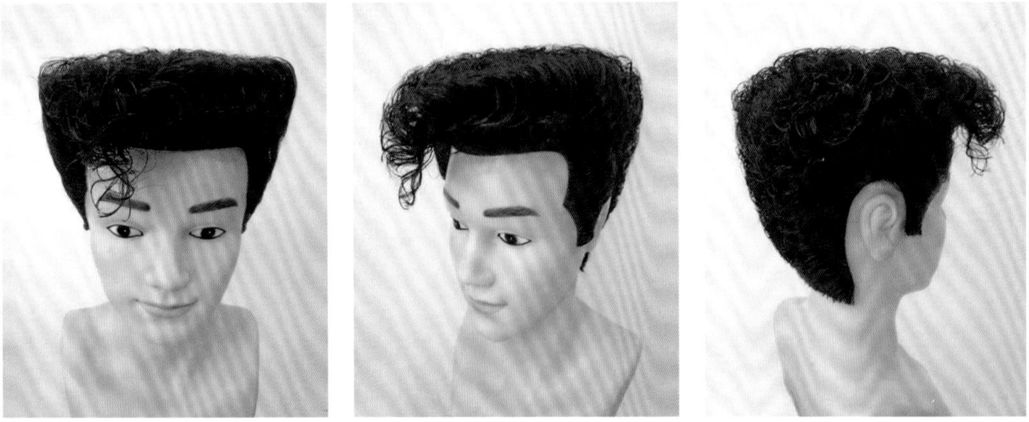

출처: 2010년 지방기능경기대회 출제 문제

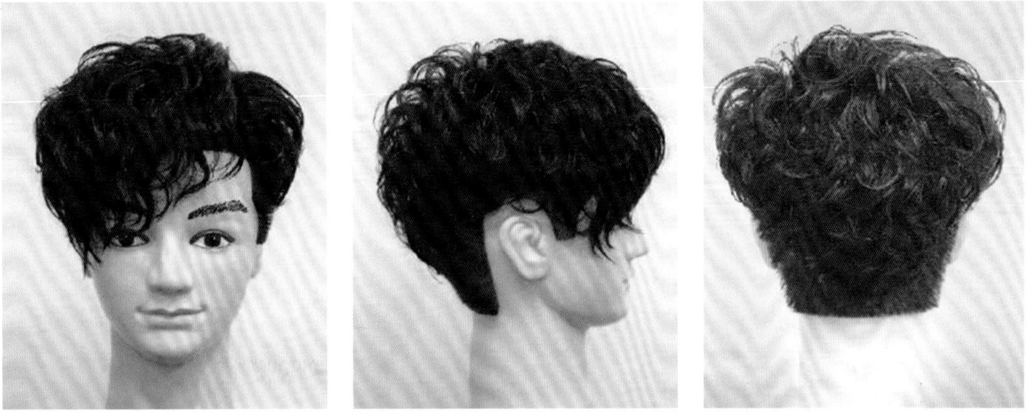

출처: 제43회 국제대회 2차 평가경기대회, 2014년

형태	• 전체적인 안정적인 사각형의 구도 • 남성스러운 커트와 한 단계 이상의 웨이브 형성 • 머리숱이 없거나 개성을 표현할 때 어울리는 스타일로 캐주얼한 느낌으로 연출 • 핸드 드라이로 마무리하여 프론트 앞머리를 강조하여 자연스럽게 표현 • 베이스 부분에 클리퍼를 사용하여 커트 후 조각(스크러치) 시술
질감	• 모발 끝부분은 얇게 가닥을 주어 가벼운 질감 연출 • 다양한 곡선과 웨이브의 연결이 끊어짐과 이어짐이 간결하게 이루어짐
색채	• 블랙 컬러를 사용

7. 패션 커트 작품 유형

패션 커트는 트랜드를 선도하는 젊은이들의 개성을 표현할 수 있는 헤어스타일로 연출해야 하며, 염·탈색과 커트 헤어스타일 마무리가 조화를 이루고 제시된 과제에 부합되는 커트를 연출한다.

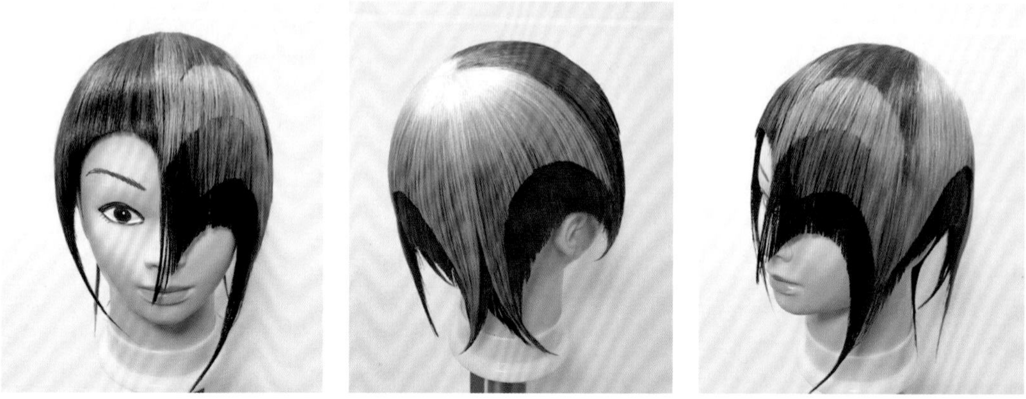

출처: 제52회 전국기능경기대회, 최은정 과제 출제, 2017년

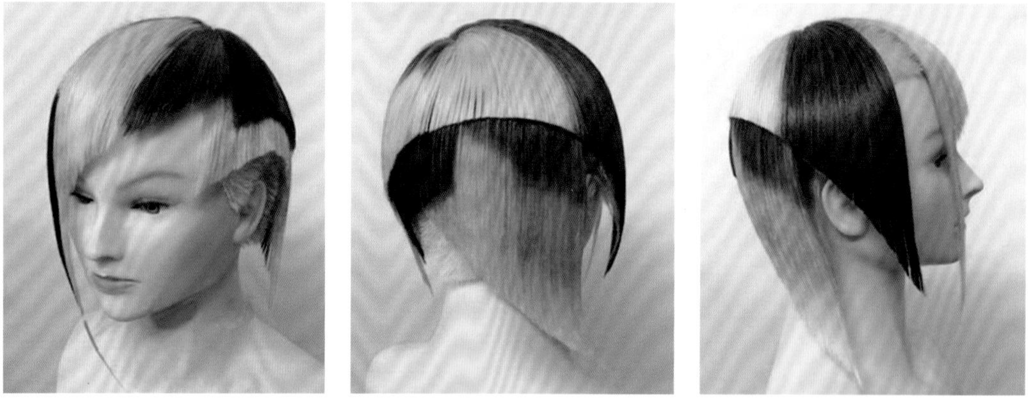

출처: 2017년 지방기능경기대회 출제 문제

출처: 2008년 지방기능경기대회 출제 문제

출처: 소장 자료

출처: 제42회 국제대회 1차 평가 경기대회, 2012년

형태	• 현대적인 감각과 전체적인 형태와 독창적이고 과감한 스타일 • 비대칭 디스커넥션 커트로 앞머리와 B.P에 곡선의 포인트를 만들어 표현 • 비대칭 커트와 블런트 커트의 혼합 • 기하학인 커트 스타일로 커트라인 강조 • 앞머리의 프린지를 강렬한 분위기로 연출하기 위해 곡선, 사선, 수평 라인의 블런트 커트로 얼굴을 강조
질감	• 전체적으로 모발 표면이 매우 매끄러운 면으로 연출 • 스타일 시술 시 브러시와 아이론을 사용하여 면 처리 • 전체적인 층과 디스커넥션으로 아래의 층으로 전체적으로 질감 처리 및 커트선의 사선과 곡선 표현 • 스타일링 마무리에 스프레이나 광택제를 사용하여 모발 표면을 매끄럽게 고정
색채	• 그린과 옐로우 계열 컬러를 사용 • 바이올렛, 오렌지, 옐로우, 하이라이트 그라데이션 기법 사용 • 레드 계열의 그라데이션 기법을 사용

8. 살롱 업스타일 작품 유형

제시된 과제에 부합되는 업스타일을 연출하며 경우에따라 염 · 탈색이 가능하다.

출처: 2008년 지방기능대회 출제 문제

출처: 제 41회 국제대회 3차 평가 경기대회, 2010년

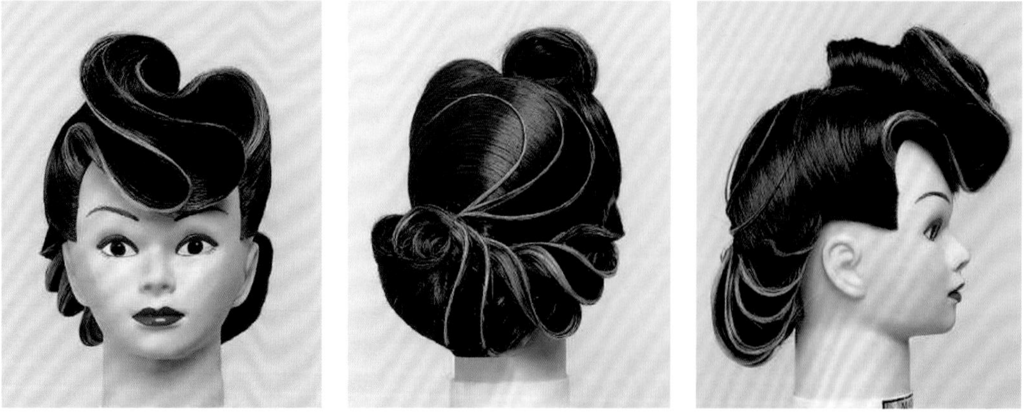

출처: 제 42회 국제대회 2차 평가 경기대회, 2012년

출처: 제52회 전국기능경기대회, 최은정 과제 출제, 2017년

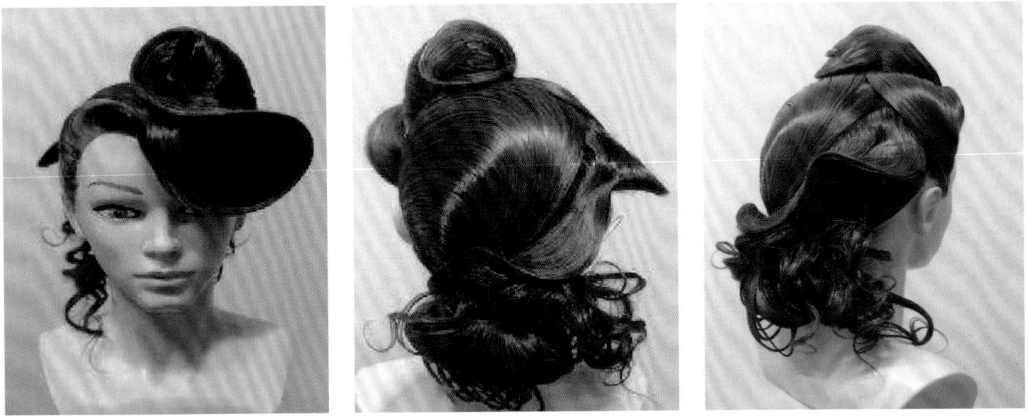

출처: 제43회 국제대회 2차 평가 경기대회, 2014년

형태	• 안정적인 타원형의 구도 • 전체적으로 매끄럽게 빗질하여 G.P에서 S웨이브로 연결하여 조화롭게 형성 • T.P 부분에 포니테일을 묶어 볼륨감을 높이고 B.P에서 N.P까지 롤과 S웨이브를 연출 • V형태로 프론트에 블로킹을 섹셔닝한 다음, 포니테일을 T.P쪽으로 묶어 프론트의 S웨이브와 N.P의 웨이브를 자연스럽게 표현하여 끝을 자연스럽게 펼침 • T.P에만 롤을 두어 얼굴선을 따라 전체적으로 이루어지는 다양한 형태
질감	• 전체적으로 모발 표면이 매우 매끄러운 면과 롤로 연출 • 매끈한 면과 S웨이브 연결로 우아한 스타일 연출 • 면과 롤 처리에서 스프레이나 광택제를 사용하여 모발 표면을 매끄럽게 고정
색채	• 브라운 컬러 사용 • 브라운 컬러의 그라데이션 기법 사용 • 블리치 위빙 기법 사용

9. 크리에이티브 작품 유형

크리에이티브란 창조적이고 예술적인 동시에 섬세한 빗질이 요구되는 작품으로 데이스타일을 주로 일컫는 개념이다. 실제 출품되는 작품에 있어서 유행의 흐름에 맞는 커트와 컬러, 스타일링을 위한 헤어 드라이 기술과 섬세한 빗질에 의해서 완성되며 염 · 탈색과 커트가 조화를 이루고 제시된 과제에 부합되는 크리에이티브 스타일을 연출한다.

출처: 제42회 국제대회 2차 평가 경기대회, 2012년

출처: 2011년 지방기능경기대회 출제 문제

출처: 제45회 전국기능경기대회 출제 문제, 2010년

출처: 소장 자료

형태	• 전체적인 삼각형의 구도 • 전면 좌·우 C컬과 S웨이브 흐름의 조화로운 연결 • 전면 부채꼴 모양의 넓은 매쉬(mesh) • 큰 C컬의 형태로 전체를 표현 • 전두부에 독수리의 날개 모습을 형상화한 매쉬 표현 • 크게 펼쳐진 매쉬 안에 뱅으로 꽃잎 표현
질감	• 전체적으로 모발 끝부분을 가볍게 연출하기 위해 커트 시술 시 레이저를 사용 • 부채꼴 안쪽의 매끄러움과 모발 끝의 율동감이 조화롭게 연출 • 모발 끝부분을 얇게 가닥 가닥 길게 표현하여 매끄러우면서 가벼운 느낌을 연출
색채	• 베이스는 브라운, 옐로우 오렌지, 옐로우, 하이라이트 그라데이션 모발 끝에 포인트 연출 • 어두운 그린, 그린, 옐로우 그린, 옐로우, 하이라이트로 그라데이션 기법 사용 • 베이스를 밝게 하고 모발 끝으로 갈수록 옐로우, 옐로우 오렌지, 블랙 컬러로 점차적으로 어두워지는 컬러 기법 사용

10. 헤어바이나이트 작품 유형

Hair by Night란 '밤 머리'라는 뜻으로 화려한 모임에 참석하는 저녁 파티를 위한 스타일로 크리에이티브와 업스타일의 느낌을 혼합하여 화려한 느낌의 디자인을 표현하는데 중점을 둔 이브닝 스타일이다. 크리에이티브에 헤어 피스를 더해 더욱 화려하게 표현하여 연출한다.

출처: 2016년 지방기능경기대회 출제 문제

출처: 제52회 전국기능경기대회, 최은정 과제 출제, 2017년

출처: 제48회 전국기능경기대회 출제 문제, 2013년

출처: 제43회 국제대회 1차 평가 경기대회, 2014년

형태	• 전체적인 삼각형의 안정적인 구도 • 전면 좌·우 조화로운 흐름의 연결로 C컬과 S컬의 웨이브 • 후면에 헤어 피스를 사용하여 베이스와 헤어 피스 흐름의 연결 • 크게 펼쳐진 매쉬 안에 뱅으로 꽃잎 표현 • 전면 좌·우로 넓게 펼쳐지는 날개 모습의 매쉬 • 후면 베이스 중심의 회오리치는 모습 표현
질감	• 전체적으로 모발 끝부분을 가볍게 연출하기 위해 레이저를 사용하여 커트 시술 • 전면 뱅의 매끄러움과 모발 끝의 가벼움을 연출하기 위해 질감 처리 • 베이스는 매끄럽게 손질하기 위해 스프레이와 광택제 사용
색채	• 전체적으로 오렌지 계열의 컬러 사용 • 오렌지, 옐로우 오렌지, 하이라이트로 모발 끝쪽으로 갈수록 밝아지는 그라데이션 효과 • 베이스는 어두운 그린 컬러 사용, 그린, 옐로우 그린, 옐로우, 하이라이트 기법을 사용하여 점진적으로 밝아지게 표현

11. 블로우 드라이 작품 유형

염·탈색과 커트 헤어스타일 마무리가 조화를 이루고, 베이스를 완성한 상태에서 릿지와 릿지 사이의 단계별로 웨이브 드라잉을 연출한다.

출처: 2010년 지방기능경기대회 출제 문제

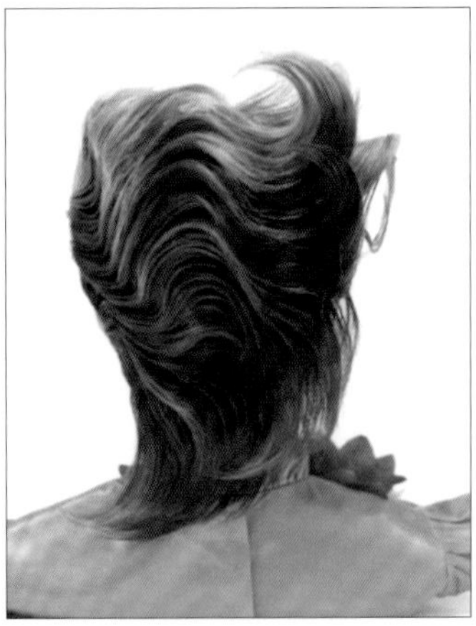

출처: 소장 자료

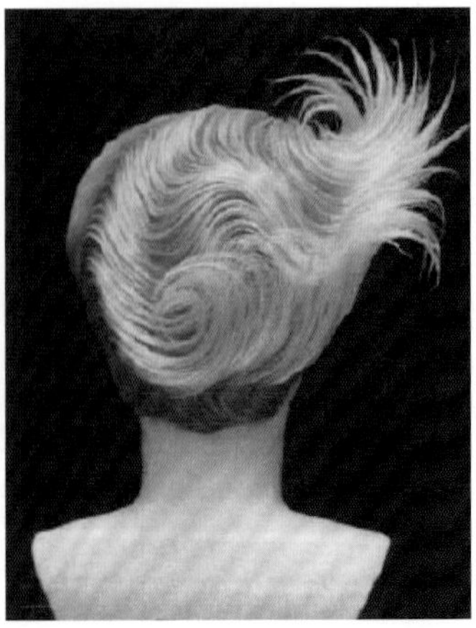

출처: 제40회 국제대회 2차 평가 경기대회, 2008년

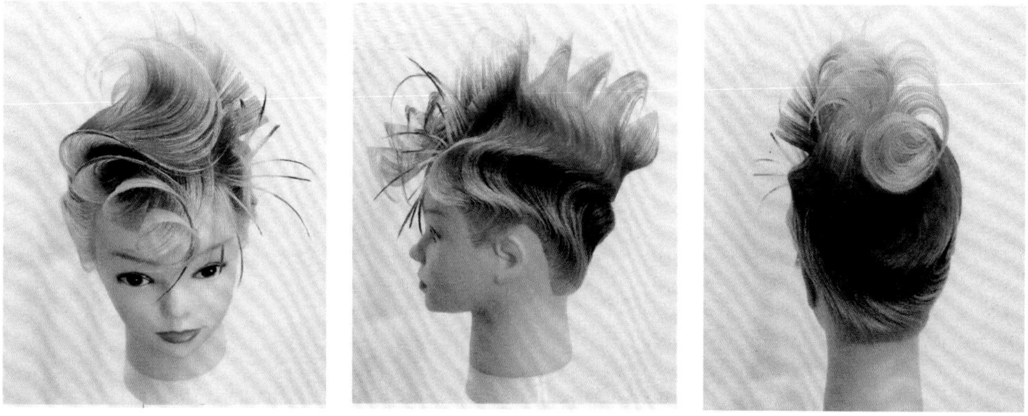

출처: 제47회 전국기능경기대회 출제 문제, 2012년

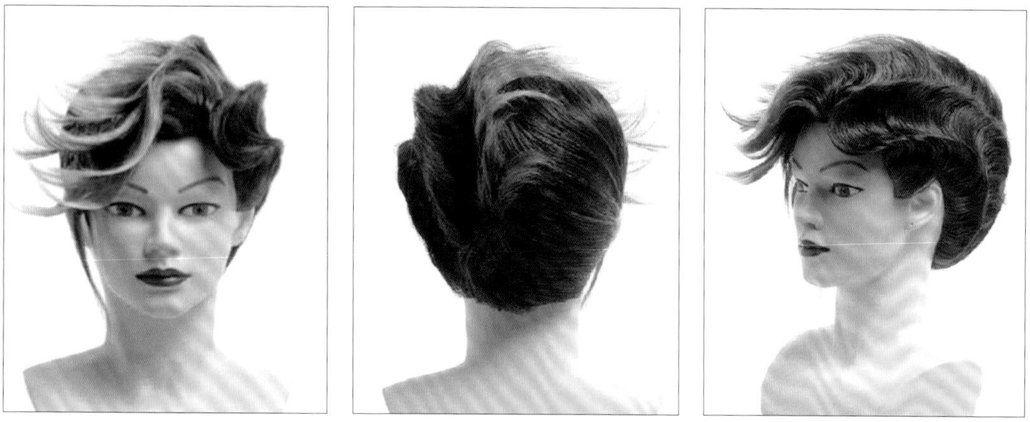

출처: 제41회 국제대회 2차 평가 경기 대회, 2012년

형태	• 전체적인 삼각형의 안정적인 구도 • 릿지와 골을 연결하여 곡선의 웨이브를 시술하여 활동적인 율동감 표현 • 좌측의 웨이브는 4단이며, 우측은 3단으로 연출하여 앞머리는 소용돌이로 표현 • 베이스를 완성한 상태에서 3단계의 웨이브를 형성 • 작품의 형태 조화미와 릿지 선이 뚜렷한 스타일 연출 • 모발 끝의 모양은 자유롭게 처리하여 전체적인 조화 이룸
질감	• 전체적으로 모발 끝부분을 가볍게 연출하기 위해 커트 시술 시 레이저를 사용한 다음 질감 처리 • 면을 활용해 전체적으로 매끄러움 • 선을 활용해 나선형의 움직임을 표현 • 모발 끝부분은 얇게 가닥을 주어 가벼운 질감 연출 • 스타일링 마무리에 스프레이나 광택제를 사용하여 모발 표면을 매끄럽게 고정
색채	• 전체적으로 블루 계열, 바이올렛 계열의 그라데이션 기법으로 컬러를 사용 • 오렌지, 옐로우 오렌지, 하이라이트로 모발 끝으로 갈수록 밝아지는 그라데이션 효과 연출 • 그린, 옐로우 그린, 옐로우, 하이라이트로 그라데이션을 하였으며, 앞머리에 포인트 컬러로 바이올렛 색상을 사용

CREATIVE HAIR DESIGN

03

남성 헤어디자인의 정의

헤어 및 수염 디자인은 미적 추구와 트렌드를 반영한 디자이너의 상상 이미지와 감정을 디자인에 적용하고, 모발에 물리적 화학적인 작용을 더하여 새로운 스타일을 창조하는 일련의 조형 활동이다.

1. 헤어디자인의 요소

헤어디자인 분야는 미적인 표현뿐만 아니라, 개성적인 표현으로도 만족시켜 주는 응용예술로서 창조적 디자인을 위한 구성 요소로 형태(Form), 질감(Texture), 컬러(Color)를 헤어디자인의 3요소라 한다. 헤어디자이너는 이러한 요소를 결합하여 많은 작품을 창조할 수 있다. 헤어디자인의 3가지 요소인 형태, 질감, 컬러의 특성을 살펴보면 다음과 같다.

1) 형태

① 헤어디자인에서는 단순하게 이차원적인 형(Shape)이 아니라 길이, 넓이, 깊이를 포함한 3차원적인 입체를 의미한다.

② 형태의 분석은 하나의 형태 내에서는 점, 선, 방향, 모양에 이르는 모든 요소를 포함하고 있다.

③ 천체축은 직선과 곡선, 각도, 방향을 정의하는 기호이다.

④ 4가지 기본 직선은 수평선, 수직선, 우대각선, 좌대각선 등이다.

⑤ 방향은 선의 진로이며 기본 방향인 수평 방향, 수직 방향, 사선 방향(좌대각, 우대각)으로 결정된다.

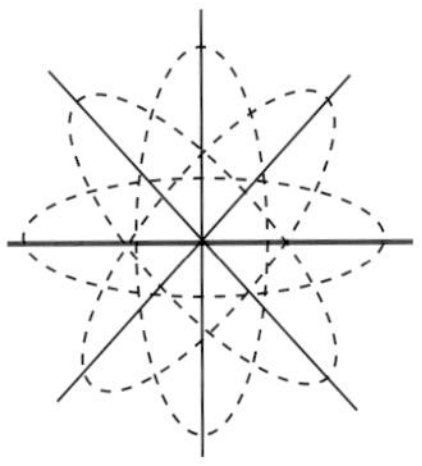
| 수평 방향 |

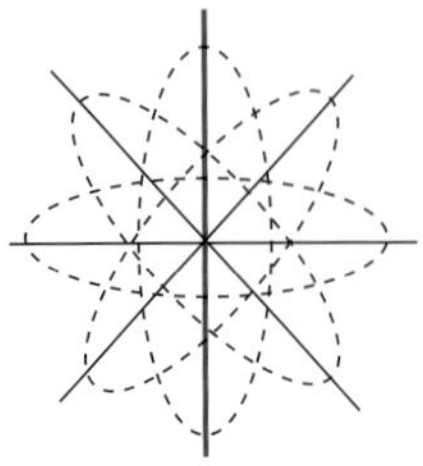
| 수직 방향 |

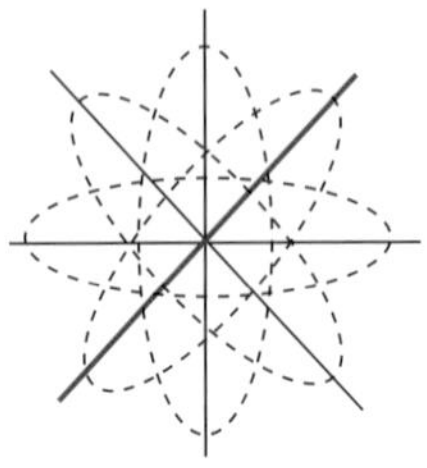
| 좌대각 방향 |

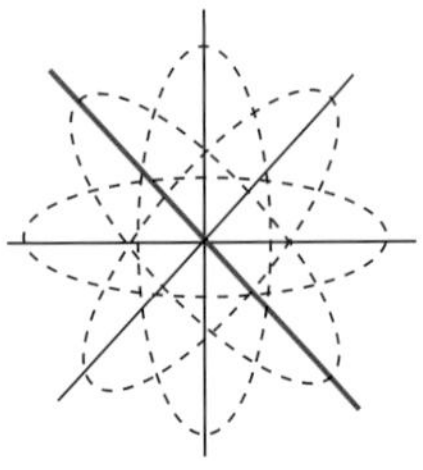
| 우대각 방향 |

2) 질감

① 모발의 표면에 나타나는 촉각과 시각으로 느낄 수 있는 특징을 말하며, 엑티베이트(Activated)와 언엑티베이트(Un-Activated), 혼합형(Combination)으로 구분할 수 있다.

② 엑티베이트(Activated): 잘린 모발 끝이 보이는 질감(활동적인 질감)

③ 언엑티베이트(Un-Activated): 잘린 모발 끝이 보이지 않는 매끄러운 질감(비활동적인 질감)

④ 혼합형(Combination): 엑티베이트와 언엑티베이트의 두 가지 질감이 혼합

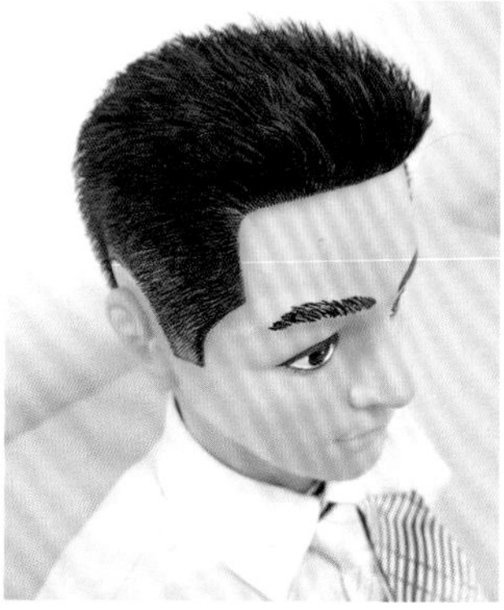

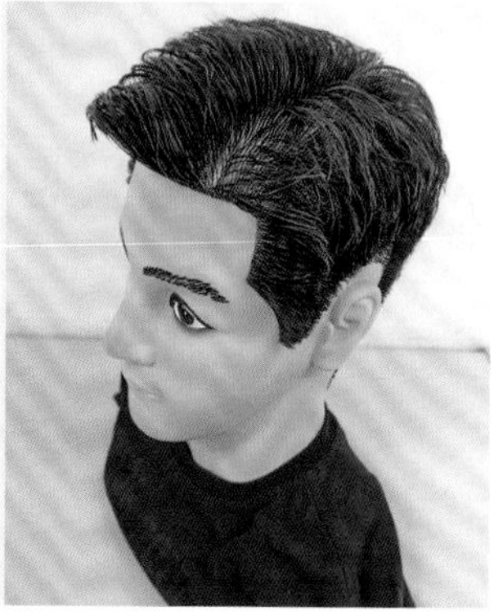

3) 색체

① 모발에 빛이 반사될 때 얻어지는 시각적 효과로 모발에 컬러 작업을 하면 이미지를 표현하는데 길이와 부피감, 머릿결, 움직임과 방향감에 영향을 준다.

② 색채는 생동감과 방향감에 대한 착시 현상을 준다.

③ 특정한 부분에 시선을 집중시켜 주는 큰 역할을 갖는다.

2. 헤어디자인의 원리

헤어스타일은 헤어디자이너가 고객의 머리 길이, 모발의 질감, 컬러를 조화롭게 표현하는 것이다. 디자인 요소를 배열하는 패턴으로 무수한 디자인을 창조할 수 있다.

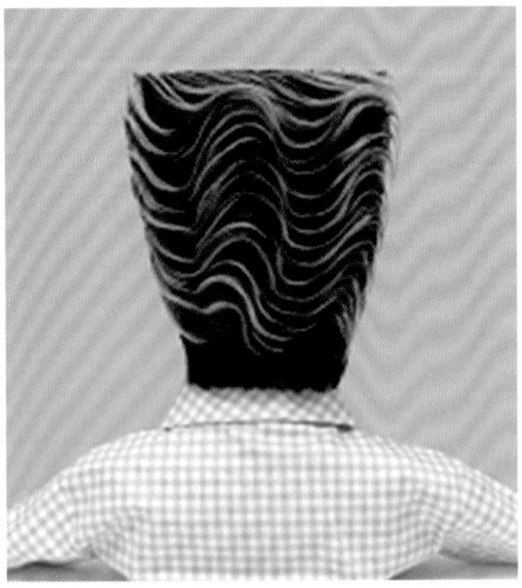

1) 반복(Repetition)

일정한 간격을 두고 되풀이되는 것을 반복이라 하며, 위치를 제외한 모든 요소와 동일한 형이 반복되면 정돈되어 보이고 통일감이 생긴다.

2) 교대(Alternation)

두 가지 또는 그 이상의 요소들이 연속적인 패턴에 의한 반복을 말하며, 서로 상반된 요소에 의해 표현하고자 하는 특징을 부각하는 것을 의미한다.

3) 진행(Progression)

모든 요소들이 비슷하지만 연속적인 일정한 비율로 변할 경우 증가 또는 감소된다. 진행은 점증 또는 강조의 원리로 나뉜다.

4) 대조(Contrast)

서로 상반되는 요소가 인접해 있는 것을 대조라 한다. 상반되는 요소들이 바람직한 관계를 형성하여 다양한 디자인을 만들며 서로 반대되는 요소들로 인하여 흥미를 느끼게 한다.

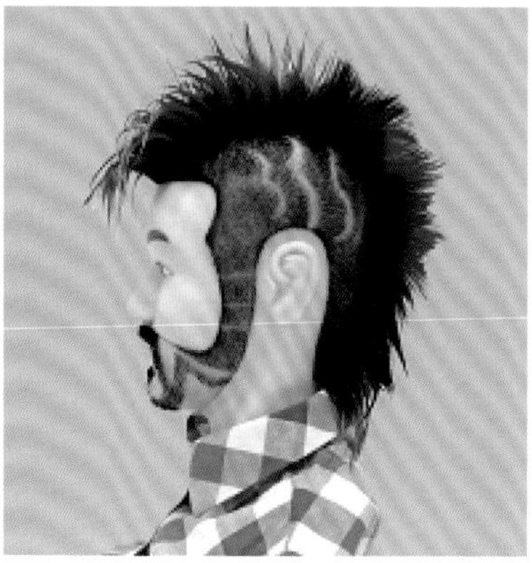

5) 비조화(Discord)

서로 상반되는 요소 간의 격차가 최대일 때(전위적인 형) 비조화라고 한다.

6) 균형(Balance)

미적으로 만족스러운 디자인 요소들의 통합(대칭과 비대칭) 디자인에서 시각적으로 느껴지는 무게감을 나타내며 역동성을 만들어 내는데 필수적인 역할을 한다.

- 대칭(Symmetry)은 크기, 형태 등 균형이 중심축을 기준으로 양쪽이 같다.
- 비대칭(Asymmetry)은 크기, 형태 등 균형이 중심축으로 양쪽이 상반되어 있다.

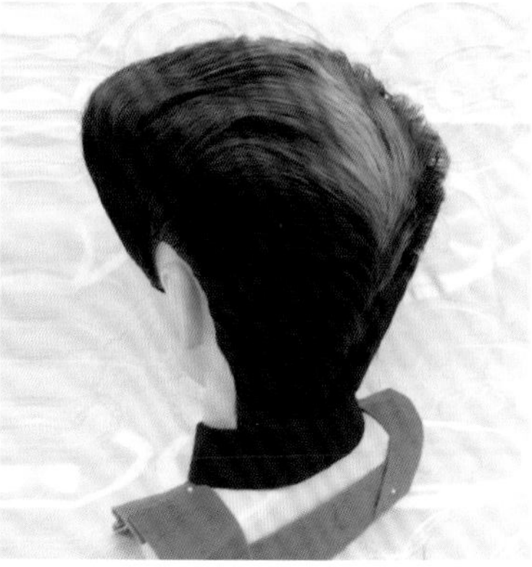

3. 두상의 포인트와 헤어라인 명칭

1) 두상의 15포인트 명칭

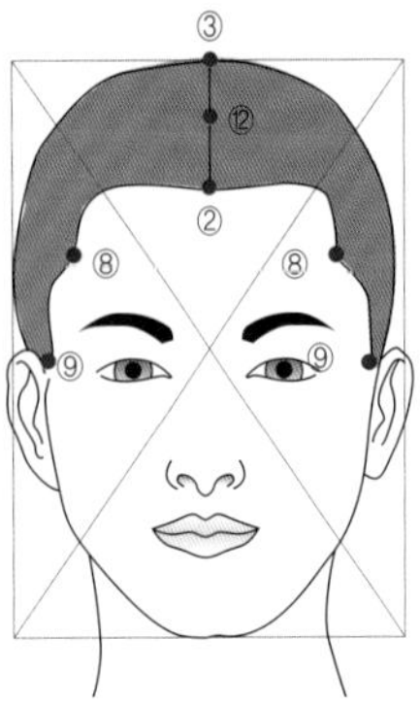

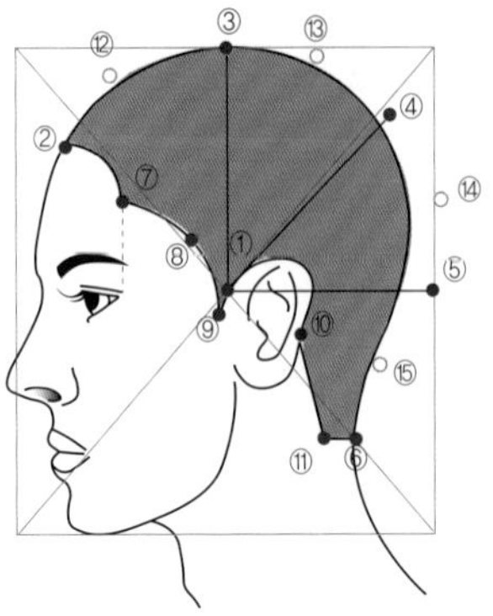

번호	약자	명칭
1	E.P	이어 포인트(Ear Point)
2	C.P	센터 포인트(Center Point)
3	T.P	톱 포인트(Top Point)
4	G.P	골덴 포인트(Golden Point)
5	B.P	백 포인트(Back Point)
6	N.P	네이프 포인트(Nape Point)
7	F.S.P	프런트 사이드 포인트(Front Side Point)
8	S.P	사이드 포인트(Side Point)
9	S.C.P	사이드 코너 포인트(Side Cernir Point)
10	E.B.P	이어 백 포인트(Ear Back Pont)
11	N.S.P	네이프 사이드 포인트(Nape Side Point)
12	C.T.M.P	센터 톱 미디엄 포인트(Cent Top Medium Point)
13	T.G.M.P	톱 골덴 미디엄 포인트(Top Goilden Medium Point)
14	G.B.M.P	골덴 백 미디엄 포인트(Golden Back Medium Point)
15	B.N.M.P	백 네이프 미디엄 포인트(Back Nape Medium Point)

2) 두상의 부위별 명칭

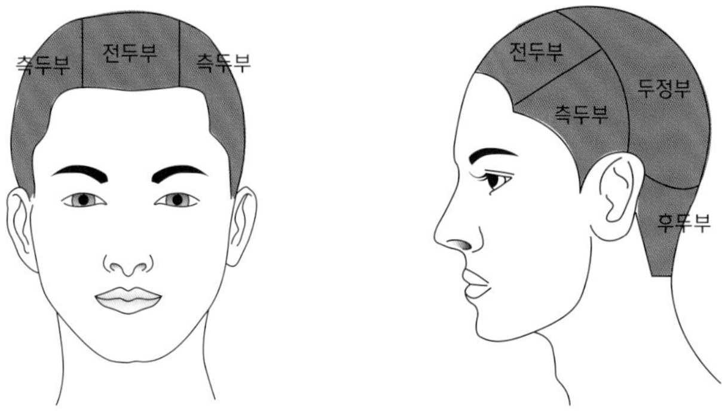

3) 두상의 분할 라인

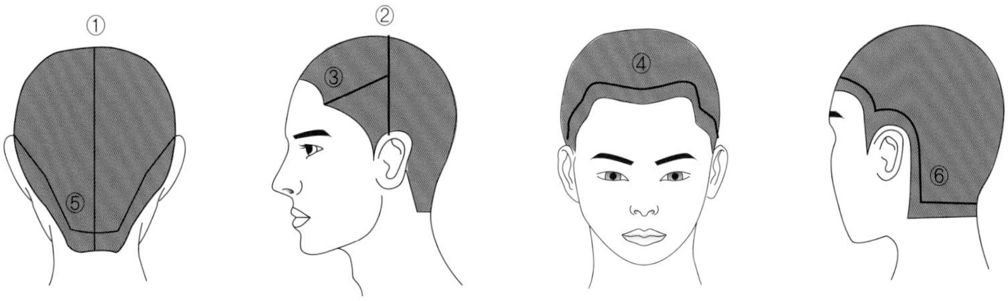

번호	명칭	설명	
1	정중선 (正中線)	C.P-N.P-N.P	코를 중심으로 두상 전체를 수직으로 가른 선
2	측중선 (側中線)	T.P-E.P	두상의 부위를 T.P~E.P까지 수직으로 가른 선
3	측두선 (側頭線)	F.S.P(U라인)	눈 끝을 위로 측중선까지 연결한 선
4	페이스 라인 (Face Line)	S.C.P-C.P-S.C.P	얼굴 정면에 모발이 나기 시작한 선
5	네이프 라인 (Nape Line)	N.S.P-반대편 N.S.P	목덜미의 선
6	햄 라인 (Hem Line)		전체적으로 모발이 나 있는 경계 부분

CREATIVE HAIR DESIGN

04

헤어커트를 위한 기술

1. 시술 각도(Angle)

헤어커트 시 두상으로부터 모발을 들어 올려 펼치거나 내려진 상태로 커트하는 각도를 말한다.

<table>
<tr><th>종 류</th><th>특 징</th></tr>
<tr><td>자연 시술각</td><td>

· 중력에 의해 모발이 자연스럽게 떨어지는 각도(0°)
· 천체축 기준 각도

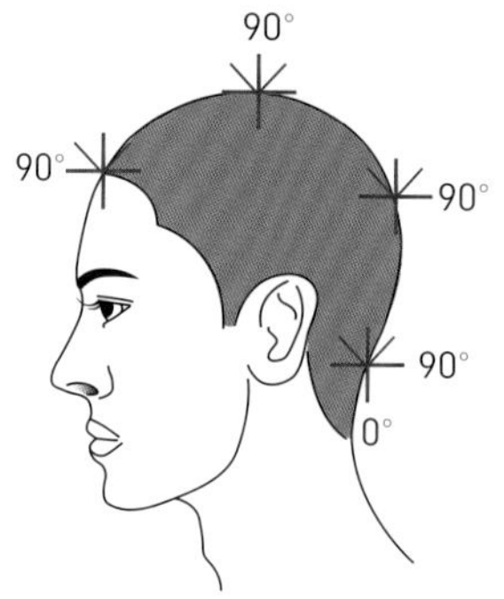

</td></tr>
<tr><td>두상 각도</td><td>

· 모발을 두상에서 들어 올려 펼쳐 빗었을 때 나타나는 각도로 베이스의 모발을 빗어 잡았을 때 두상의 둥근 접점을 기준으로 한 각도를 말한다.

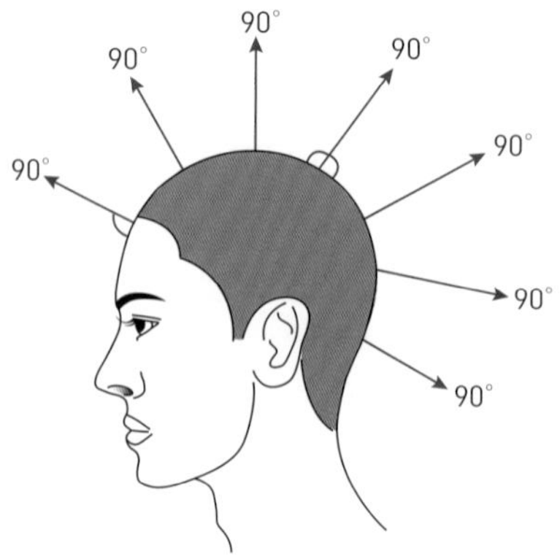

</td></tr>
</table>

2. 형태(Form)

종 류	특 징	
솔리드형(원랭스형) (Solid Form)	• 모발 길이가 한 레벨로 떨어진다. • 주변 최대의 무게감이 생긴다. • 시술각: 0°, 자연 시술각	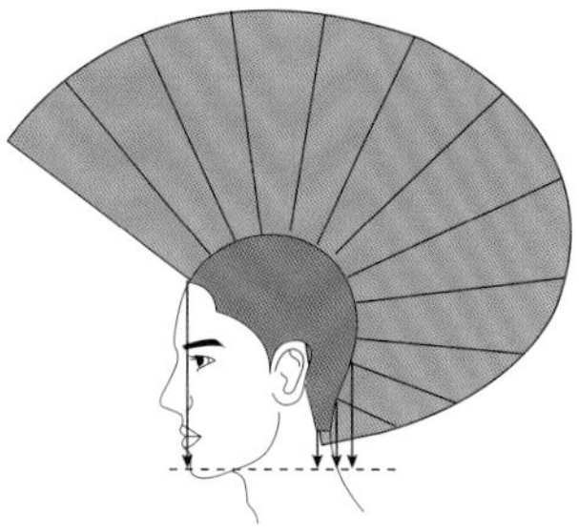
그래쥬에이션형 (Graduation Form)	• 네이프에서 톱 쪽으로 갈수록 모발 길이가 증가한다. • 시술각에 의해 경사선, 무게지역, 무게선, 릿지 라인이 형성된다. • 시술각: 1~89°	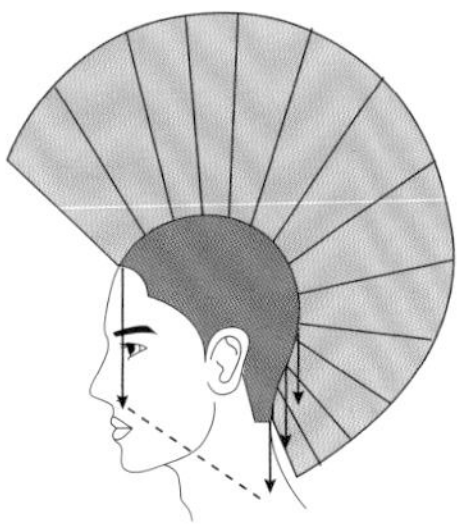
유니폼 레이어형 (Uniform Layer Form)	• 두상에서 90° 시술각이 사용된다. • 모든 모발의 길이가 동일하다.	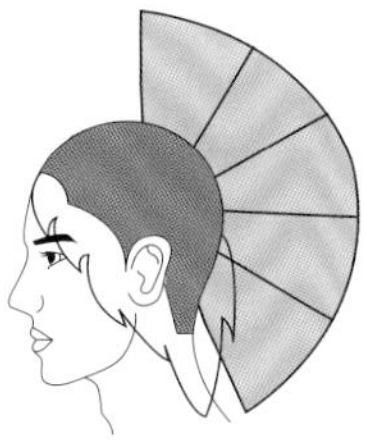
인크리스 레이어형 (Increase Layer Form)	• 톱이 짧고 네이프로 갈수록 모발이 길어진다. • 90° 이상의 시술각	

3. 섹션(Section)

커트 시술 시 두상에서 블로킹을 나눈 후 블로킹 내에서 다시 작은 구역을 나누는 것을 말한다.

종 류	특 징	
가로 섹션 (Horizon Section)	• 가로 또는 수평 • 원랭스 커트 시 사용된다.	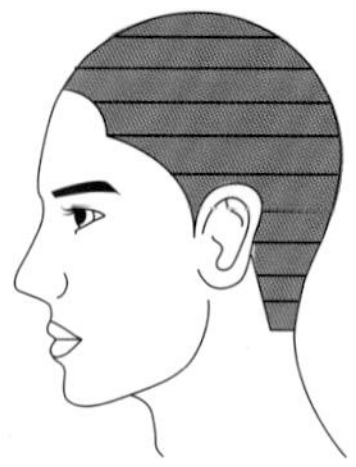
세로 섹션 (Vertical Section)	• 세로 또는 수직 • 그래쥬에이션, 레이어 커트 시 사용된다.	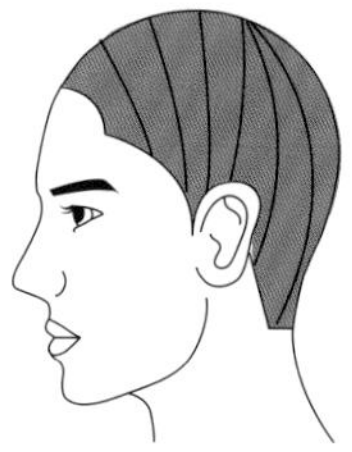
사선 섹션 (Diagonal Forward Section) - 전대각	• 두상의 뒤쪽에서 얼굴 방향으로 사선 방향 • 스파니엘 커트 또는 A라인 스타일 커트 시 사용된다.	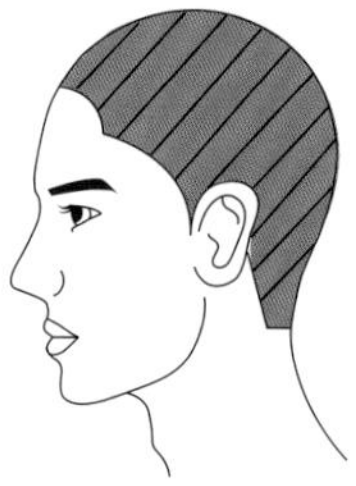
사선 섹션 (Diagonal Backward Section) - 후대각	• 두상의 뒤에서 얼굴 방향으로 사선 방향 • 이사도라 커트 또는 U라인 스타일 커트 시 사용된다.	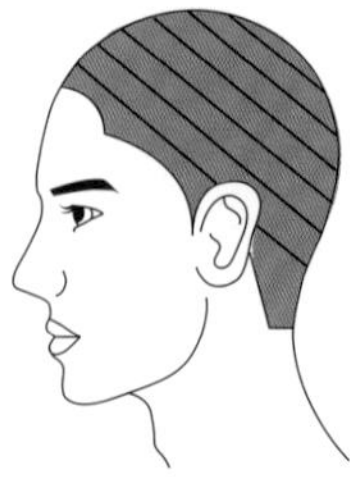
방사선 섹션 (Pivot Section)	• 파이 섹션, 오렌지 섹션이라고도 불린다. • 두상의 피벗에서 똑같은 크기의 섹션을 나누기 위해 사용된다. • 레이어 커트 시 사용된다.	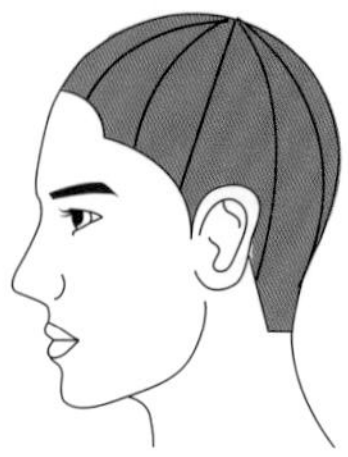

4. 분배(Distribution)

분배란 두상에 관련하여 모발을 빗질하는 방향이다. 분배에는 자연 분배, 직각 분배, 변이 분배, 방향 분배가 있다.

종 류	특 징	
자연 분배 (Natural Distribution)	• 모발이 두상측면에서 중력 방향으로 자연스럽게 떨어지는 방향 • 원랭스 커트 시 사용된다. • 원랭스와 그래쥬에이션 커트 시 사용된다.	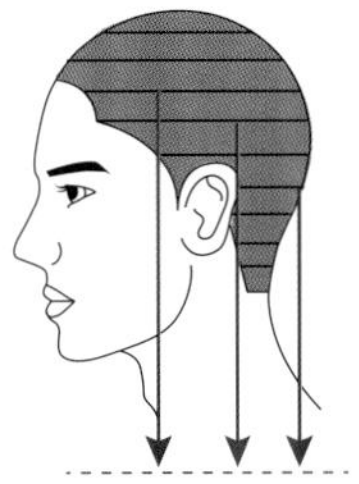
직각 분배 (Perpendicular Distribution)	• 섹션에 대해 모발이 직각으로 빗겨지며, 수직 분배라고도 한다. • 그래쥬에이션, 레이어 커트 시 사용된다.	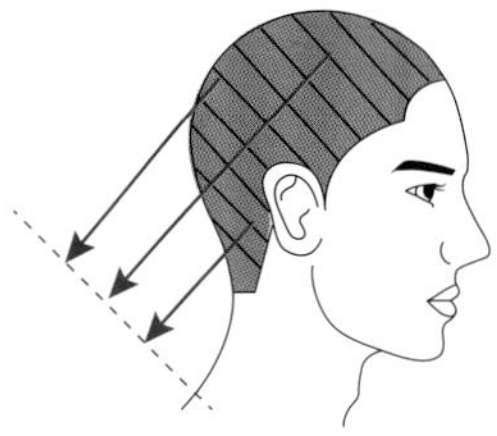
변이 분배 (Shifted Distribution)	• 섹션에 대해 모발이 임의의 방향으로 빗겨지며, 자연 분배나 직각 분배가 아닌 다른 모든 방향으로 빗질한다. • 긴 머리와 짧은 머리를 연결할 때 사용된다.	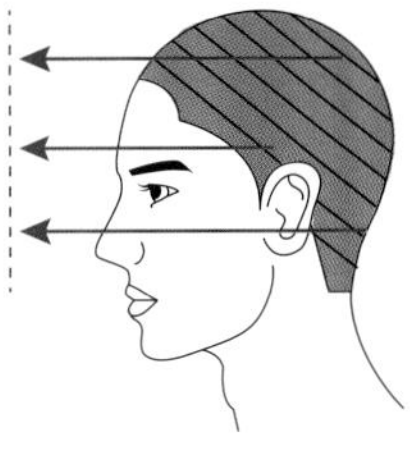
방향 분배 (Directional Distribution)	• 일관성을 유지하기 위해 특정한 방향을 정해 두고 모발을 빗는다. • 섹션과 상관없이 한 방향으로 빗질한다.	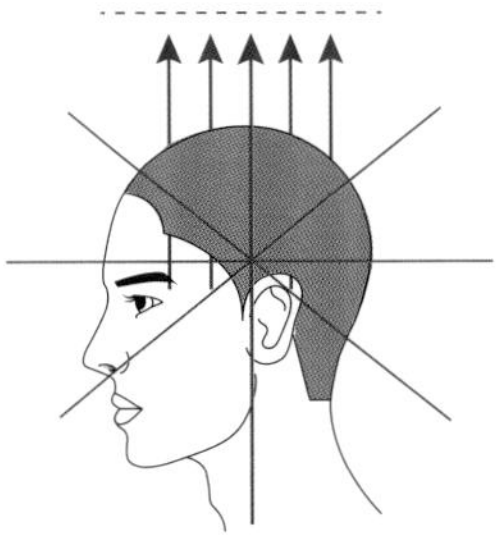

5. 베이스(Base)

종 류	특 징	
온 더 베이스 (On the Base)	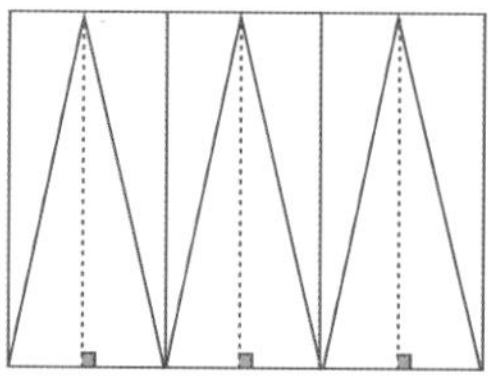	• 커트 시 좌우 동일한 길이로 커트할 때 사용된다. • 베이스의 중심에서 슬라이스 라인에 직각(90°)으로 모아 커트한다.
사이드 베이스 (Side Base)	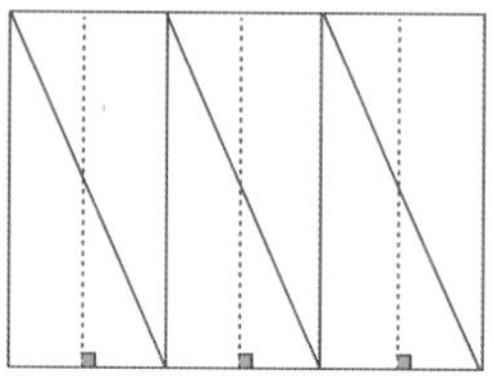	• 헤어 커트를 하려고 패널을 잡았을 때 한쪽 변이 90° • 커트 시 베이스의 중심이 우측 변 또는 좌측 변으로 선정하고 그 기준을 중심으로 모발의 길이가 점점 길게 또는 짧게 된다.
오프 더 베이스 (Off the Base)	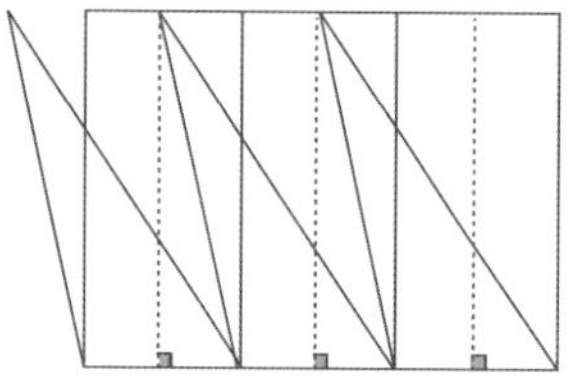	• 헤어커트를 하려고 패널을 잡았을 때 한 변이 90° 이상으로 베이스를 벗어나 밖으로 나가는 것을 말한다. • 시술자의 의도에 따라서 사이드 베이스의 기준선을 넘어서 일정한 각도를 끄는 것이다. • 우측 또는 좌측으로 얼마만큼 당기는지에 따라 사선의 경사도가 달라지므로 급격한 모발의 변화를 요구할 때 사용된다.
프리 베이스 (Free Base)	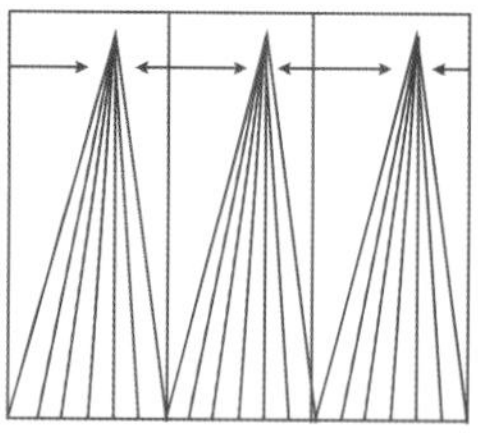	• 온 더 베이스와 사이드 베이스 중간의 베이스 • 모발 길이가 두상에서 자연스럽게 길어지거나 짧아지게 자를 때 사용된다.
트위스트 베이스 (Twist Base)	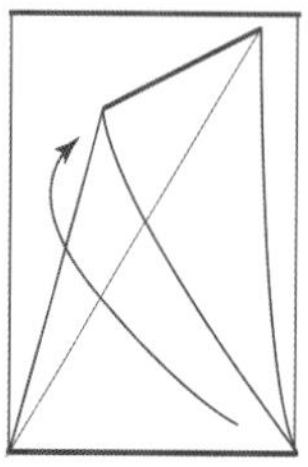	• 프리 베이스 상태에서 비틀린 모양으로 잡아 자를 때 사용된다.

6. 두상 위치(Head position)

두상 위치는 머리 형태의 결과에 직접적인 영향을 주며, 머리 질감이나 커트 라인의 방향 에 영향을 준다. 두상의 위치는 똑바로(Up-Right), 앞 숙임(Forward), 옆 기울임(Tilted) 등이 있다.

종 류	특 징	
똑바로 (Up-Right)	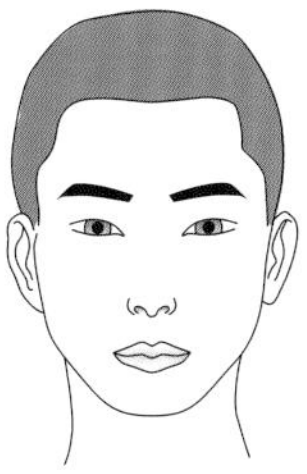	• 가장 자연스럽고 고른 효과 • 똑바로 한 상태에서 커트할 경우 가장 자연스럽다. • 원랭스 커트에 많이 사용된다.
앞 숙임 (Forward)	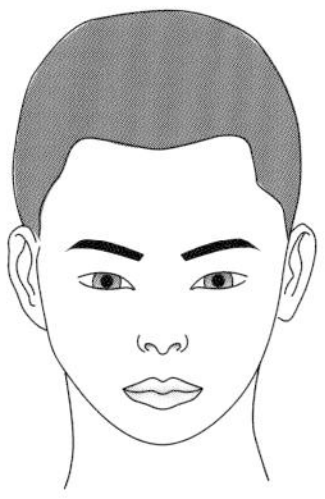	• 주로 형태 선의 끝마무리로 많이 사용된다. • 그래쥬에이션, 레이어 커트 시 많이 사용된다.
옆 기울임 (Tilted)	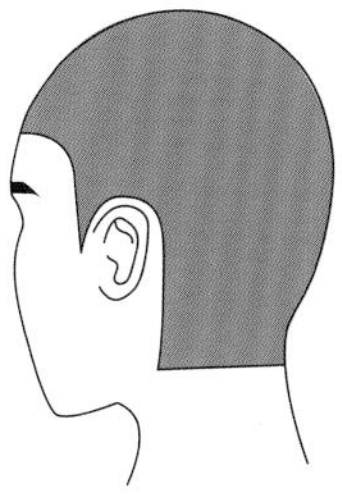	• 형태 선의 쉬운 마무리를 위해 사용된다. • 사이드가 짧은 디자인 라인을 만들려고 할 경우 사용된다.

7. 가이드라인(Guide Line)

커트할 때 사용되는 머리의 모양 패턴이나 길이 가이드, 디자인 라인이 형태 선이 될 수도 있으며 고정, 이동, 다중(혼합) 디자인 라인이 있다.

종류	특징	
고정 디자인 라인 (Stationary Design Line)	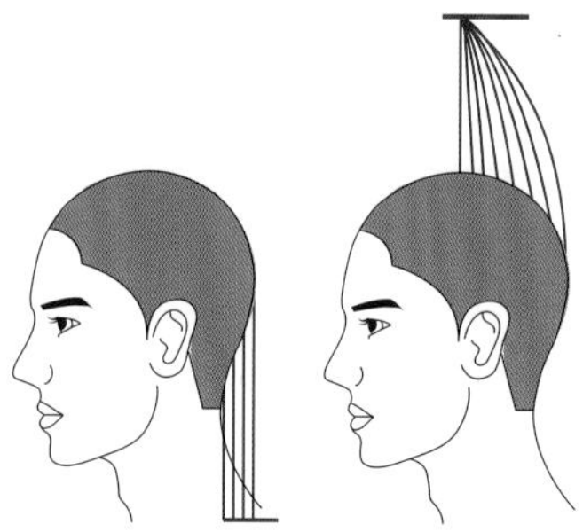	• 디자인 라인이 이동하지 않는다. • 처음 가이드라인에 맞춰 커트한다. • 반대편의 모발의 길이가 점차적으로 증가를 원할 때 사용된다. (원랭스, 인크리스레이어)
이동 디자인 라인 (Mobile Design Line)	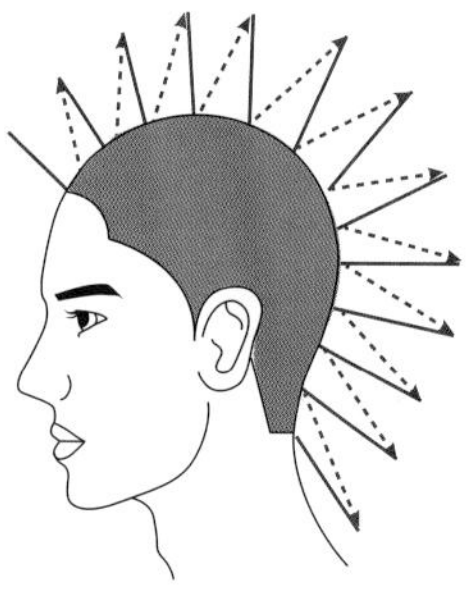	• 커트하는 길이 가이드가 움직인다. • 이전에 커트 된 모발의 일부를 파팅마다 이동시켜 커트하는 방법이다. (그래쥬에이션, 유니폼 레이어)
다중 디자인 라인 (Multiple Stationary Design Line)	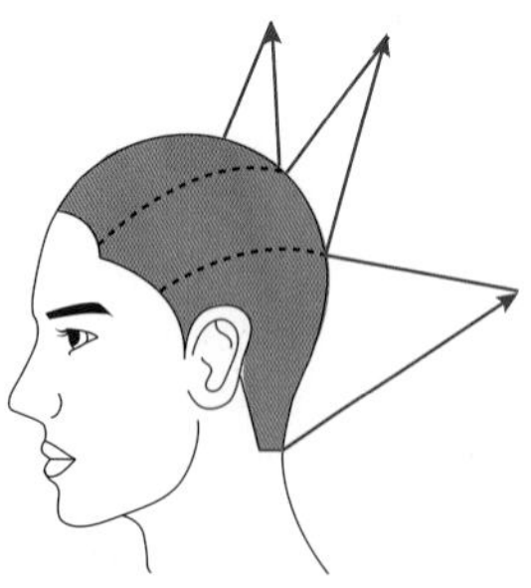	• 전체적으로 층이진 모발 질감을 원하지만 네이프 부분의 모발 길이가 충분하지 않을 때 사용된다. • 새로운 디자인 라인을 만들 때 사용된다. (인크리스 레이어)

CREATIVE HAIR DESIGN
05

남성 헤어커트의 기본 테크닉

커트의 절차에 따라 시술 과정을 결정한 후 커트할 도구와 그 도구에 따른 테크닉을 정하게 된다.

1. 빗과 도구 조작에 의한 기본 테크닉

① 블런트 커트(Blunt Cut)

모발 끝이 뭉툭하고 직선으로 커트하는 기법이다. 블런트 커트는 모발 손상이 적으며 길이는 제거되지만 부피는 그대로 유지되고 무게감이 모발 끝에 그대로 남아 있다.

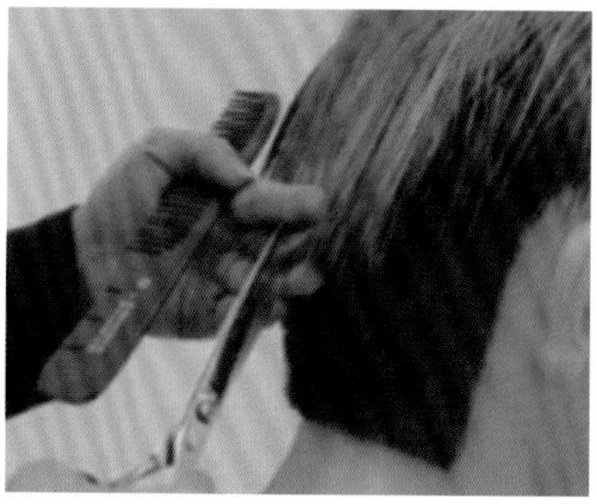

② 나칭(Notching Cut)

머리끝으로부터 가위를 45° 정도로 비스듬하게 세워 모발 끝을 톱니 모양으로 지그재그로 커트하는 기법이다. 커트 후 모발의 불규칙한 디자인 선을 만들어 무게감이 제거된 가벼운 형태선을 만든다. 블런트 커트보다 탁탁한 느낌을 다소 감소시킬 수 있으며 웨이브 머리에 이상적이다. 포인트(Point) 테크닉이라고도 한다.

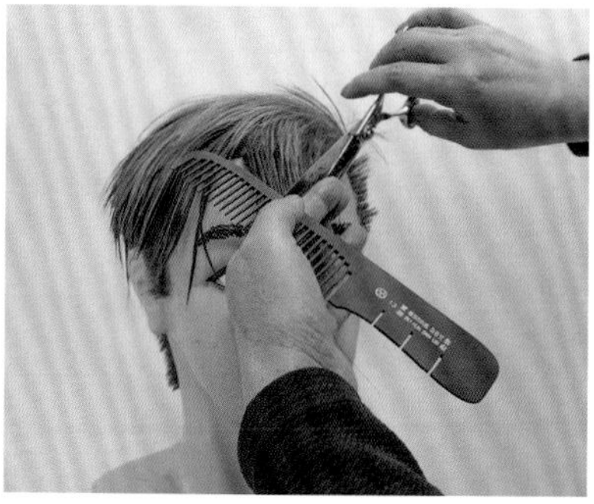

③ 슬라이드 커트(Slide Cut)

머리끝을 향해 가위를 미끄러지듯 커트하는 기법으로 자연스러움과 가벼움을 표현하기 위해 부드럽게 연결하는 동작을 말한다. 가위를 벌려 짧은 길이에서 긴 길이를 연결할 때 사용된다.

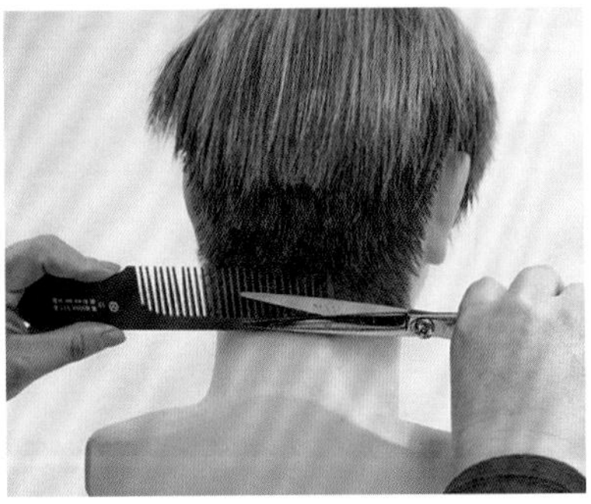

④ 싱글링(Shingling)

모발이 짧아서 손으로 잡기 힘들 때 주로 사용하는 방법으로 네이프에서 시작하여 빗에 모발에 대고 위로 이동하면서 가위를 개폐한다.

⑤ 포인팅 커트(Pointing Cut)

모발 끝에서 스트랜드를 잡고 손가락 쪽으로 가위를 세로로 나칭보다 더 깊게 넣어 커트하는 기법이다. 질감은 가위가 들어가는 깊이와 횟수에 따라 달라진다. 드라이가 끝난 다음 마무리 기법에서 주로 사용된다.

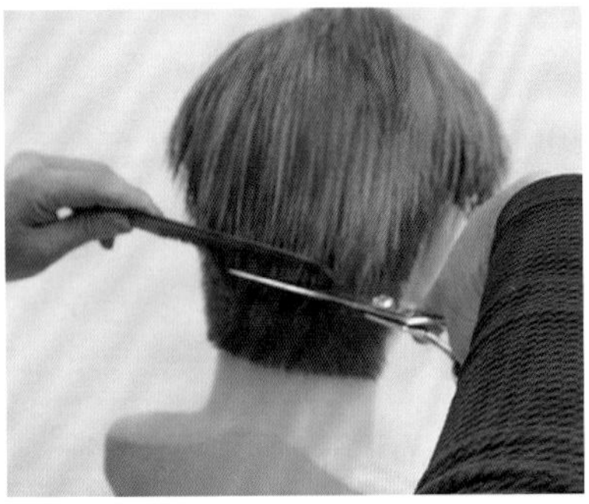

⑥ 콤 컨트롤(Comb Control)

헤어커트 시 모발에 손을 대지 않고 빗만 이용하여 커트하는 기법으로 모발 길이를 커트할 때 텐션을 최소화하기 위해 빗을 사용한다.

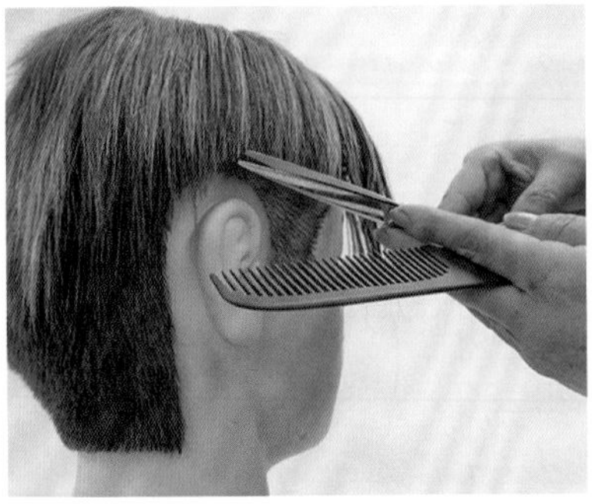

⑦ 프리 핸즈 커트(Free Hands Cut)

감각 커팅 손가락이나 다른 어떤 도구를 사용하지 않고 자유롭게 행하는 커트 방법이다. 텐션을 가하지 않는 상태에서 시술되며 모류의 방향성을 최대한 살려 느낌만으로 시술한다.

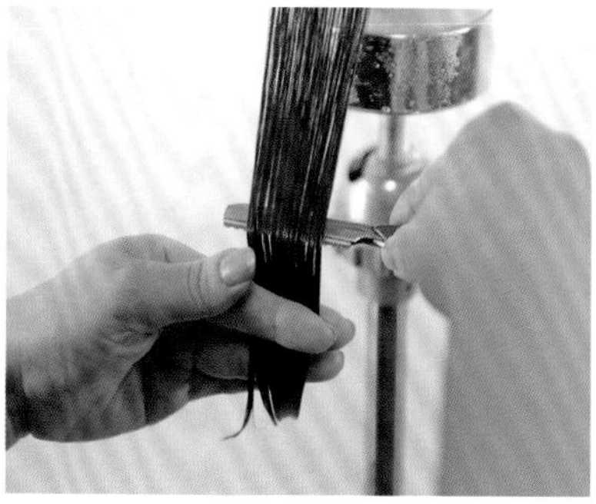

⑧ 레이저 아킹 (Razor Arching)

모발의 안쪽에 레이저 날을 갖다 대고 반원형을 그리듯 커트하는 기법이다. 커트 후 안말음 효과가 있다.

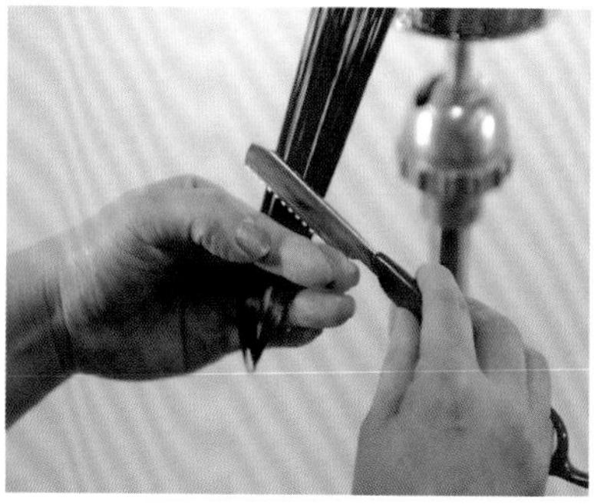

⑨ 레이저 에칭(Razor Etching)

모발의 길이와 무게감을 줄이면서 모발을 커트하기 위해 모발의 표면을 커트하는 방법으로 날의 위치는 모발의 위에 위치한다. 스트로크의 길이가 모발 끝의 페이퍼하는 양을 결정하며 커트 후 겉말음 효과가 있다.

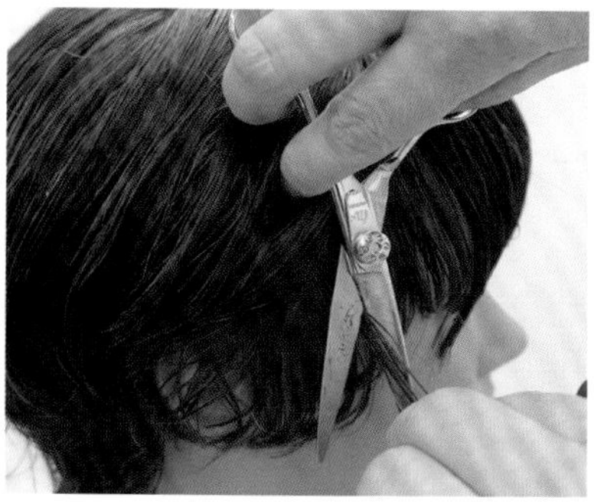

⑩ 슬라이싱(Slicing)

모발 표면에 따라 가위를 개폐하고 미끄러지듯 커트하는 방법으로 가위의 벌린 정도에 따라 질감을 표현하고 정리할 때 사용된다. 불규칙한 움직임이나 가벼운 이미지를 나타내고 싶을 경우 사용된다.

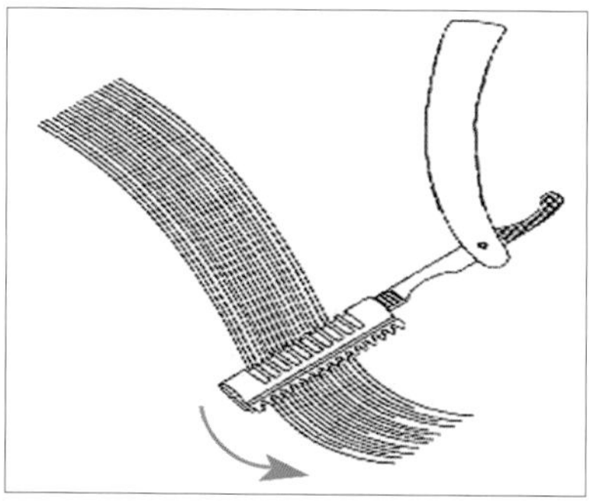

⑪ 겉말음 기법(Bevel Up)

스트랜드 바깥쪽 부분을 레이저를 이용하여 질감을 주는 방법으로서 에칭 기법을 한층 더 효과 있게 표현하고자 할 때 사용된다. 시술각이나 압력은 원하는 시술 결과에 따라 조절 가능하다.

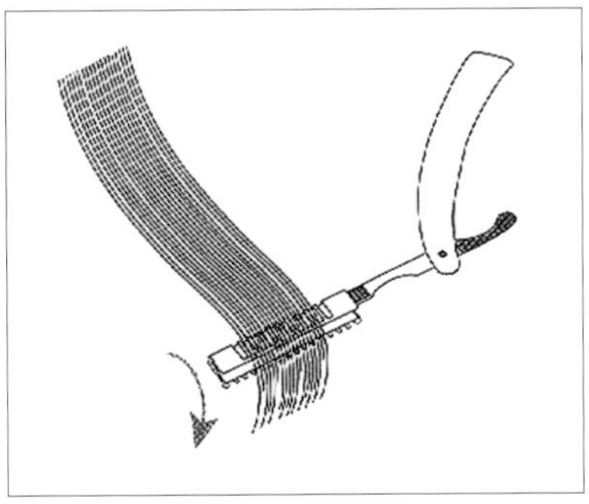

⑫ 안말음 기법(Bevel Under)

스트랜드 안쪽을 레이저를 이용하여 질감을 주는 방법으로서 아킹을 한층 더 효과 있게 표현하고자 할 때 사용된다. 테이퍼 되는 숱의 양을 볼 수 있기 때문에 원하는 만큼의 질감 처리를 할 수 있으며 모발 끝이 안쪽로 잘 말려 들어가게 하는 기법으로 사용된다.

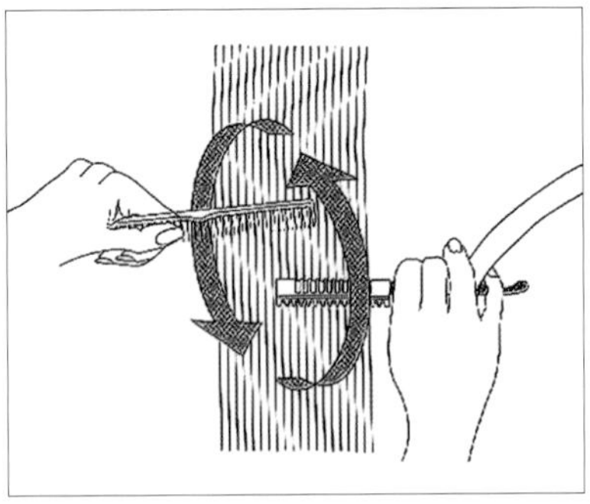

⑬ 레이저 회전 기법(Razer Rotation)

무게감를 줄이고 레어저와 빗을 이용하여 부분을 연결하거나 두상의 윤곽에 따라 모발을 밀착시킬 때 사용된다. (레이저와 빗을 사용하여 두상에 밀착시켜 회전한다)

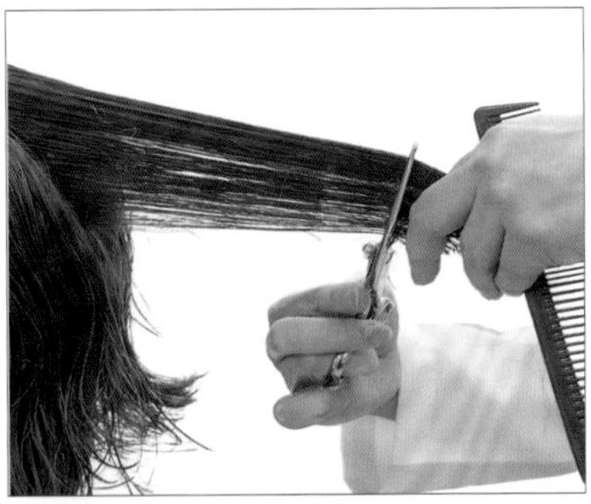

⑭ 틴닝(Thinning)

모발의 길이는 줄이지 않고 전체적인 모량에 대해 부피를 줄이고 생동감을 만들거나 짧은 모발에 질감을 주기 위해 사용된다. 시술하기 전에 어느 부분에 시술할 건지 미리 정하고 사용해야 한다.

⑮ 테이퍼링(Tapering)

테이퍼링은 끝을 가늘게 한다는 뜻으로 모발 끝으로 갈수록 점차적으로 붓처럼 가늘고 자연스럽게 모발의 양을 조절하기 위해 머릿결의 흐름을 불규칙으로 커트하는 과정을 말한다.

⑯ 스트록 커트(Stroke Cut)

가위를 사용하여 마른 모발에 테이퍼링 하는 기법으로 손가락으로 모발의 패널을 잡고 가위가 비스듬하게 모발 끝에서 두피 쪽으로 들어가면서 반복해서 밀어쳐서 모량을 줄이는 기법으로 모발 끝의 움직임과 가벼움, 부드러운 라인을 만드는 목적으로 사용된다.

CREATIVE HAIR DESIGN

06

블로우 드라이의 개념

Blow는 '바람이 불다'는 뜻으로 헤어에서는 핸드 드라이의 열풍으로 헤어스타일을 만드는 것을 말한다. 핸드 드라이는 모발이라는 매개체를 이용하여 형태, 선, 모양, 방향을 구성하여 만든 예술로서, 짧은 시간 내에 조형적이면서 자연스러운 질감을 표현하기 위하여 드라이로 모발을 가열하여 모발에 여러 종류의 브러시와 빗을 사용하여 텐션에 의한 모류의 윤기, 방향, 볼륨 등을 원하는 형으로 최대한 표현할 수 있다. 외부 자극에 의한 손상으로 손실된 모발의 윤기와 탄력을 단발적으로 재생할 수 있다.

1. 블로우 드라이 디자인의 구성 요소

헤어디자인은 디자인 방향, 볼륨, 겉말음, 무게, 움직임, 질감 등의 구성 요소들로 개개인의 스타일 감각을 반영하여 일시적 변화를 가져오는 것이다.

1) 볼륨(Volume)

볼륨은 부피감이 가득 차게 보이는 모양으로 디자인에게 넓게 보이게 하는 확장감을 준다. 볼륨에는 직석 볼륨과 곡선 볼륨이 있다. 직선, 곡선 볼륨으로 적용되어 3차 원 형태를 만들어 낸다.

2) 겉말음(Indentation)

곡선의 인텐테이션은 두피의 모근에 편편하게 붙고 모발 끝은 위로, 파도치듯, 말린다. 이 곡선의 인텐테이션은 볼륨과 연결된다.

① 직선 볼륨

곧은 모발 모양 내에서 만들어진다. 두피에서 모발 가닥을 들어주면서 모발 끝을 안쪽으로 말아준다.

② 곡선 볼륨

시계의 방향 오른쪽 방향과 왼쪽 방향으로 두피에서 모발 가닥을 들어주며 모발 끝을 안쪽으로 말아준다.

③ 아웃 컬

현대적인 느낌과 고전적인 겉말음 느낌을 동시에 구상할 수 있다.

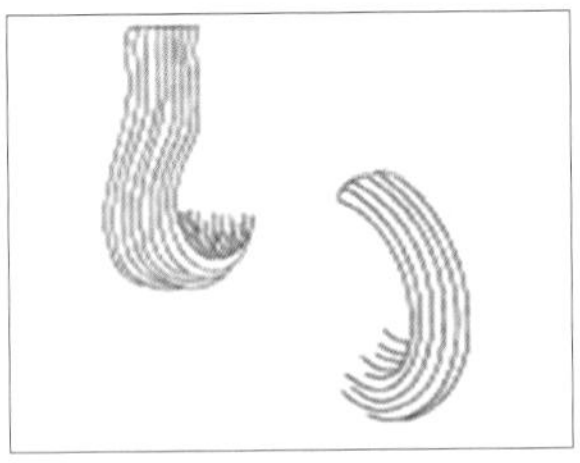

직선 볼륨

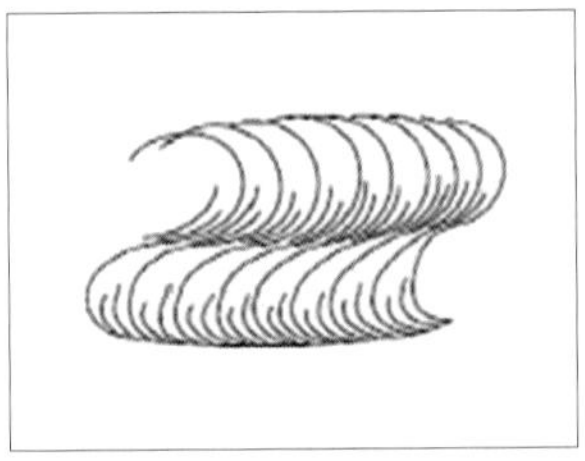

곡선 볼륨

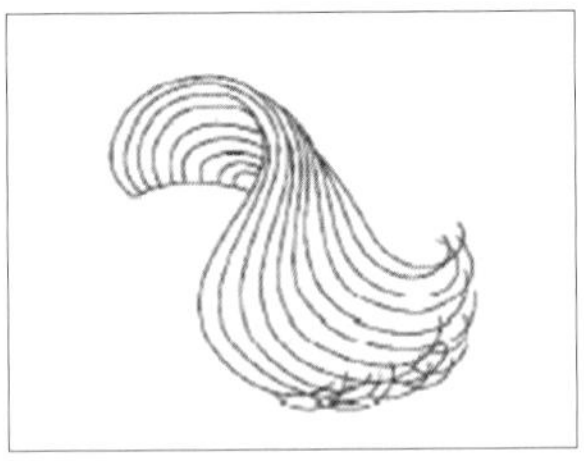

아웃 컬

| 블로우 드라이 시술각에 따른 볼륨의 변화 |

시술각	설 명
0°	각도를 들지 않은 상태를 말한다. 모발의 결을 정리할 때 사용한다.
45°	모근 부위에서 적당한 볼륨을 줄 수 있으며, 머리숱 많아 지나치게 많은 볼륨을 다운시킬 경우 네이프 부분에서 주로 사용된다.
90°	모근 부위에 볼륨이 너무 많이 들어가므로 많이 사용하지 않고 백 포인트(B.P)나 골덴 포인트(G.P)에서는 적당한 볼륨을 줄 수 있어 많이 사용한다.
120°~135°	모근 부위에 볼륨을 가장 많이 줄 수 있으며, 두상이 납작하거나 머리숱이 적어 큰 볼륨을 줄 때 많이 사용한다. 주로 톱 포인트(T.P)나 톱 골덴 미디엄 포인트(T.G.M.P)에서 많이 사용된다. (단, 이때 각도는 두상 각도로 진행한다.)

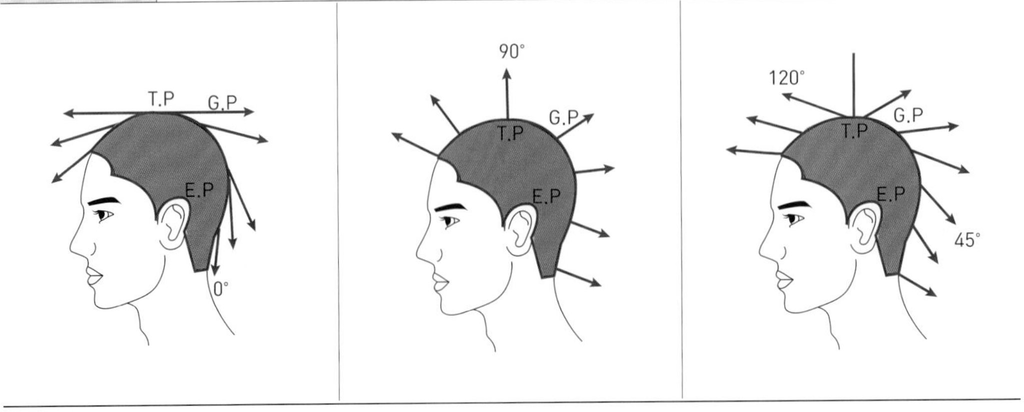

3) 질감(Texture)

질감이란 두상 표면의 시각적인 질이나 모양의 특성을 가리킨다. 자연 상태에서 질감은 엑티베이트와 언엑티베이트로 나뉘며 질감의 선택은 촉감과 중량에 따라 달라질 수 있다. 모발의 뻣뻣한 정도, 모질과 모발 수에 따른 중량이다. 그리고 딱딱한 색과 질감은 같은 딱딱한 선으로 하여야 하며, 부드러운 선에서는 부드럽고 섬세한 질감과 색을 요구한다.

2. 오리지널 세트

오리지널 세트란 가장 기초적인 몰딩 또는 패턴 작업을 말한다.

1) 헤어 파팅(Hair Parting)

헤어 파팅이란 '가르다', '나누다'라는 의미로서 두상에서의 모발을 상 · 하, 좌 · 우로 영역을 구분시킨다.

① 센터 파트

- 센터 파트는 분할 효과를 경쾌하고 뚜렷하게 강조하며 평면적인 느낌을 느끼게 한다.
- 이목구비가 강조되며 턱이 작고 갸름한 달걀형과 이마가 넓고 턱이 좁은 역삼각형에 잘 어울린다.
- 긴 얼굴을 더 길어 보일 수 있어 피한다.
- 사각형 얼굴에 잘 어울린다.
- 정중선을 기준으로 가르는 5 : 5 가르마이다.

② 사이드 파트

- 우측 또는 좌측에 가르는 6 : 4, 7 : 3, 8 : 2 가르마이다.
- 사이드 파트는 깨끗하고 분명한 인상을 주며 안정감과 평면적인 느낌을 나타낸다.
- 강렬하고 강한 이미지의 느낌을 받지만, 얼굴이 커 보이는 경우 단점을 커버하고 세련된 이미지를 보여 줄 수 있다.
- 둥근형이나 삼각형 얼굴에 잘 어울린다.
- 좌측 또는 우측에 가르는 7 : 3, 8 : 2, 9 : 1 가르마이다.

③ 노 파트

- 가르마가 없는 올백 상태이다.
- 노 파트는 귀여운 이미지를 연출과 동안 스타일에 가장 어울리는 스타일이다.
- 톱 부분과 이마 페이스 라인을 풍성하게 보임으로써 귀엽고 갸름한 인상을 줄 수 있다.
- 턱이 뾰적한 역삼각형이나 마름모형 얼굴에 잘 어울린다.

④ 지그재그 파트

- 지그재그 파트는 개성 있고 발랄한 스타일을 연출하면서도 모발의 양을 풍성하게 살릴 수 있다는 장점이있다.
- 섹시한 느낌을 줄 수 있으며 나이에 비해 어려 보인다.
- 눈썹 앞머리를 기준으로 지그재그 모양으로 꼬리빗을 이용해 가르마를 탄다.
- 머리숱이 적거나 자연스런 파트를 나누고자 할 때 사용된다.
- 사각형이나 마름모형 얼굴에 잘 어울린다.

⑤ 라운드 파트

- 라운드 파트는 골덴 포인트를 향해 라운드로 나눈 가르마로 둥그스름한 느낌을 주고 입체적으로 유연하고 섬세한 효과를 준다.
- 얼굴형이 갸름하고 우아하고 여성스러운 분위기를 연출하는 가르마로 각이진 얼굴형과 긴 얼굴형인 사람들에게도 잘 어울린다.
- 장방형 얼굴이나 삼각형 얼굴에 잘 어울린다.

⑥ 정수리 방향의 곡선 가르마

- 정수리 방향의 가르마는 둥그스름하게 가르마를 타서 정수리가 강조되어 볼륨을 높게 보이는 효과가 있다.
- 세련되면서 성숙한 이미지를 만들어 주기에 면접과 같은 격식을 차리는 자리에서 많이 선호되는 가르마이다.
- 여성스러운 느낌을 연출할 수 있으며 어떤 얼굴형에도 잘 어울린다.
- 장방형이나 역삼각형, 마름모형 얼굴에 잘 어울린다.

3. 헤어 웨이빙

웨이브를 만드는 방법에 따라 핑거 웨이브, 컬 웨이브, 아이론 웨이브로 분류하며, S형의 파상형 웨이브로 형성시킨다.

1) 웨이브의 명칭

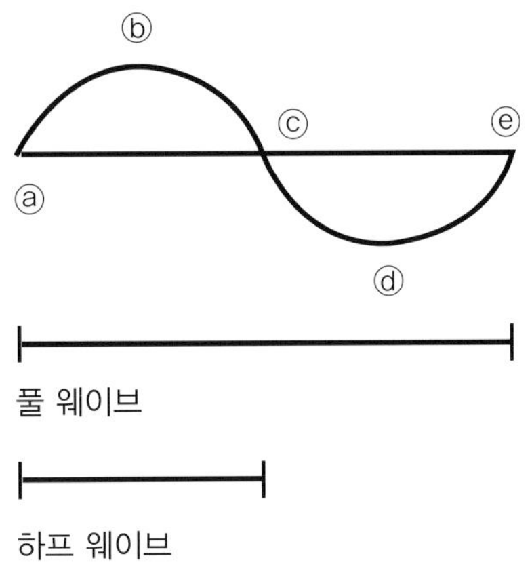

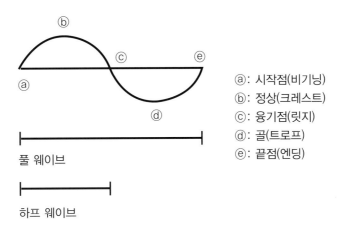

ⓐ: 시작점(비기닝)
ⓑ: 정상(크레스트)
ⓒ: 융기점(릿지)
ⓓ: 골(트로프)
ⓔ: 끝점(엔딩)

2) 웨이브의 간격에 따른 분류

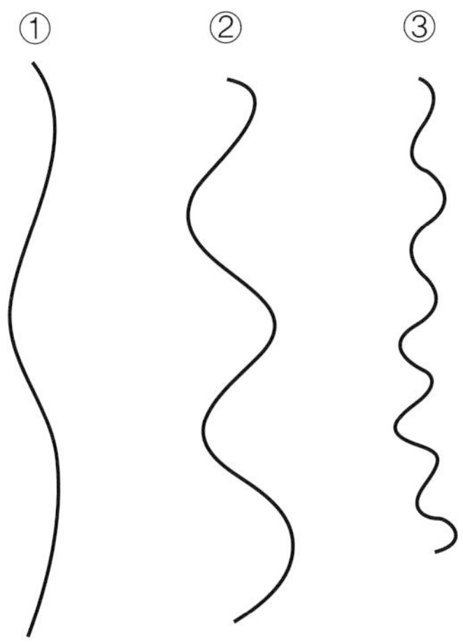

① 섀도우 (Shadow Wave)
릿지와 크레스트가 가장 자연스럽다.

② 와이드 웨이브 (Wide Wave)
릿지와 정상이 뚜렷한 웨이브를 형성하고 있다.

③ 내로우 웨이브(Narrow Wave)
릿지 간의 물결상이 극단적으로 많은 웨이브로 곱슬하게 시술된 퍼머에서 볼 수 있다.

3) 드라이 시술 섹션에 따른 웨이브 구분

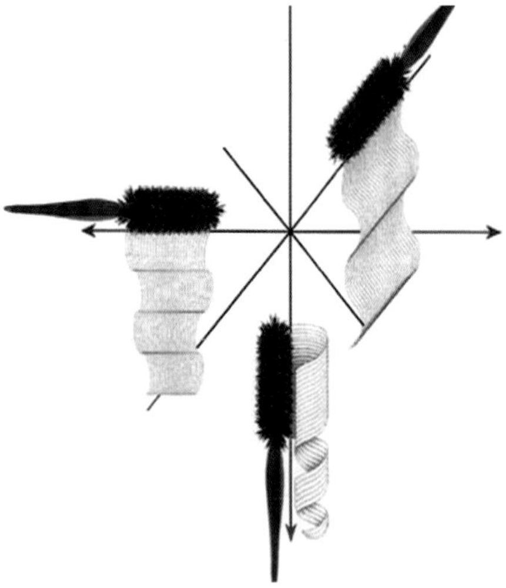

① 수평 웨이브

수평 섹션으로 드라이했을 때 웨이브의 릿지가 수평으로 형성된다.

② 사선 웨이브

사선 섹션으로 드라이했을 때 웨이브의 릿지가 사선으로 이어진다.

③ 수직 웨이브

수직 섹션으로 드라이했을 때 웨이브의 릿지가 수직으로 형성된다.

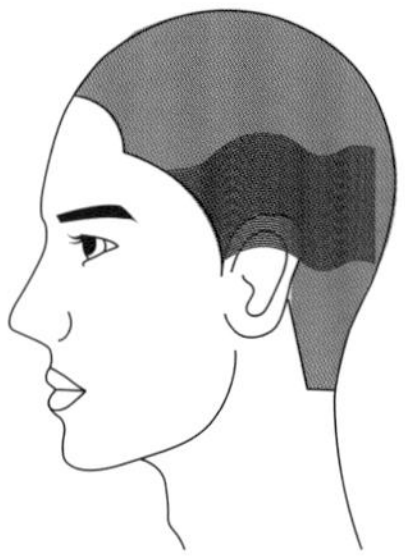

수평 웨이브

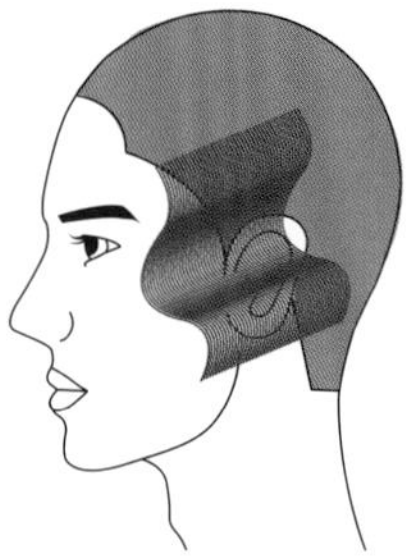

사선 웨이브

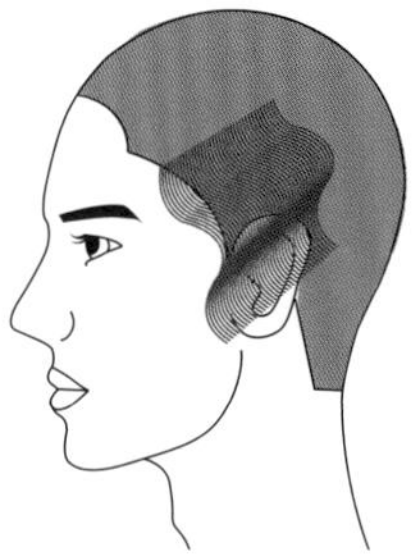

수직 웨이브

4) 블로우드라이 컬의 형태

① 스트레이트(Straight)

- 드라이 시 롤을 와인딩하지 않고 열풍을 가해서 모발 끝까지 따라가면서 정성스럽게 모발을 편다. 밝고 청순한 이미지를 연출할 수 있다.
- 곱슬 모발이나 웨이브 모발을 직선적으로 펴거나 생머리를 더 매끄럽고 윤기 있게 펴주는 방법으로 찰랑거리는 모발을 원할 때 쓰이는 기술이다.

기술적인 요소	수분	웨이브 모발이거나 강모나 곱슬모일 때 수분이 더 많이 필요하며 보통 15~30% 수분이 있어야 용이하다.
	텐션	모근에서 드라이 롤이 1/4 회전한 상태로 모발이 롤에 반 정도 걸쳐져 있는 상태로 유지한다.
	각도	두상에 따라 볼륨이 필요하며 크레스트 윗부분에 원하는 볼륨만큼 각도를 높여주며 스트레이트 디자인은 볼륨을 원하지 않으므로 각도를 낮추어 시술한다.
	롤 회전	크레스트 윗부분에 볼륨을 할 경우 모근에서 롤의 1/4회전하여 텐션을 주어 볼륨 업을 하고 텐션을 주어 스트레이트로 펴주고 모간 부분에서 롤을 회전하여 뻗치지 않도록 마무리 시술한다.
	드라이 온도	60~80°C

② C컬 안말음(In-Curl)

- 볼륨을 내고 싶은 부분의 모근 깊숙이 브러시를 넣고 회전시켜 업스템(Up Stem)의 방향으로 각도를 들어 열을 가하면서 반 바퀴에서 한 바퀴만 와인딩하면서 이동시킨다. 원하는 C컬이 온 컬이냐 반 C컬이냐에 따라 와인딩 회전하는 것이 다르다. 고상하고 은은한 화려함과 부드러운 여성을 연출한 헤어스타일이다.
- 모발의 모간 부분을 롤의 회전력과 열에 의해 안쪽으로 C자 형태가 되도록 하는 방법이다. 이때 롤의 크기에 따라 C자 형태에 크레스트 높이가 달라진다.

기술적인 요소	수분	웨이브 모발이거나 강모나 곱슬모일 때 수분이 더 많이 필요하며 보통 15~30% 수분이 있어야 용이하다.
	텐션	모근에서 드라이 롤이 1/4회전한 상태로 모발이 롤에 반 정도 걸쳐져 있는 상태로 유지한다.
	각도	두상에 따라 볼륨이 필요하면 크레스트 윗부분에 원하는 볼륨만큼 각도를 높여주며 아랫부분은 볼륨을 원하지 않으므로 각도를 낮추어 시술한다.
	롤 회전	크레스트 윗부분에 볼륨을 할 경우 모근에서 롤의 1/4회전하여 텐션을 주어 볼륨 업을 하고 텐션을 주어 스트레이트로 펴주고 모간 부분에서 롤 둘레만큼 한 바퀴 회전하여 안쪽으로 C자 형태가 되도록 마무리 시술한다.
	드라이 온도	60~80°C

③ S컬 포워드(호리존탈 인컬)

- 두 바퀴 이상 와인딩 회전하는 것을 말한다. 모발 끝부분에 화려함을 주어 얼굴 형태의 약점도 커버할 수 있으며, 우아함을 최대화한 차분한 웨이브 연출, 화려함, 세련미를 한층 아름답게 연출할 수 있다.
- 모발의 모간 부분을 롤의 회전력과 열에 의해 안쪽으로 S자 형태가 되도록 하는 방법이다. 이때 롤 크기에 따라 S자 형태가 달라진다.

기술적인 요소	수분	웨이브 모발이거나 강모나 곱슬모일 때 수분이 더 많이 필요하며 보통 15~30% 수분이 있어야 용이하다.
	텐션	모근에서 드라이 롤이 1/4회전한 상태로 모발이 롤에 반 정도 걸쳐져 있는 상태로 유지한다.
	각도	두상에 따라 볼륨이 필요하면 크레스트 윗부분에 원하는 볼륨만큼 각도를 높여주며 아랫부분은 볼륨을 원하지 않으므로 각도를 낮추어 시술한다.
	롤 회전	크레스트 윗부분에 볼륨을 할 경우 모근에서 롤의 1/4회전하여 텐션을 주어 볼륨 업을 하고 텐션을 주어 스트레이트로 펴주고 모간 부분에서 롤 둘레만큼 두 바퀴 회전하여 안쪽으로 S자 형태가 되도록 마무리 시술한다.
	드라이 온도	60~80°C

④ S컬 리버스(호리존탈 아웃컬)

- 모발의 모간 부분을 롤의 회전력과 열에 의해 바깥쪽으로 S자 형태가 되도록 하는 방법이다. 이때 롤 크기에 따라 S자 형태가 달라진다.

기술적인 요소	수분	웨이브 모발이거나 강모나 곱슬모일 때 수분이 더 많이 필요하며 보통 15~30% 수분이 있어야 용이하다.
	텐션	모근에서 드라이 롤이 1/4회전한 상태로 모발이 롤에 반 정도 걸쳐져 있는 상태로 유지한다.
	각도	두상에 따라 볼륨이 필요하면 크레스트 윗부분에 원하는 볼륨만큼 각도를 높여주며 아랫부분은 볼륨을 원하지 않으므로 각도를 낮추어 시술한다.

기술적인 요소	롤 회전	크레스트 윗부분에 볼륨을 할 경우 모근에서 롤의 1/4회전하여 텐션을 주어 볼륨 업을 하고 텐션을 주어 스트레이트로 펴주고 모간 부분에서 롤 둘레만큼 두 바퀴 회전하여 바깥쪽으로 S자 형태가 되도록 마루리 시술한다.
	드라이 온도	60~80°C

④ 아웃 컬: C컬 겉말음(Out-Curl)

- 모근에 볼륨을 준 다음 아웃 컬로 롤을 돌리면서 열을 가해 주는 동작을 반복하면 윤기와 탄력을 동시에 나타내면서 아웃 컬의 효과를 얻을 수 있다. 고급스럽고 여성미를 강조하는 헤어스타일을 연출한다.
- 모발의 모간 부분을 롤의 회전력과 열에 의해 바깥쪽으로 C자 형태가 되도록 하는 방법이다. 이때 롤의 크기에 따라 C자 형태에 크레스트 높이가 달라진다.

기술적인 요소	수분	웨이브 모발이거나 강모나 곱슬모일 때 수분이 더 많이 필요하며 보통 15~30% 수분이 있어야 용이하다.
	텐션	모근에서 드라이 롤이 1/4회전한 상태로 모발이 롤에 반 정도 걸쳐져 있는 상태로 유지한다.
	각도	두상에 따라 볼륨이 필요하면 크레스트 윗부분에 원하는 볼륨만큼 각도를 높여주며 아랫부분은 볼륨을 원하지 않으므로 각도를 낮추어 시술한다.
	롤 회전	크레스트 윗부분에 볼륨을 할 경우 모근에서 롤의 1/4회전하여 텐션을 주어 볼륨 업을 하고 텐션을 주어 스트레이트로 펴주고 모간 부분에서 롤 둘레만큼 한 바퀴 회전하여 바깥쪽으로 C자 형태가 되도록 마무리 시술한다.
	드라이 온도	60~80°C

⑤ 릿지컬

• 모발의 모간 부분을 롤의 회전력과 열에 의해 안쪽으로 S자 형태가 되도록 하는 방법이다. C와 C가 연결되는 부분에 릿지를 살려주면서 시술한다.

기술적인 요소	수분	웨이브 모발이거나 강모나 곱슬모일 때 수분이 더 많이 필요하며 보통 15~30% 수분이 있어야 용이하다.
	텐션	모근에서 드라이 롤이 1/4회전한 상태로 모발이 롤에 반 정도 걸쳐져 있는 상태로 유지한다.
	각도	두상에 따라 볼륨이 필요하면 크레스트 윗부분에 원하는 볼륨만큼 각도를 높여주며 아랫부분은 볼륨을 원하지 않으므로 각도를 낮추어 시술한다.
	롤 회전	크레스트 윗부분에 볼륨을 할 경우 모근에서 롤의 1/4회전하여 텐션을 주어 볼륨 업을 하고 텐션을 주어 스트레이트로 펴주고 모간 부분에서 롤 둘레만큼 두 바퀴 이상 회전하여 안쪽으로 S자 형태가 되도록 마무리 시술한다.
	드라이 온도	60~80°C

헤어스타일에 따른 이미지 변화는 앞머리를 이마까지 내리느냐, 이마 부분에 볼륨을 주어서 뒤쪽으로 올리느냐 또는 컬의 흐름을 스트레이트, C컬, S컬, 아웃 컬을 만드느냐에 따라 헤어스타일의 표현이 달라진다. 긴 머리의 경우 두상에 표현이 되는 것이 아니고 떨어지는 선 부분에서 연출이 되므로 어떤 컬을 만드느냐에 따라 실루엣이 달라진다.

CHAPTER 02

작품 제작

클래식 & 스트럭춰

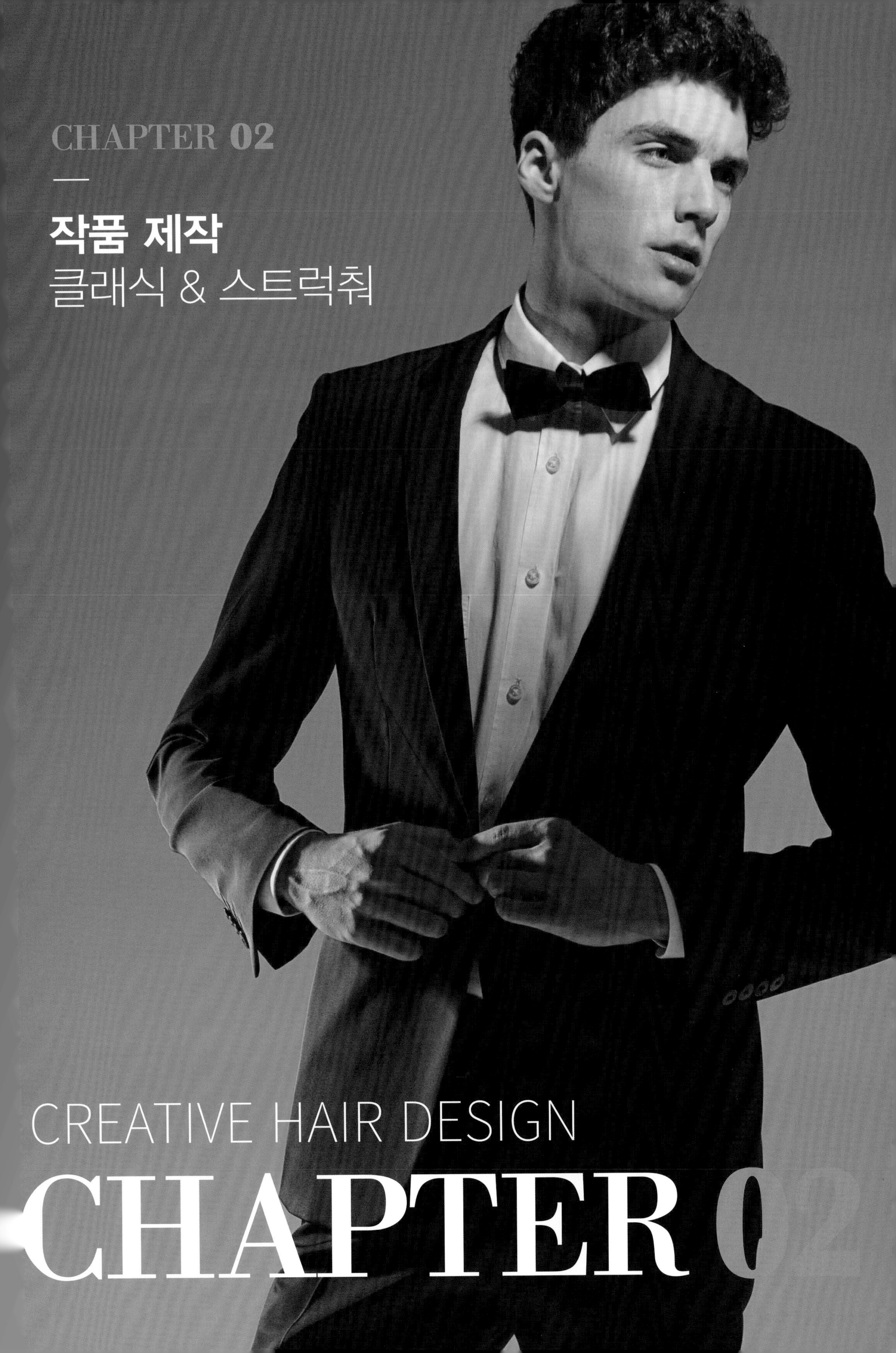

CREATIVE HAIR DESIGN

CHAPTER 02

CREATIVE HAIR DESIGN

01

클래식 스타일

클래식은 남성 작품에서 가장 기본이 되며, 커트와 드라이 기법이 조화를 이루어야 한다. 종류에는 올백 스타일, 옆 올백 스타일, 좌 파트 스타일 등이 있다. 클래식은 스퀘어 형태와 그래쥬에이션형의 혼합형으로 전체적인 박스의 형태를 갖는다. 이러한 커트는 둥근 두상에 남성 작품의 기본 형태인 스퀘어 형태를 만들기 위한 기초 작업으로 각 면과 면이 만나는 지점에 길이를 길게 커트하여 드라이 작업 시 볼륨을 살리기 위함이다.

학습 내용	클래식 스타일
수업 목표	• 그래쥬에이션형의 특징과 주의사항을 설명할 수 있다. • 스퀘어 커트의 특징을 설명할 수 있다. • 방향 분배의 특징을 설명할 수 있다. • 클래식 작품의 기본 스타일과 응용 스타일을 커트 시술 후 드라이, 마무리의 작업 절차를 거쳐 작품을 완성할 수 있다.

[사전 준비물]

통가발, 스프링 홀더, 레이저, 빗, 핀셋, 브러시, 분무기, 스프레이, 광택 스프레이

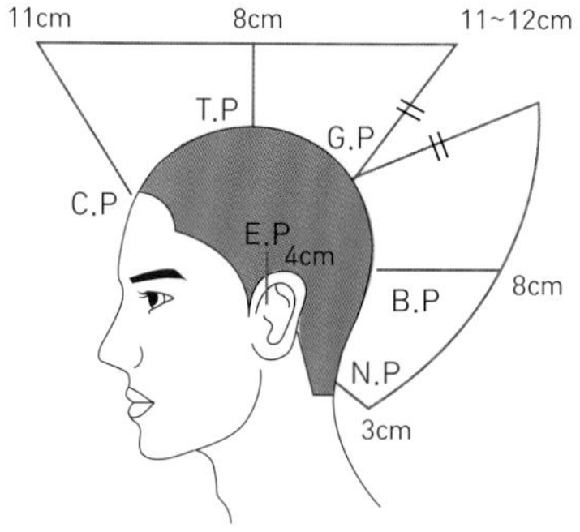

도해도

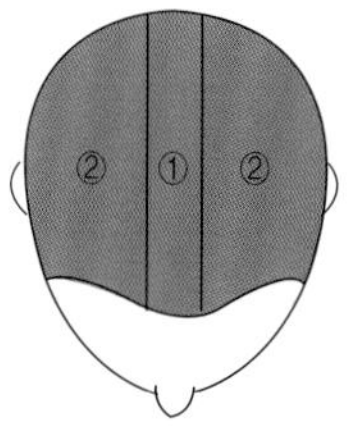

블로킹

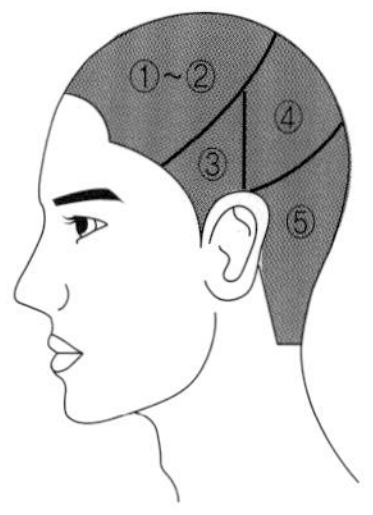

블로킹

1. 클래식 기본 스타일 준비하기

2. 클래식 기본 커트 시술하기

1 양쪽 템플에서 골덴 포인트(G.P)를 향해 U라인의 블로킹한 후 E.B.P에서 수직으로 블로킹한다.

2 C.P에서 2cm 정도 가이드를 잡아 G.P를 향해 90°로 C.P 11cm, T.P 8cm, G.P 11~12cm 길이를 설정하여 커트한다.

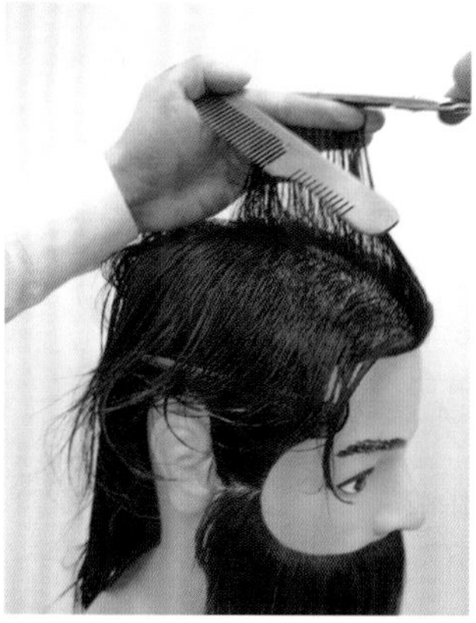

3 설정된 가이드를 기준으로 우측부터 시작하여 좌측으로 스퀘어 형태로 방향 분배하여 C.P에서 G.P까지 수평으로 커트한다.

4 우측 사이드는 위의 U라인 가이드와 E.P에서 4cm 정도 내려온 지점까지 그래쥬에이션 커트한다. E.B.P와 사이드는 E.P 방향으로 사이드 베이스 하여 기장이 짧아지지 않도록 커트한다.

5 좌측 사이드도 E.P 방향으로 사이드 베이스 하여 기장이 짧아지지 않도록 주의하며 커트한다.

6 백센터 중앙에서 2cm 가이드를 설정하고, G.P 11~12cm를 가이드 기준으로 B.P 8cm, N.P 3cm로 그래쥬에이션 커트한다.

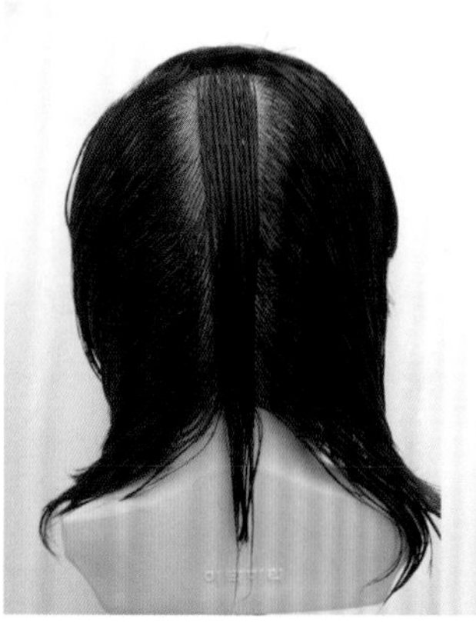

7 가이드를 기준으로 방향 분배하여 백 센터에서 E.B.P으로 진행하면서 스퀘어형으로 커트한다.

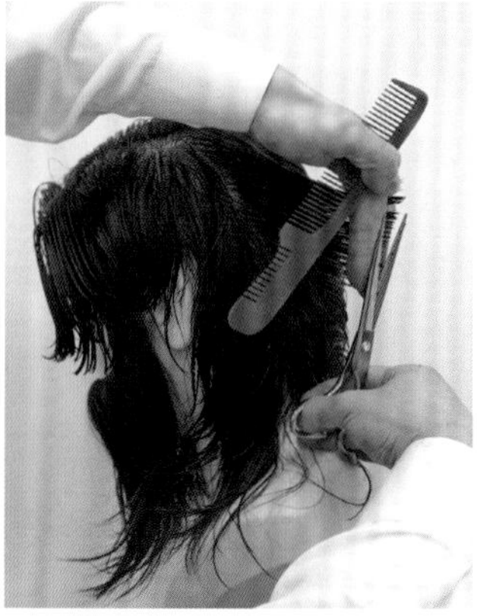
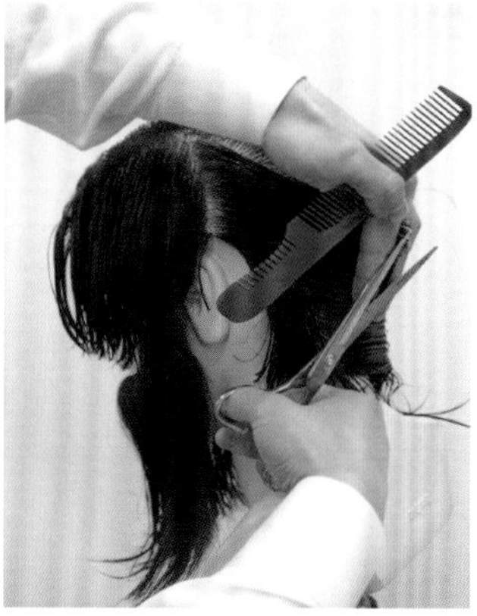
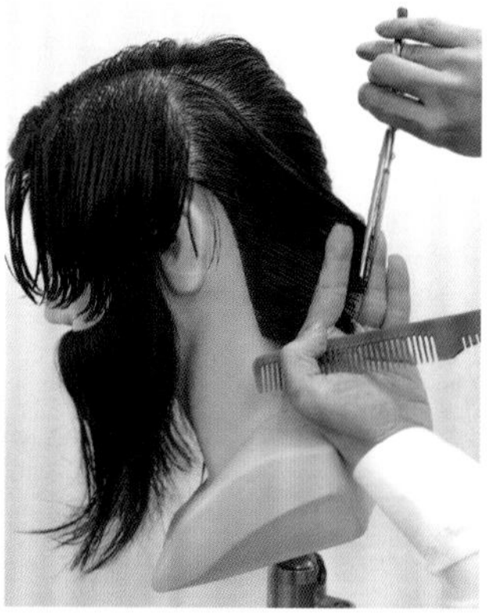
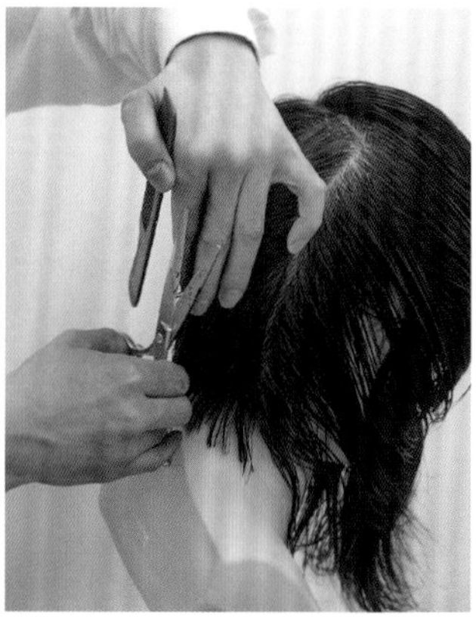

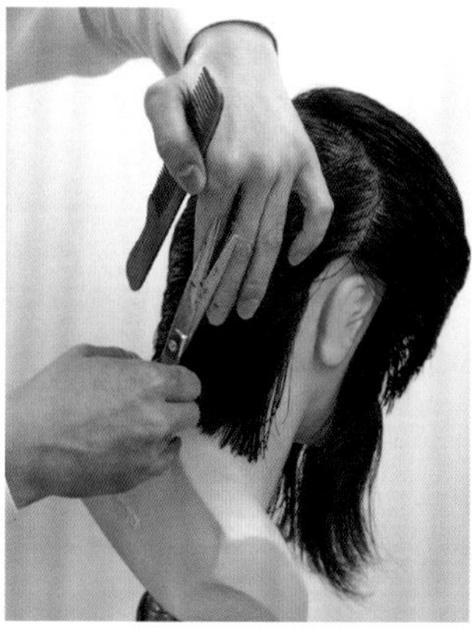

8 틴닝 가위를 이용하여 인테리어 부분은 2~3등분으로 나누어 딥, 노멀, 엔드 테이퍼링으로 질감 처리하되 길이가 잘리지 않도록 주의하며 커트한다.

9 양쪽 사이드도 왼손이 점점 모발 끝으로 나오면서 틴닝 가위가 빠져나오면서 균일하게 질감 처리하여 커트한다.

10 백 센터에서 이어백으로 진행하면서 딥, 노멀, 엔드 테이퍼링으로 동일하게 질감 처리하여 커트한다.

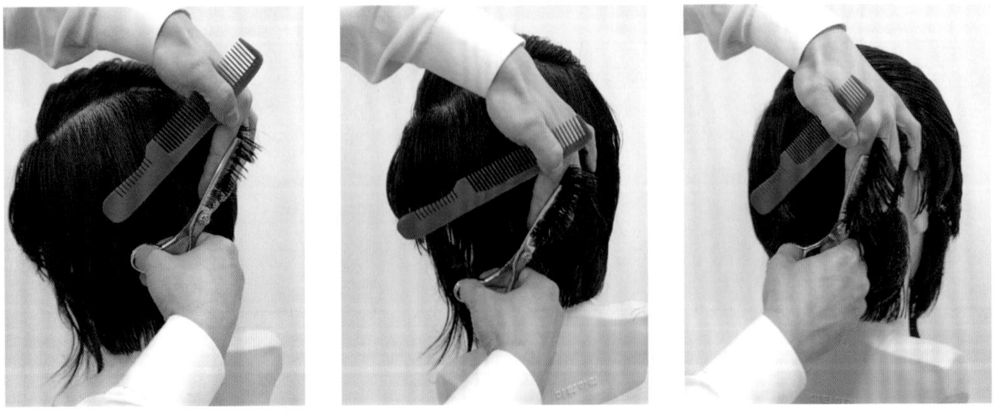

11 네이프에서 백으로 떠올려 틴닝으로 질감 처리한 후 싱글링으로 커트하여 포인트와 블런트 커트로 마무리한다.

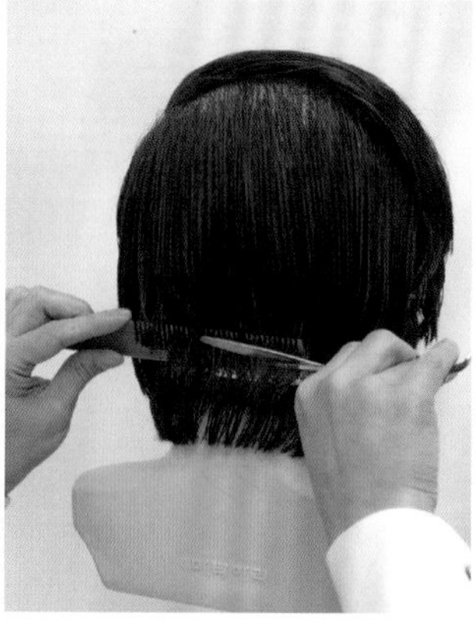

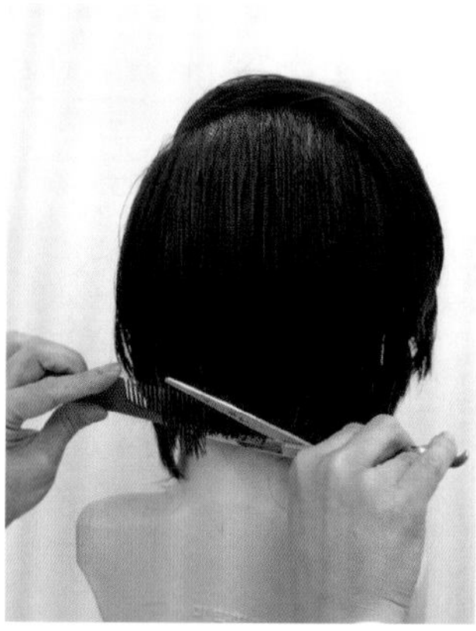
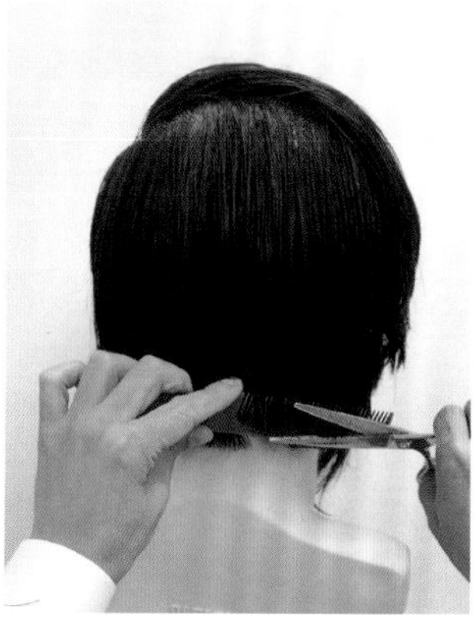
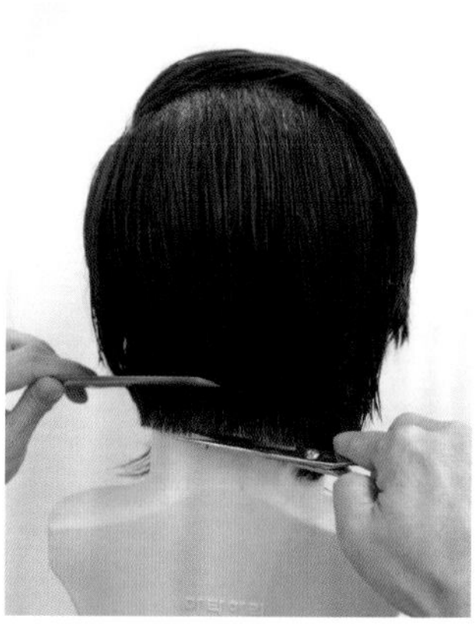
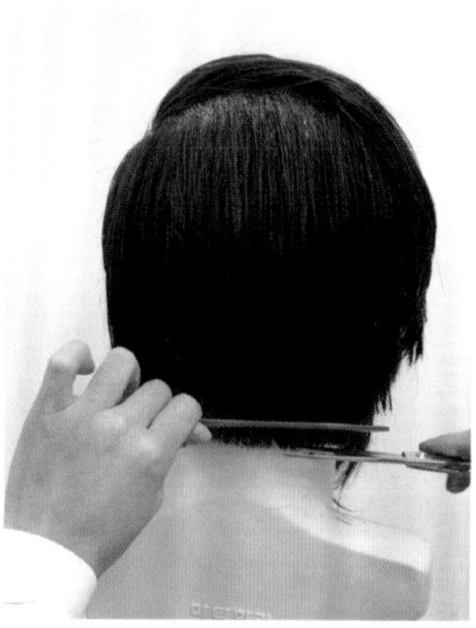

12 완성

3. 클래식 기본 스타일링 시술하기

1 후두부 밑 하단부는 드라이 열과 바람을 이용하여 브러시로 모근 부위을 플랫하게 밀착시켜 자연스럽게 연결시켜 준다.

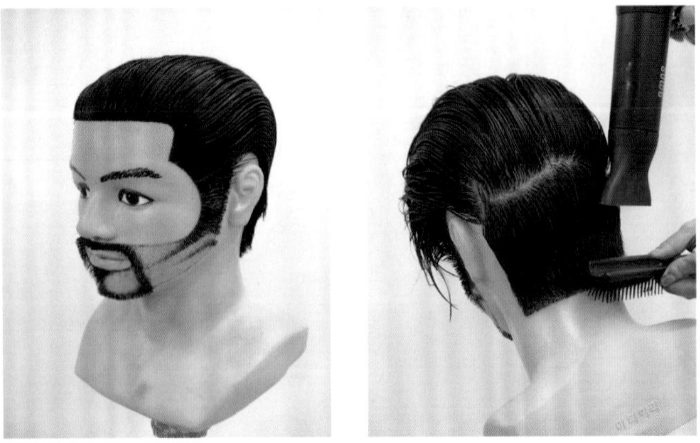

2 C컬을 형성하기 위해 브러시를 회전하면서 볼륨과 텐션을 유지하며 시술한다. 후두부의 중앙에서부터 시작하여 좌측에서 우측으로 이동하면서 모발 표면을 매끄럽게 연결시켜 준다.

3 두정부 부분과 옆 부분은 볼륨을 주기 위해 열과 바람을 이용하여 뜸과 텐션을 주면서 스퀘어 형태로 드라이를 시술하여 후두부 아래로 자연스럽게 연결한다.

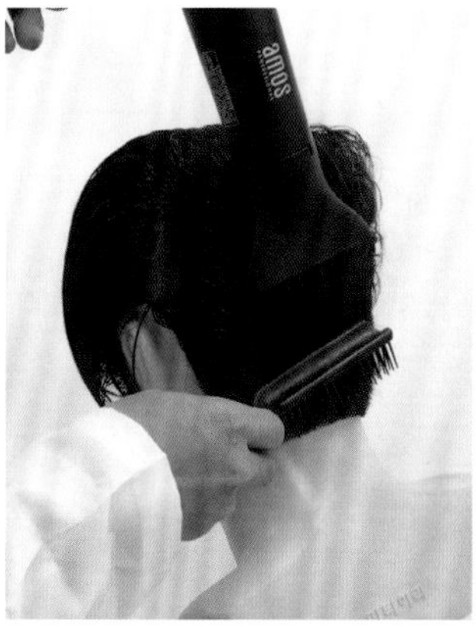

4 두정부 윗부분은 최대의 볼륨을 얻기 위해 브러시로 모근 뿌리의 패널을 잡아 텐션을 주면서 스퀘어 형태의 각을 만들어 후두부 아래로 자연스럽게 연결한다.

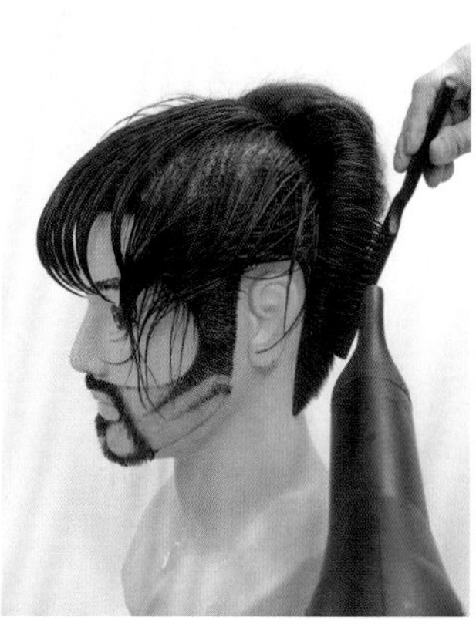

5 두정부 윗부분에서 전두부 앞쪽으로 이동하면서 볼륨을 최소화하기 위해 가운데를 중심으로 좌측과 우측 부위에 바람과 열을 이용하여 플랫하게 드라이한다.

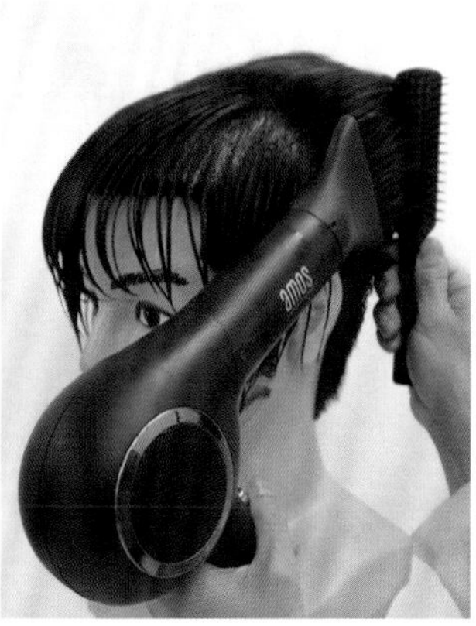

6 전두부 앞부분에서는 스퀘어 형태의 C컬 볼륨을 형성하기 위해 브러시를 앞쪽으로 수평하게 당겨 자연스럽게 연결하고 윗부분과 옆부분은 빗의 방향이 일직선으로 평행하게 드라이하면서 모발 표면을 매끈하게 연결한다.

7 앞머리는 브러시를 앞으로 당겨 콧등까지 앞으로 볼륨을 주면서 브러시를 아웃시킨다. 측두부는 스퀘어 형태를 만들면서 바람을 이용하여 베이스에 밀착시킨다.

8 두정부 윗부분은 최대의 볼륨을 얻기 위해 하드 스프레이를 모근 부위 분사한다. 전체적으로 광택 스프레이를 분사하고 형태를 만들면서 엉킴 부분이 없도록 가볍게 1차 빗질한다.

9 스프레이를 분사하면서 먼저 전두부, 측두부, 두정부, 후두부 순으로 모발 결의 방향을 잡아 준 다음 앞머리는 위로 당겨 올려주고 측두부는 사선으로 빗어 후두부와 자연스럽게 연결되도록 빗질한다.

[10] 손바닥을 평행하게 하여 부위별로 스프레이를 분사한다. 이용 드라이어의 약한 열로 잔머리를 쓰다듬어 전체적으로 모발 표면을 매끈하게 한다.

[11] 완성

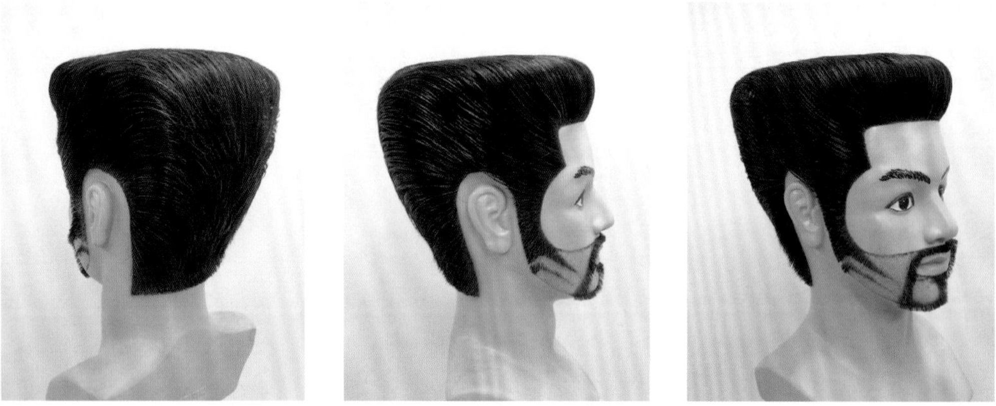

※ 클래식 스타일링 방향성

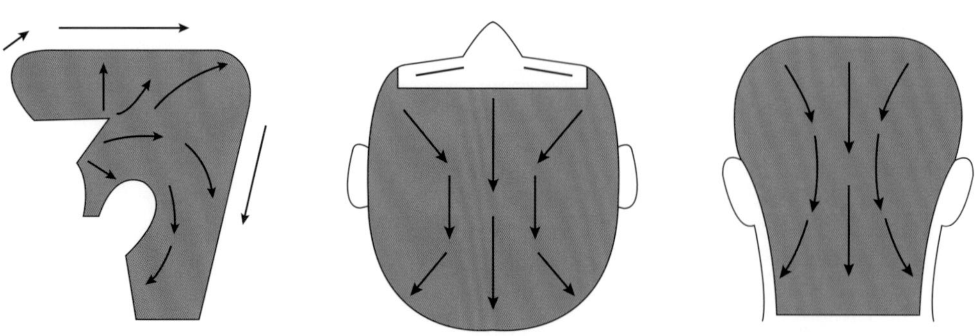

4. 클래식 응용 스타일 준비하기

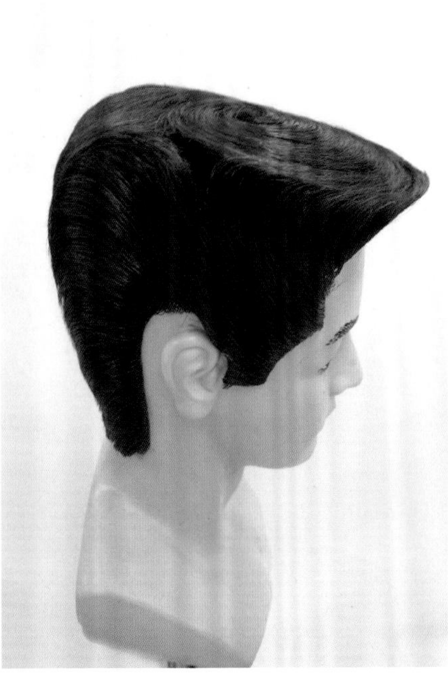

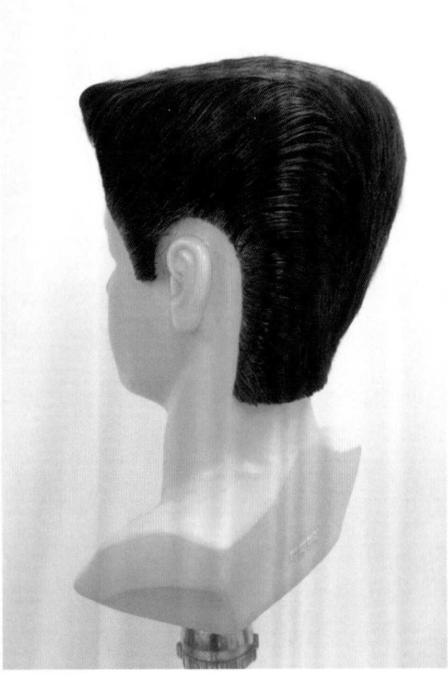

5. 클래식 응용 스타일링 시술하기

1 전두부는 U라인의 뿌리 볼륨을 살리기 위해 역방향으로 모발을 밀어주면서 드라이한다

2 윗부분의 정중앙 부분은 작은 원을 만들기 위해 시계 반대 방향으로 브러시를 회전시키면서 볼륨과 텐션을 유지하며 시술한다.

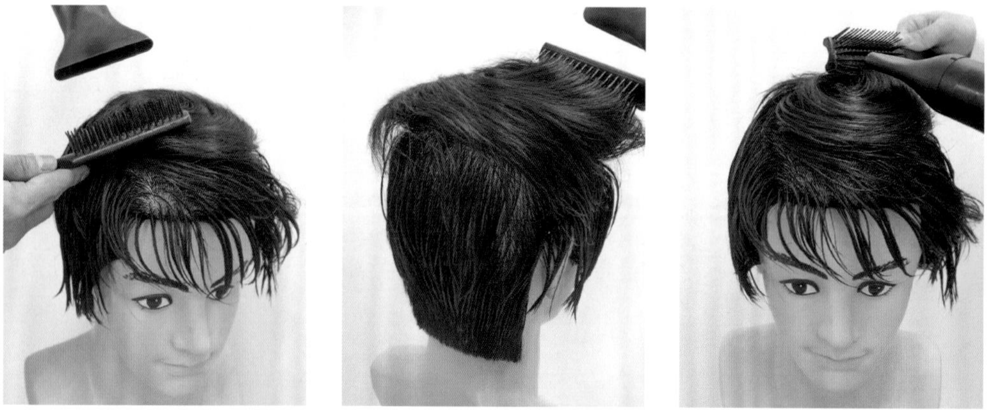

3 열과 바람을 이용하여 뜸과 텐션을 주면서 원을 바깥 방향으로 그리면서 드라이를 한다.

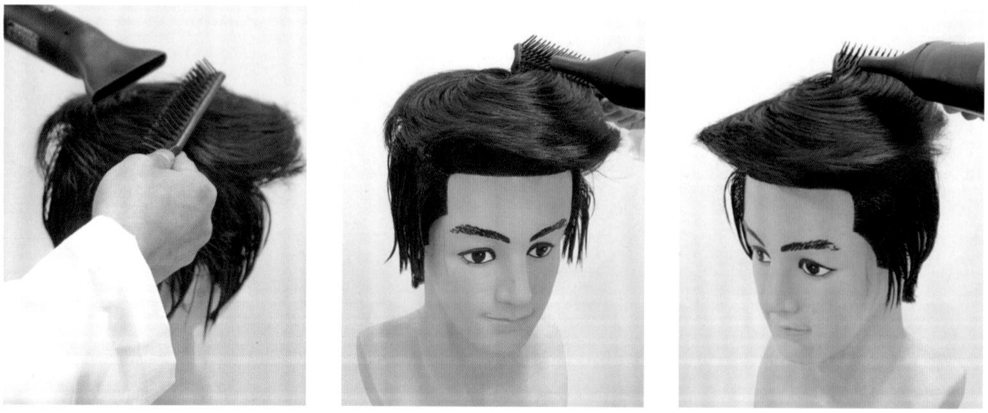

4 앞머리의 높이를 설정하고 브러시를 앞으로 당겨 45° C컬의 웨이브를 만들면서 윗머리와 자연스럽게 연결한다.

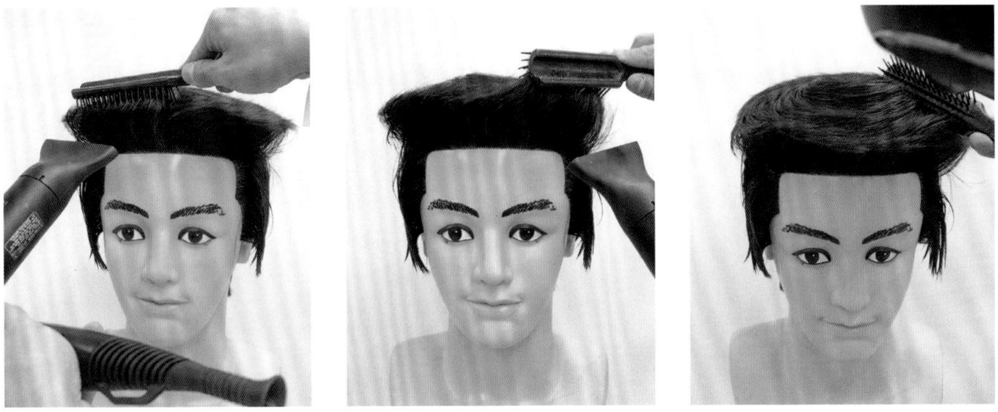

5 후두부 밑 하단부는 드라이 열과 바람을 이용하여 브러시로 모근 부위에 플랫하게 밀착시켜 자연스럽게 연결시켜 준다.

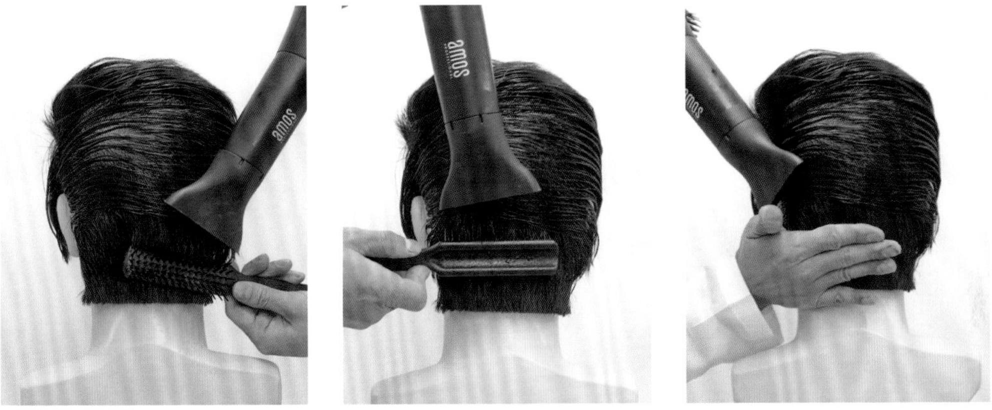

6 후두부에서 두정부 위 방향으로 모근의 C컬을 형성하기 위해 브러시를 회전하면서 볼륨과 텐션을 준다. 가운데부터 시작하여 좌측에서 우측으로 이동하면서 자연스럽게 연결시켜 준다.

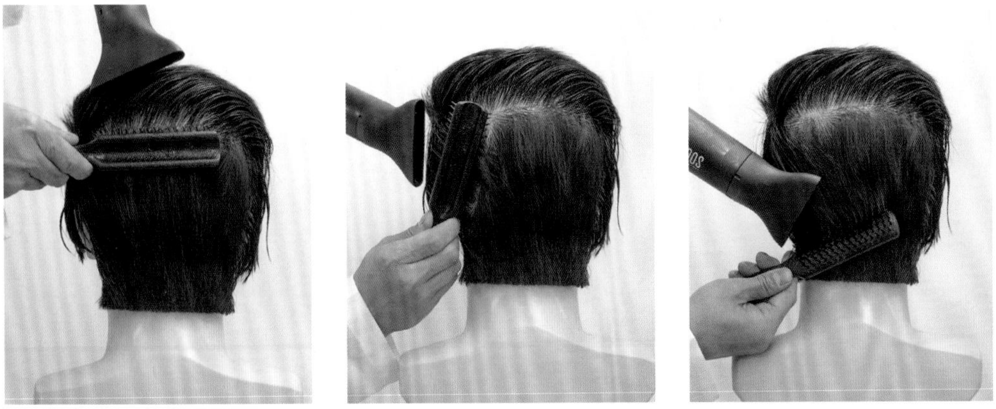

7 두정부 윗부분은 최대 볼륨을 주기 위해 브러시로 모근 뿌리의 패널을 잡아 텐션을 주면서 스퀘어 형태의 각을 만들어 후두부 아래로 자연스럽게 연결한다.

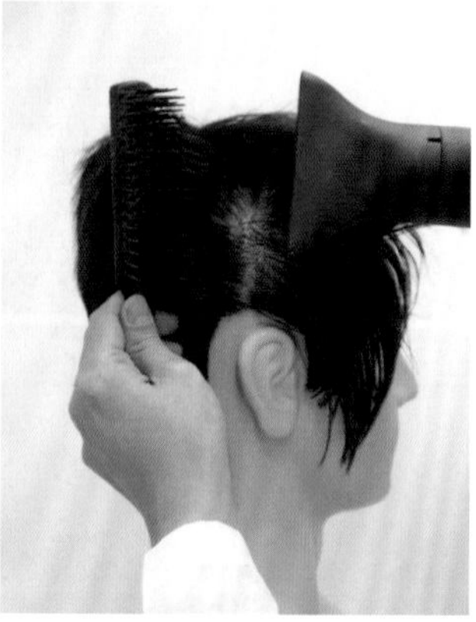

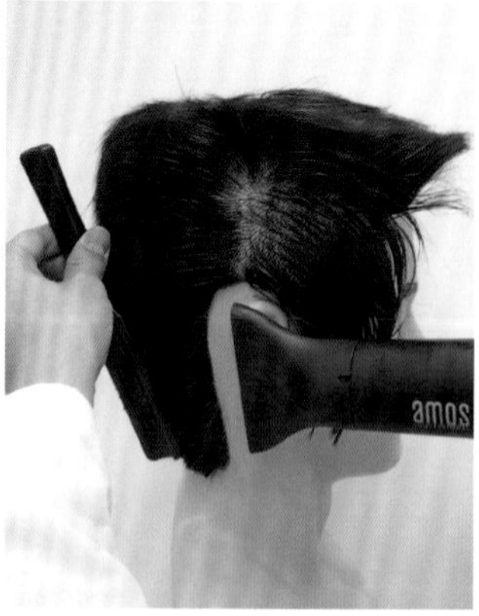

8 좌·우측 측두부는 밑부분은 모발을 플랫하게 밀착시키며 볼륨과 스퀘어와 방사선 형태의 사선으로 드라이로 윗부분과 연결시켜 준다.

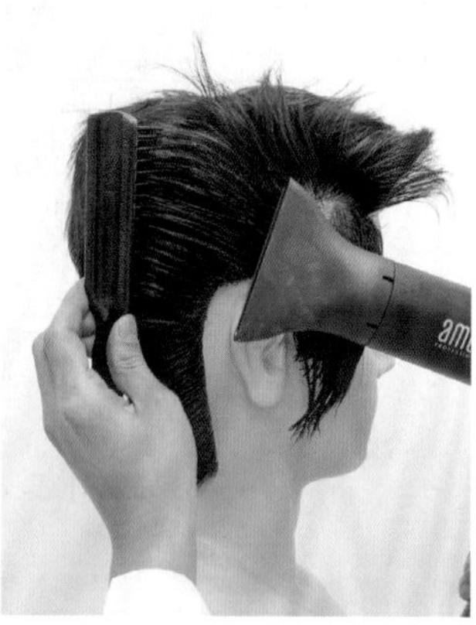

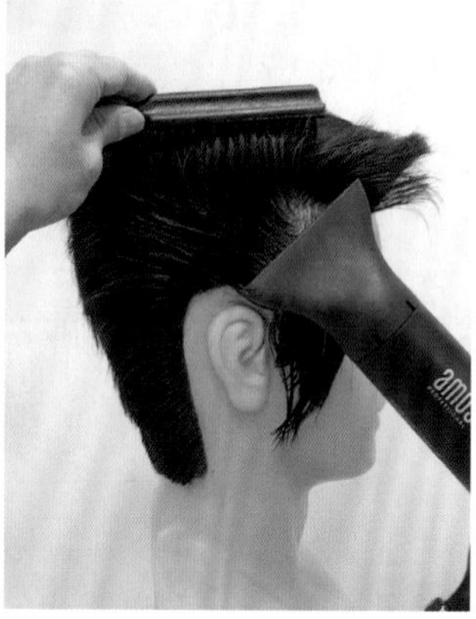

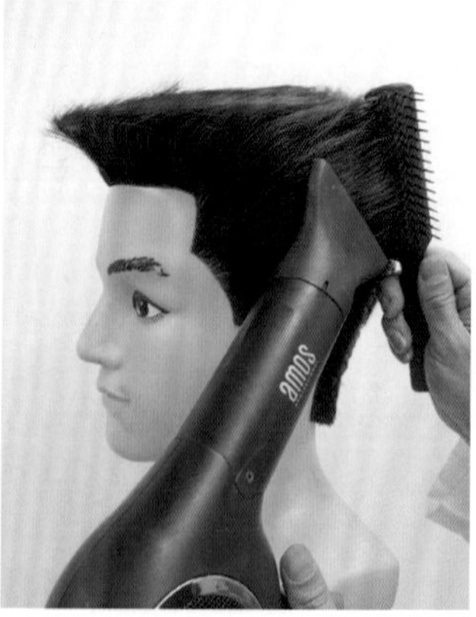

9 전체적으로 광택 스프레이를 분사하고 형태를 만들면서 엉킴 부분이 없도록 가볍게 1차 빗질한 후, 하드 스프레이를 부위별로 분사하면서 전두부 윗면의 회오리 형태의 중심 원을 안쪽에서 바깥을 향하여 원을 그리며 빗질한다.

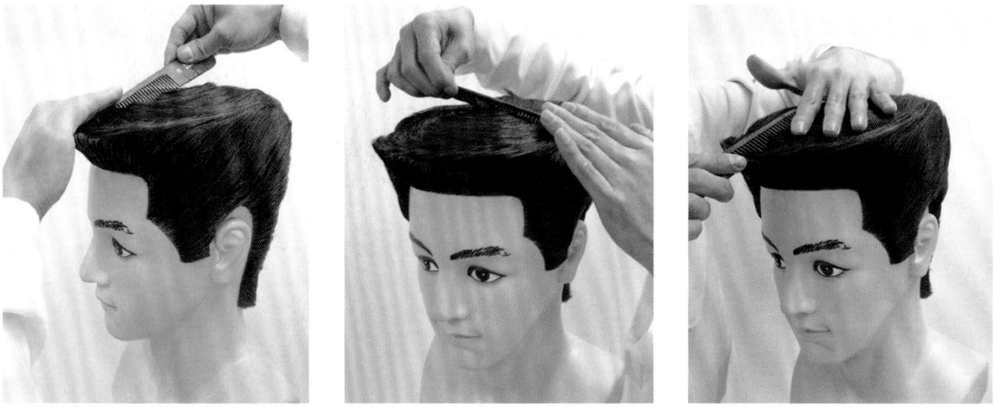

10 스프레이를 분사 후 측두부, 후두부, 전두부 방향으로 윗머리와 연결시켜 각을 유지하면서 빗질을 매끄럽게 해준다.

11 손바닥을 평행하게 사용하여 부위별로 스프레이를 분사한다.

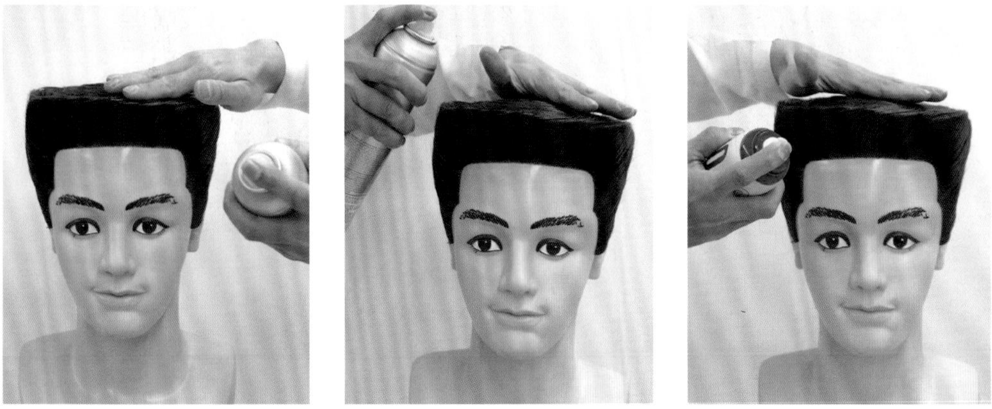

12 드라이어의 약한 열로 잔머리를 쓰다듬어 전체적으로 모발 표면을 매끄럽게 시술한다.

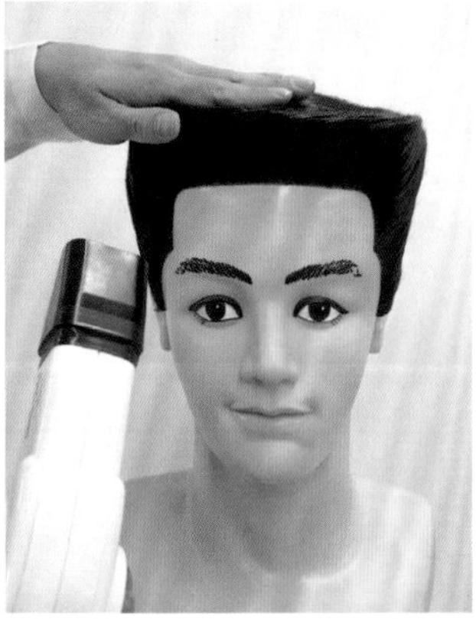

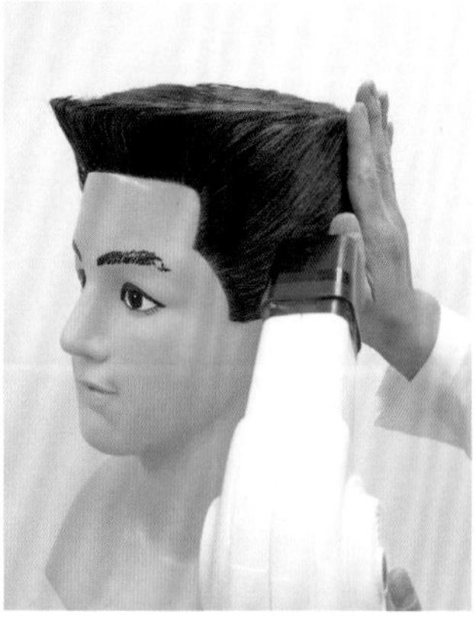

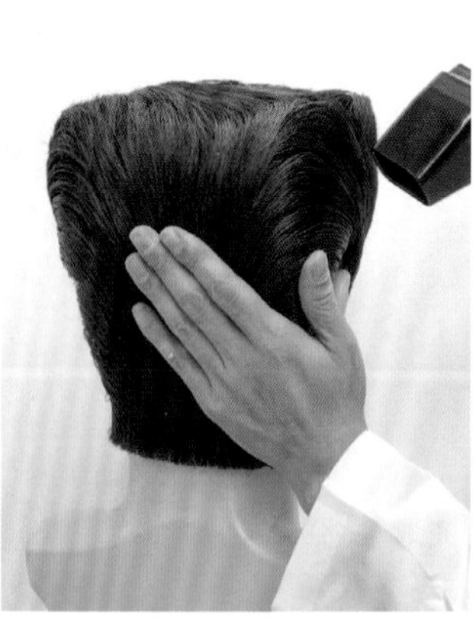

13 완성

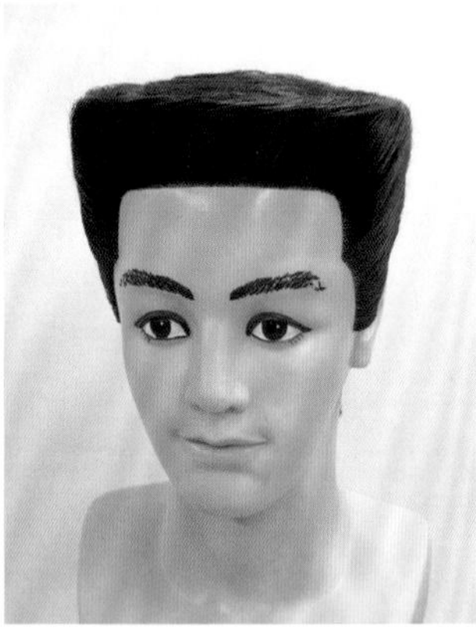

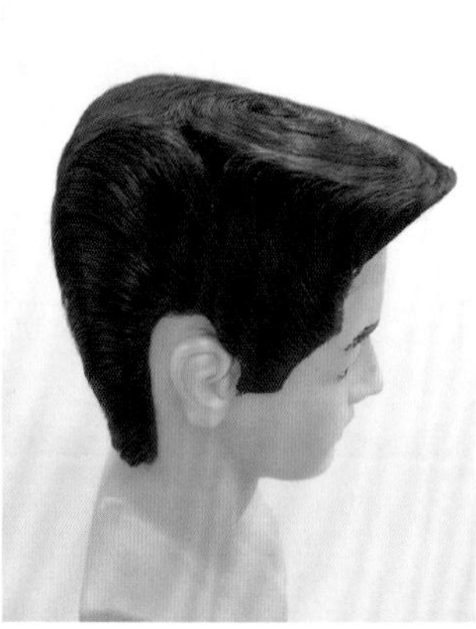

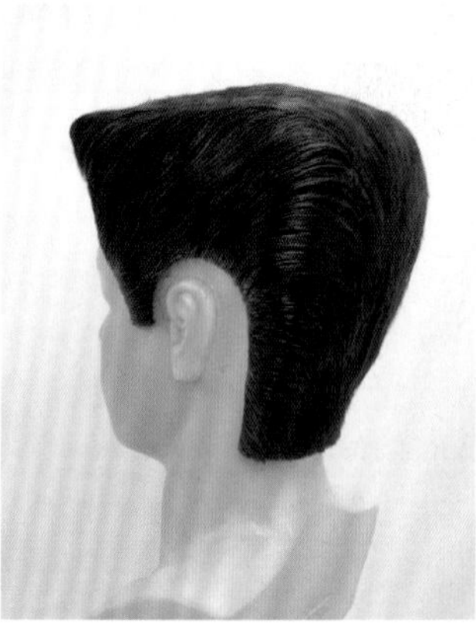

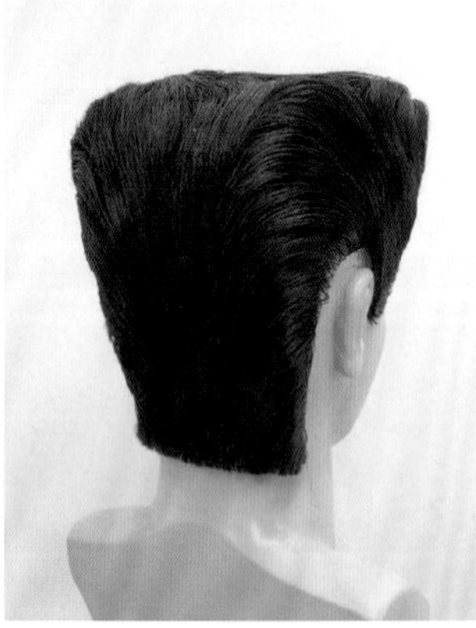

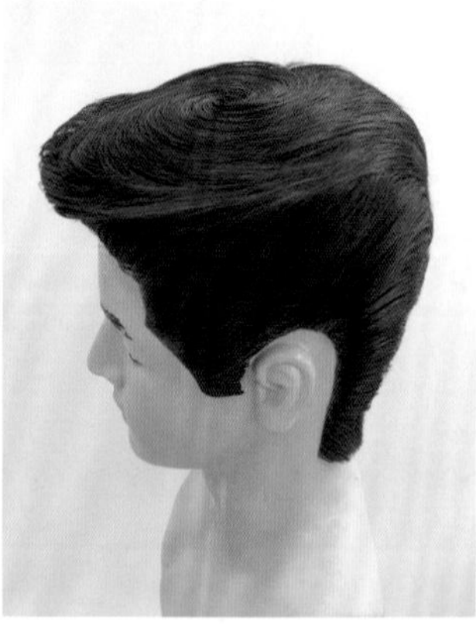

CREATIVE HAIR DESIGN
02

스트럭춰 스타일

스트럭춰는 스퀘어 형태와 그래쥬에이션형의 혼합형으로 클래식 커트와 같은 형태를 갖지만, 스트럭춰 작품은 웨이브를 형성해야 하기 때문에 클래식 커트보다 약 2cm 길게 커트해야 한다.

학습 내용	스트럭춰 스타일
수업 목표	• 그래쥬에이션형의 특징과 주의사항을 설명할 수 있다. • 스퀘어 커트의 특징을 설명할 수 있다. • 방향 분배의 특징을 설명 할 수 있다. • 스트럭춰 작품을 커트 시술 후 기본 스타일과 응용 스타일을 드라이, 마무리의 작업 절차를 거쳐 작품을 완성 할 수 있다. • 웨이브 형성의 원리와 방법을 이해하고 블로우 드라이에 적용할 수 있다

[사전 준비물]

통가발, 스프링홀더, 레이저, 빗, 핀셋, 브러시, 분무기, 스프레이, 광택 스프레이

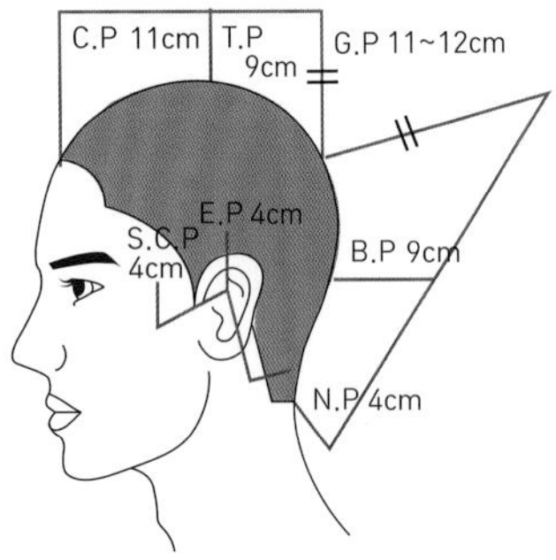

도해도

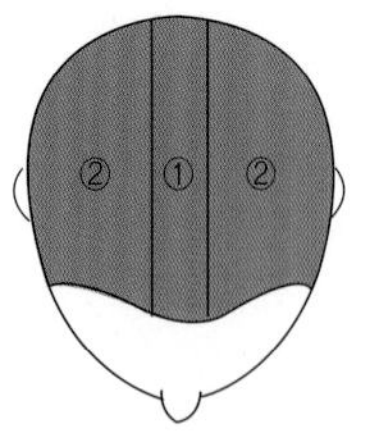

블로킹

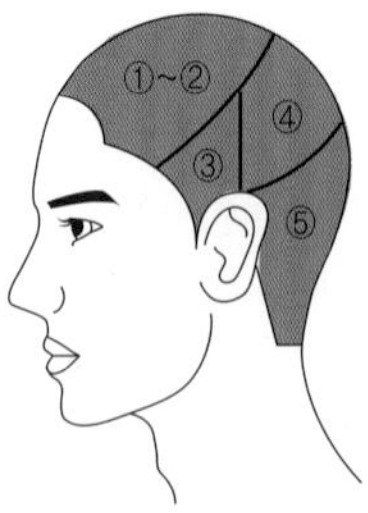

블로킹

1. 스트럭춰 기본 스타일 준비하기

2. 스트럭춰 기본 커트 시술하기

1 양쪽 템플에서 G.P를 향해 U라인의 블로킹한 후 E.B.P에서 수직으로 블로킹한다.

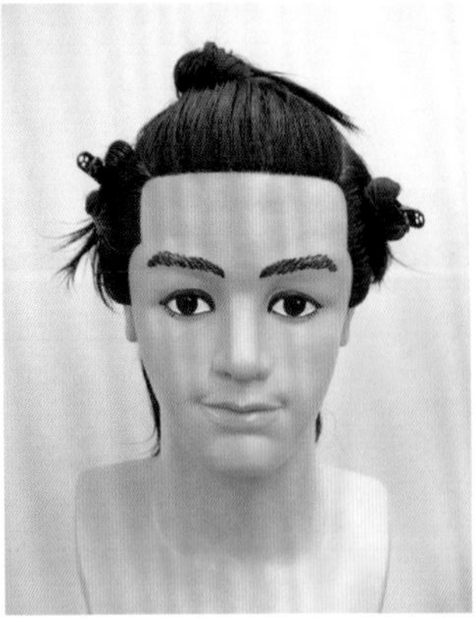

2 C.P에서 2cm 정도 가이드를 잡아 G.P를 향해 90° 각도로 C.P 11cm. T.P 9cm, G.P 11~12cm 정도의 길이로 설정하여 커트한다.

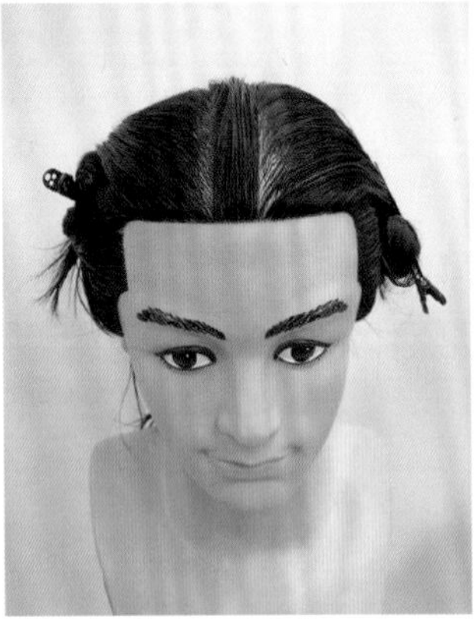

3 설정된 가이드를 기준으로 우측부터 시작하여 좌측으로 스퀘어 형태로 방향 분배하여 C.P에서 C.P으로 수평으로 커트한다.

4 우측 사이드는 위의 U라인 가이드와 E.P 4cm 정도 내려온 지점까지 그래쥬에이션 커트한다. E.B.P과 사이드는 E.P 방향으로 사이드 베이스 하여 기장이 짧아지지 않도록 커트한다.

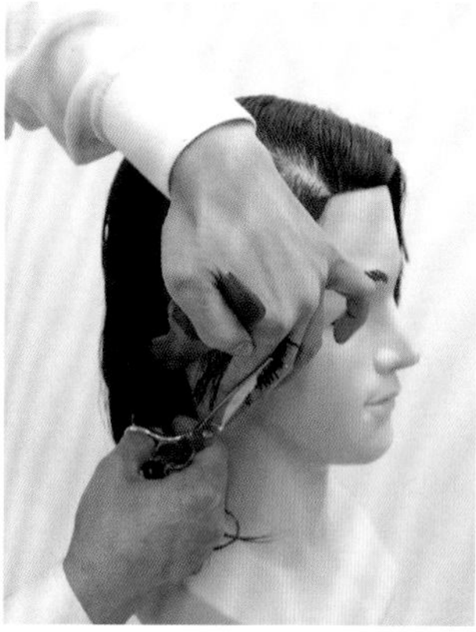

5 좌측 사이드도 E.P 방향으로 사이드 베이스 하여 기장이 짧아지지 않도록 커트한다.

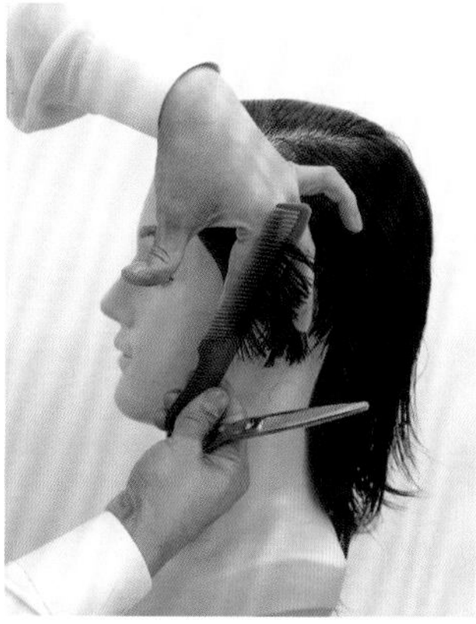
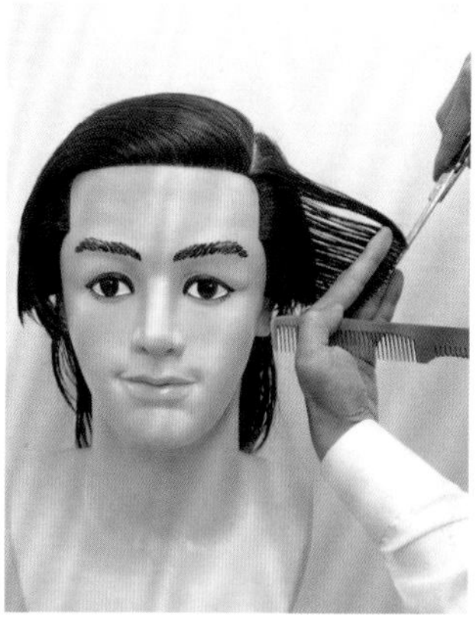

6 백센터 중앙에서 2cm 가이드를 설정하고 G.P 11~12cm 가이드를 기준으로 B.P 9cm. N.P 4cm로 그래쥬에이션 커트한다.

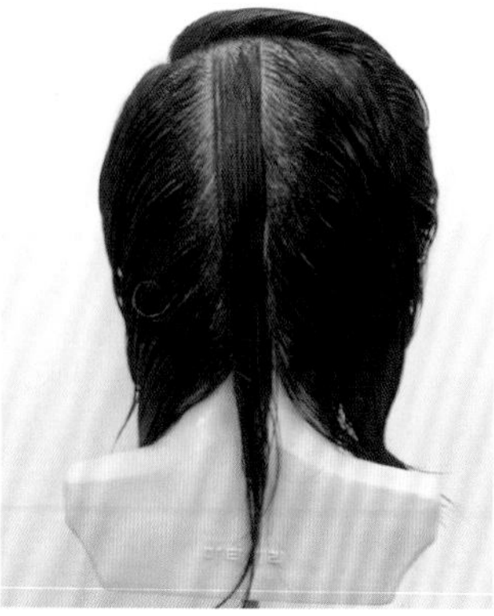
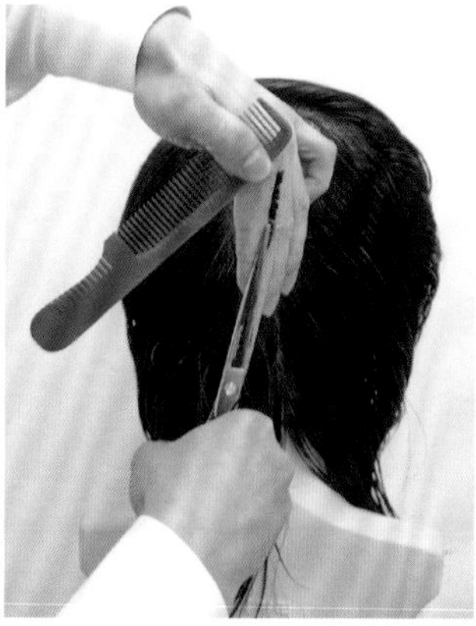
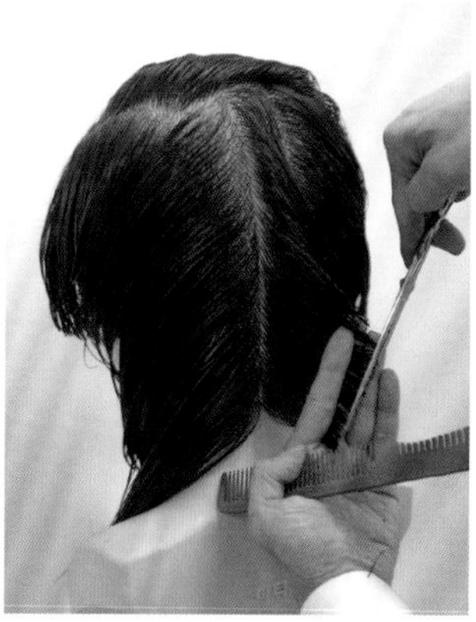

7 가이드을 기준으로 방향 분배하여 백센터에서 좌·우측 E.B.P으로 진행하면서 스퀘어형으로 커트한다.

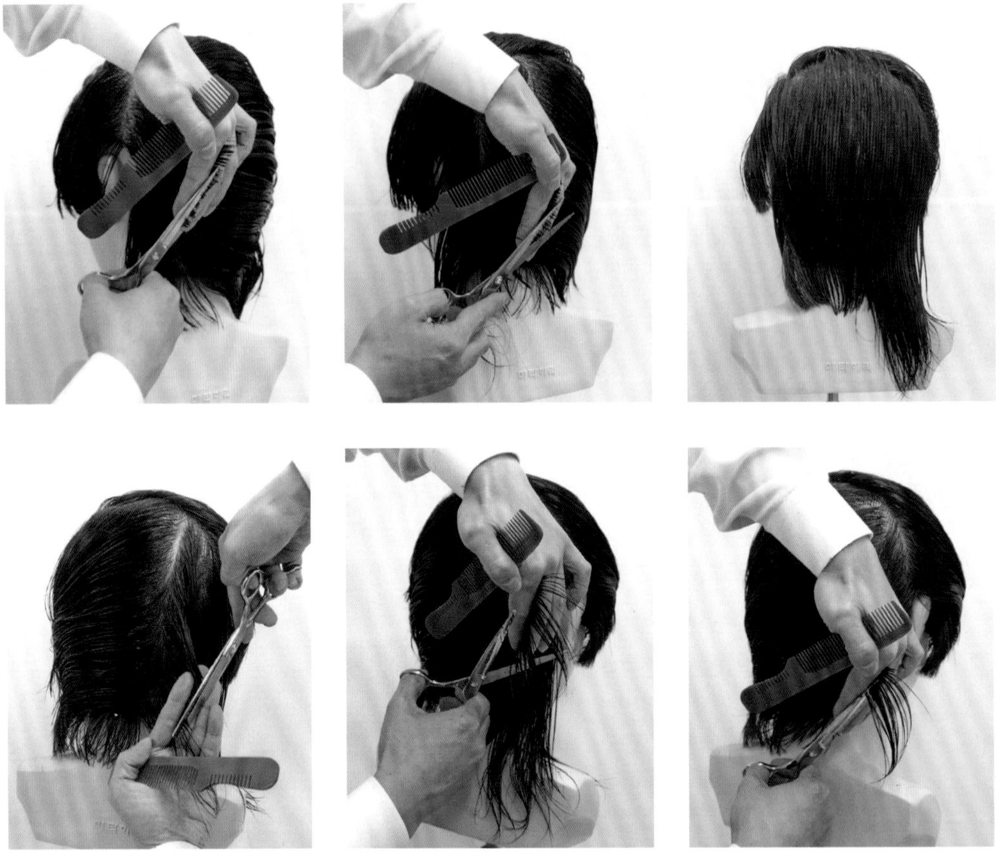

8 레이저를 사용하여 1~1.5cm의 전대각으로 나누면서 우측 네이프에서 시작하여 좌측 G.P 지점까지 딥, 노멀, 엔드 테이퍼링으로 질감 처리하되 길이가 잘리지 않도록 커트한다.

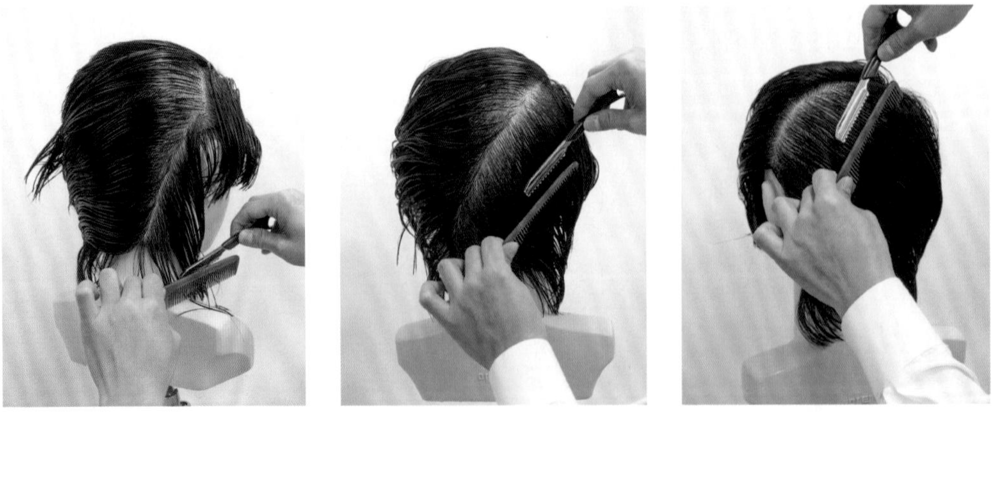

9 반대쪽도 레이저를 사용하여 1~1.5cm의 후대각으로 나누어 좌측 네이프에서 우측 G.P지점까지 테이퍼링으로 커트한 후 동일하게 뭉치지 않게 커트한다.

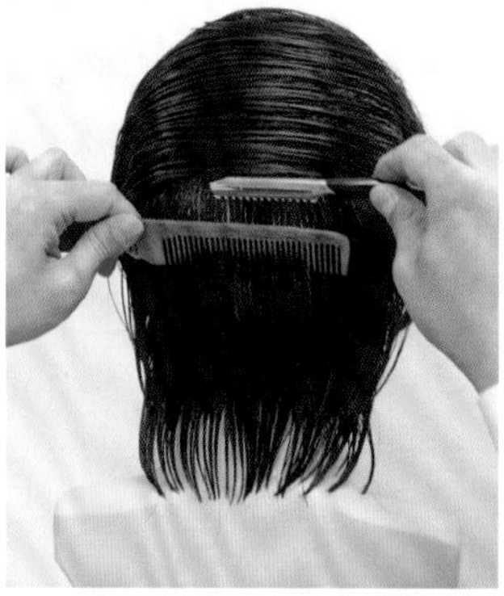

10 좌측 사이드에서 우측 F.S.P 지점까지 전대각으로 1~1.5cm의 섹션을 나누면서 테이퍼링으로 질감 처리 커트한다.

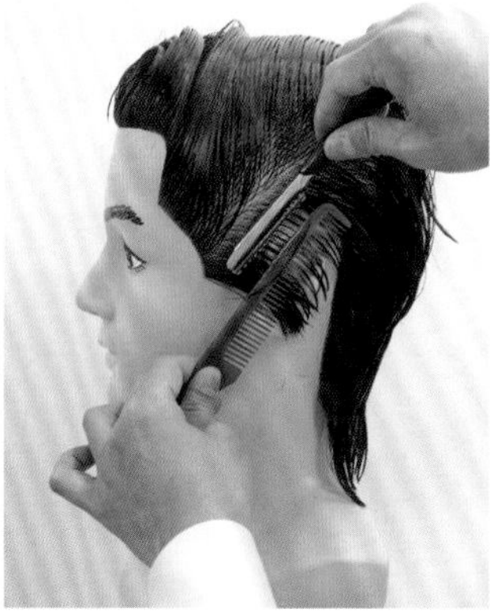
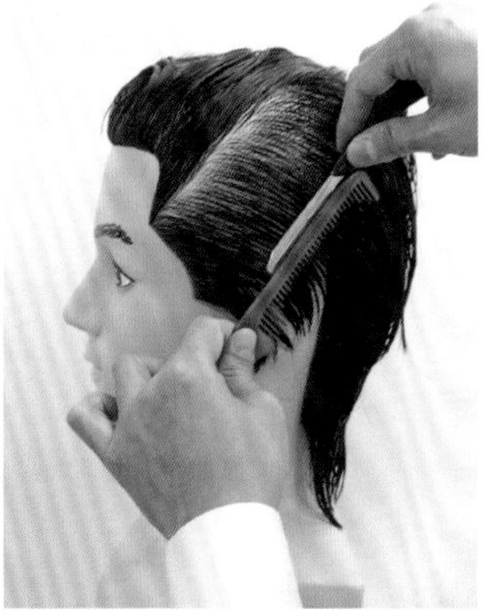
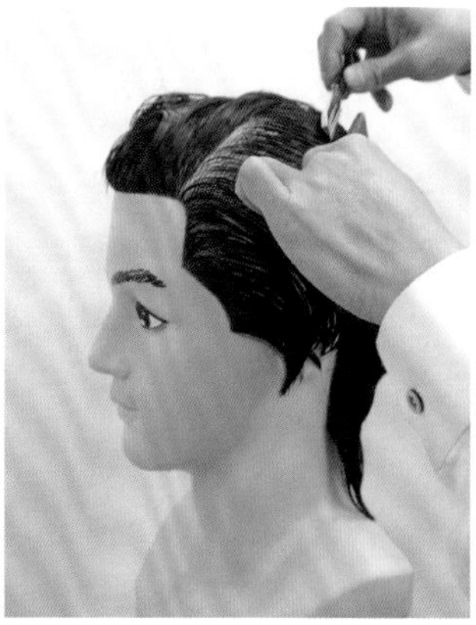
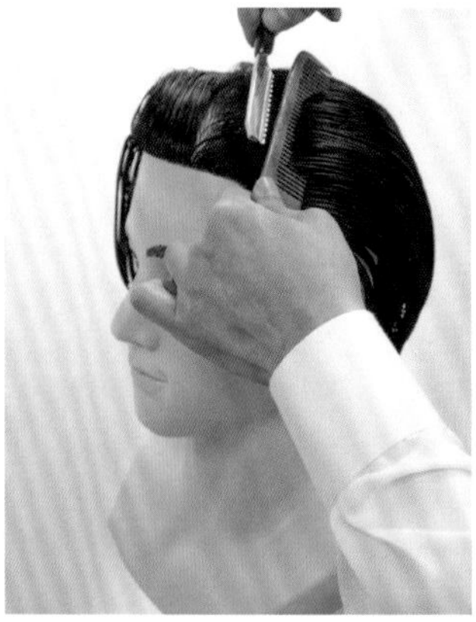
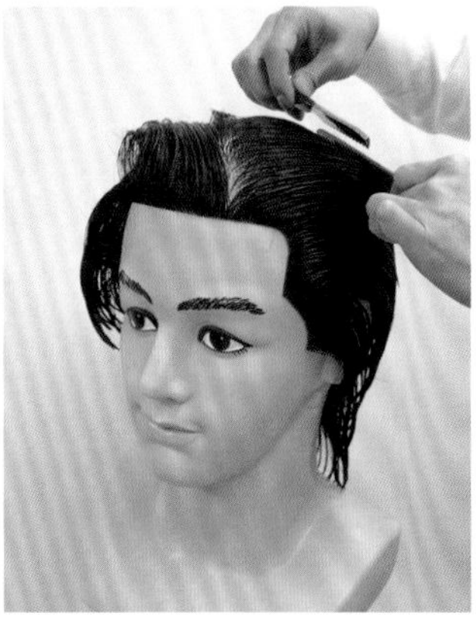
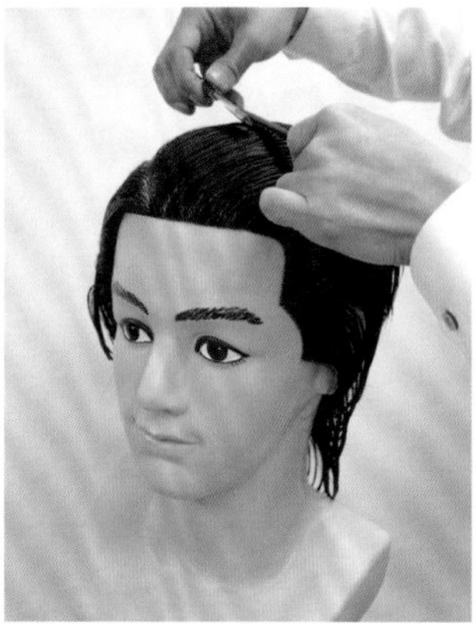

11 우측 사이드도 동일하게 커트하며 인테리어 부분은 수평으로 나누면서 G.P에서 C.P로 진행하면서 레이저 커트한다. 앞머리는 패널을 앞으로 잡아 가볍게 테이퍼 커트한다.

3. 스트럭춰 기본 스타일링 시술하기

1 전두부 앞머리를 1~2cm를 제외하고 U라인의 볼륨을 주기 위해 역방향으로 드라이한다.

2 앞머리의 높이를 설정하여 모근의 C컬을 유지하기 위해 브러시를 회전하면서 볼륨과 텐션을 유지하며 가운데부터 시작하여 좌측. 우측으로 이동하면서 스퀘어 형태로 드라이한다.

3 앞머리를 중심으로 수평으로 C컬을 시작하여 S라인으로 4단의 웨이브를 형성하면서 45° 방향으로 컬을 둥글린 부분에 바람과 열을 이용하여 컬을 살려 드라이한다.

4 2단의 웨이브와 릿지를 형싱하면서 부분적으로 컬에 열을 주어 C컬의 웨이브를 살려 드라이한다. 3단과 4단의 웨이브를 뭉침을 깔끔하게 하기 위해 머리를 가볍게 펴주면서 C컬로 드라이한다.

5 브러시로 웨이브를 잡고 열을 시키며, 릿지를 한 번 더 잡아 주면서 웨이브를 만들어 준다.

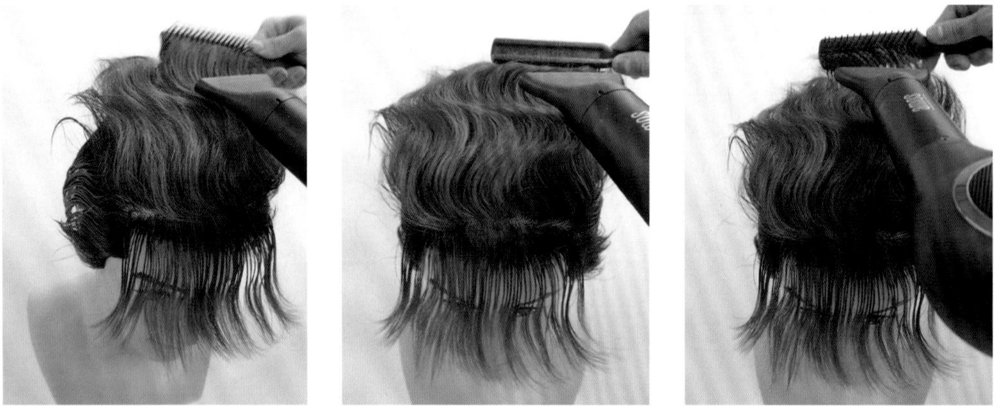

6 남겨둔 앞머리는 콧등까지 앞으로 당겨 위로 올려주면서 2단의 웨이브를 스퀘어 형태로 윗머리와 연결한다.

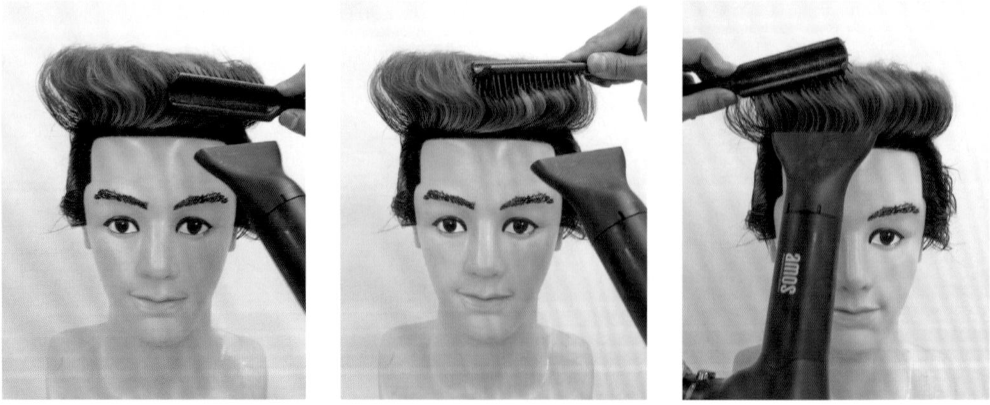

7 측두부의 밑머리는 붙여 주고 윗부분은 볼륨을 살리면서 각을 만들어 웨이브를 형성한다. 빗의 방향을 거꾸로 한 다음, 컬과 릿지를 잡아 주면서 드라이한다.

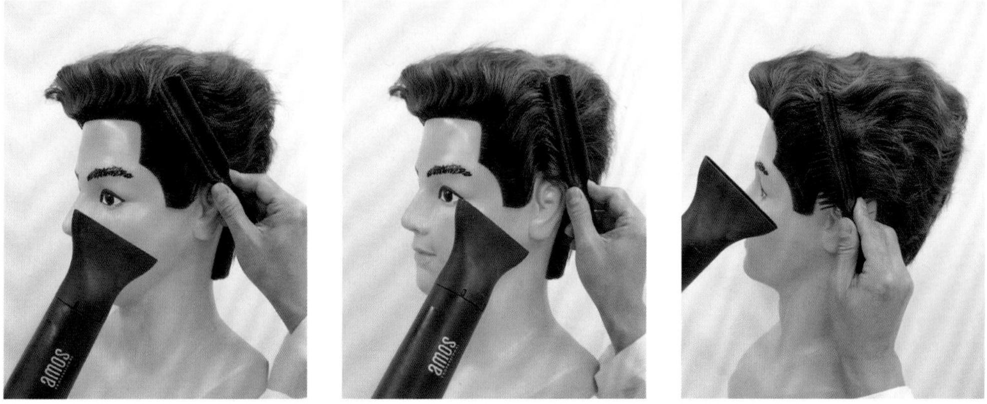

8 측두부에서 후두부로 진행하면서 45° 방향으로 컬을 둥글린 부분에 바람과 열을 이용하여 컬을 살려 드라이한다.

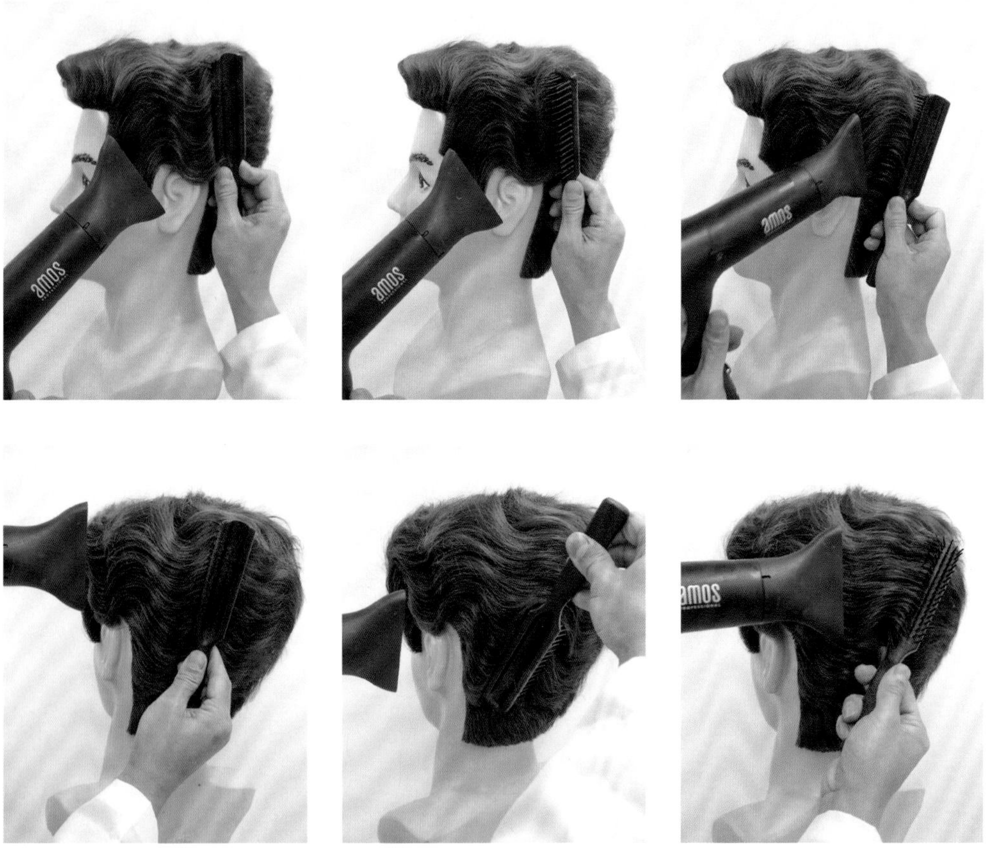

9 우측과 측두부도 동일하게 3단의 웨이브를 컬과 릿지를 잡아 주면서 드라이한다.

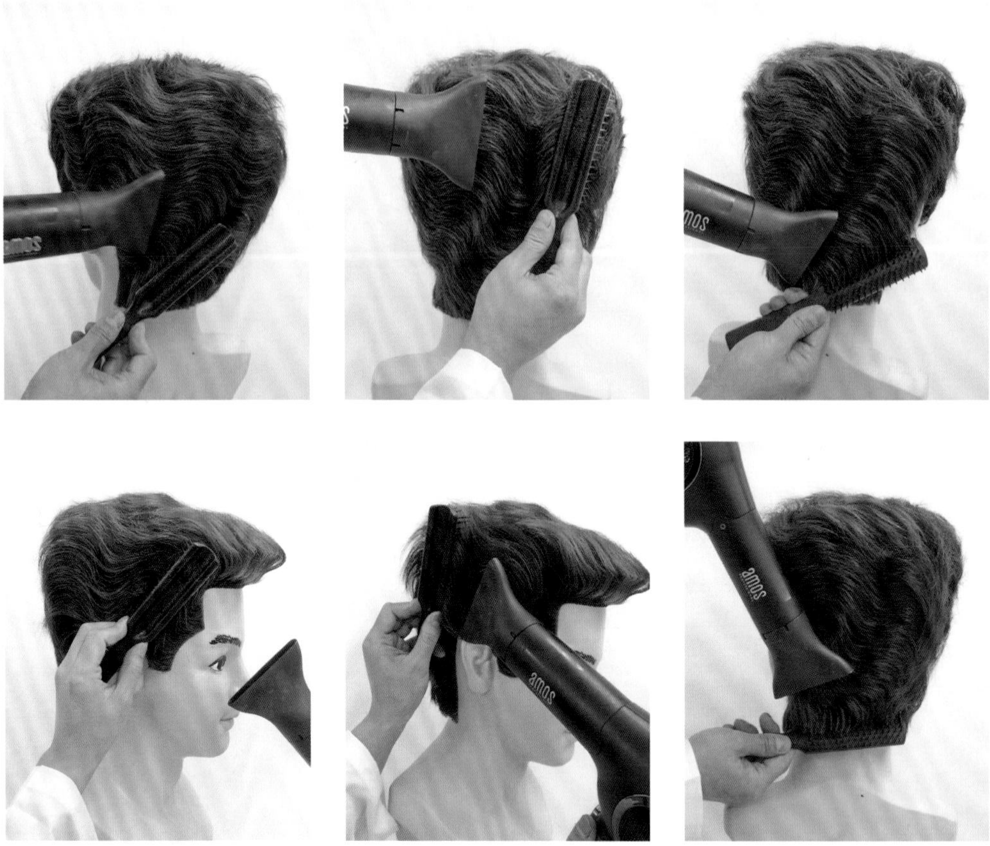

10 전체적으로 광택 스프레이를 분사하고 굵은 빗살을 이용해 하드 스프레이를 부위별로 분사하여 꼬리빗과 핀셋을 이용하여 골을 내고 형태를 만들면서 엉킴 없이 매끄럽게 빗겨 준다.

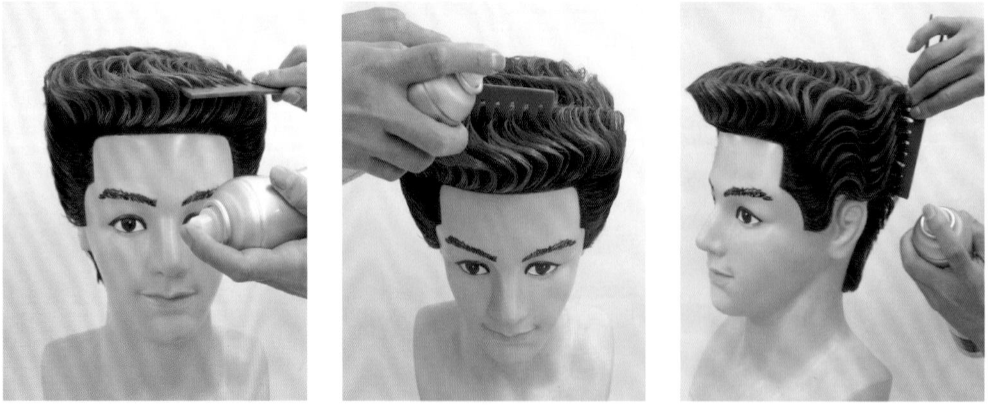

11 손가락 사이와 손바닥을 이용하여 부위별로 스프레이를 분사하고 이용 드라이어의 약한 열로 측두부는 플랫하게 밀착시켜 주고 릿지와 컬을 잡아 주면서 잔머리를 정리하여 형태를 만든다.

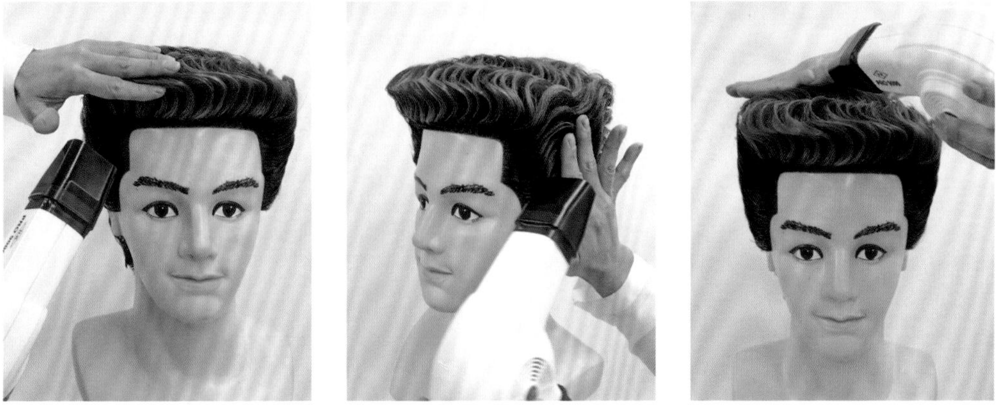

12 완성

4. 스트럭춰 응용 스타일 준비하기

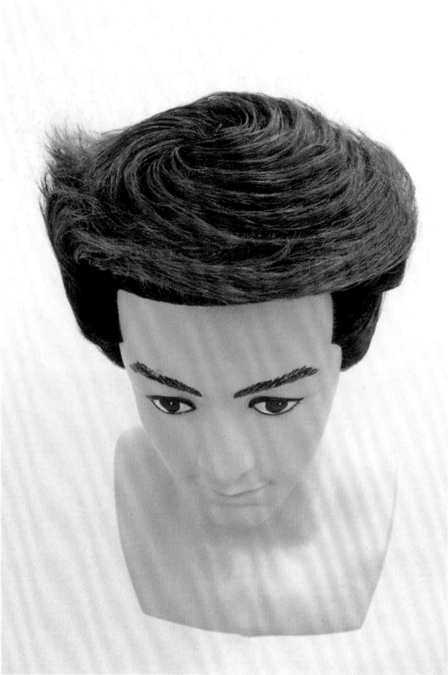

5. 스트럭춰 응용 스타일링 시술하기

1 전두부는 U라인의 뿌리 볼륨을 살리기 위해 역방향으로 밀어주면서 드라이한다.

2 전두부 윗부분의 정중앙의 작은 원을 형성하기 위해 시계 반대 방향으로 브러시를 회전하면서 볼륨과 텐션을 유지하며 시술한다.

3 열과 바람을 이용하여 뜸과 텐션을 주면서 원을 바깥으로 그리면서 드라이를 한다.

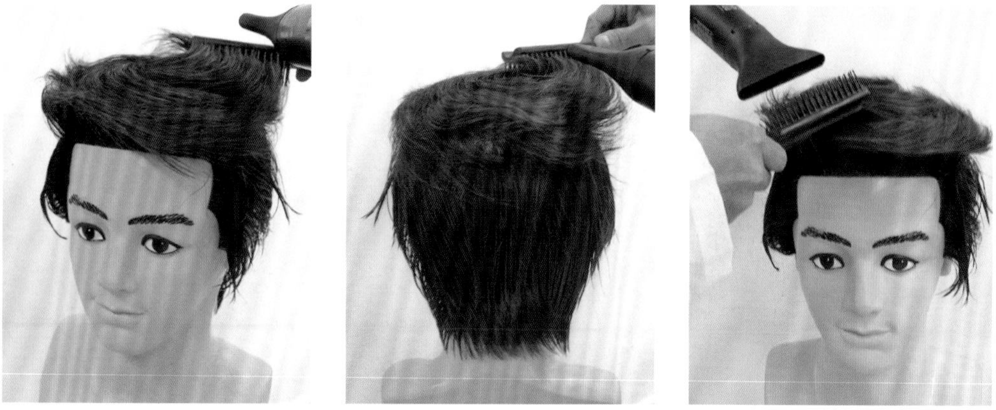

4 앞머리의 높이를 설정하고 브러시를 앞으로 당겨 45°의 C컬의 웨이브를 만들면서 윗머리와 자연스럽게 연결한다.

5 측두부의 밑머리는 붙여 주고 윗부분은 볼륨을 살리면서 각을 만들어 C컬의 웨이브를 형성한다. 빗의 방향을 거꾸로 뒤집어 웨이브와 릿지를 잡아 주면서 드라이한다.

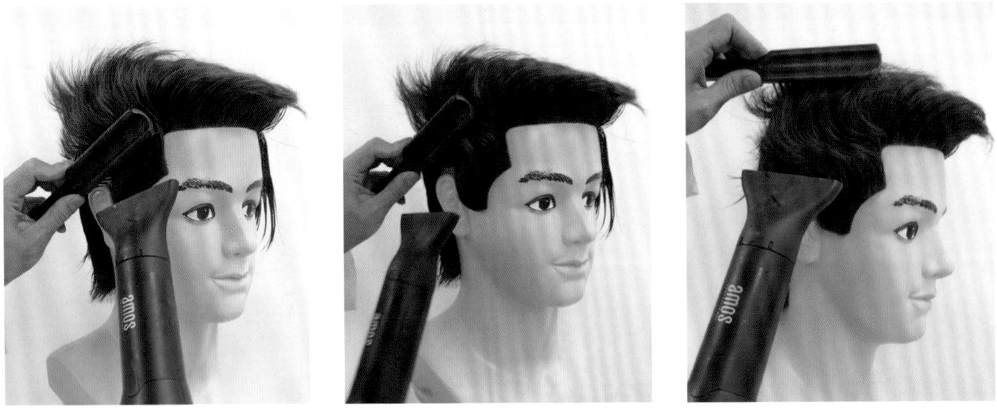

6 측두부에서 후두부 방향으로 이동하면서 롤 브러시를 사용하여 롤링하면서 매쉬를 살려 아웃시켜 준다. 좌측 측두부의 밑머리는 붙여 주고 윗부분은 볼륨을 살리면서 웨이브와 릿지를 윗머리와 연결시켜 준다.

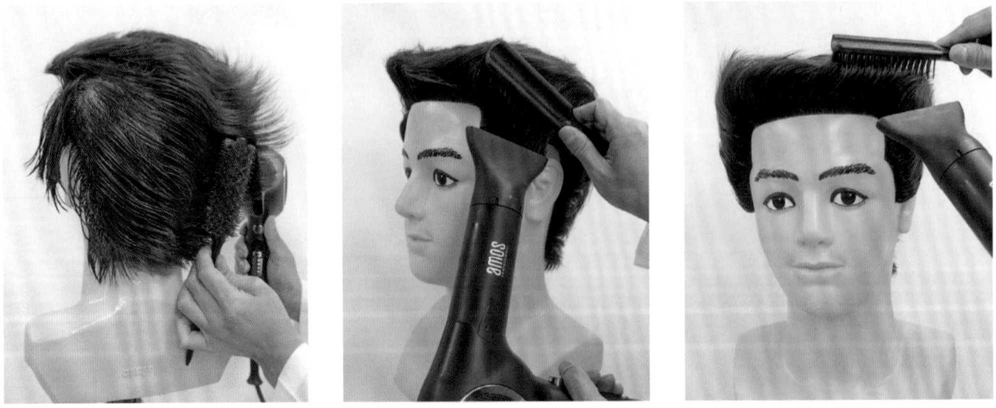

7 후두부로 진행하면서 45° 방향으로 컬을 둥글린 부분에 바람과 열을 이용하여 컬과 릿지를 살려주며 매쉬와 연결시켜 드라이한다.

8 앞머리는 콧등까지 앞으로 당겨 웨이브를 주면서 스퀘어 형태로 윗머리와 옆머리에 연결시켜 준다.

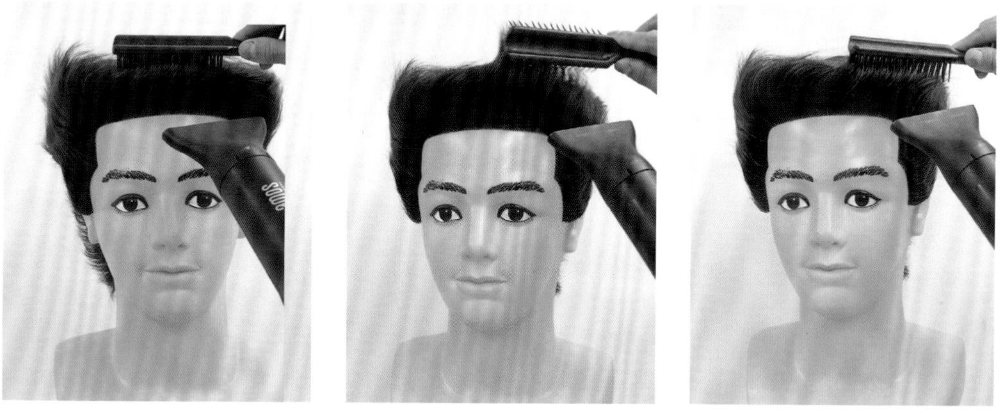

9 광택과 하드 스프레이를 앞머리에 분사 후 웨이브의 흐름을 돋보이도록 굵은 빗살을 이용해 골을 내고 꼬리빗과 핀셋을 이용하여 정리해 준다.

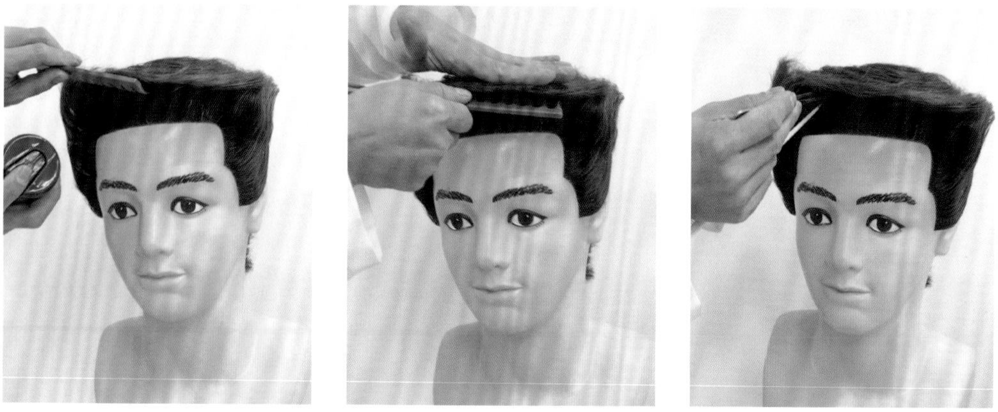

[10] 부위별로 스프레이를 분사하고 전두부, 측두부, 후두부 방향으로 굵은 빗살을 이용해 골을 내고 꼬리빗과 핀셋으로 형태를 만들면서 엉킴 없이 매끄럽게 빗겨 준다.

[11] 손가락 사이와 손바닥을 이용하여 부위별로 스프레이를 분사하고 이용 드라이어의 약한 열로 릿지와 컬을 잡아 주면서 잔머리를 정리하여 형태를 만든다.

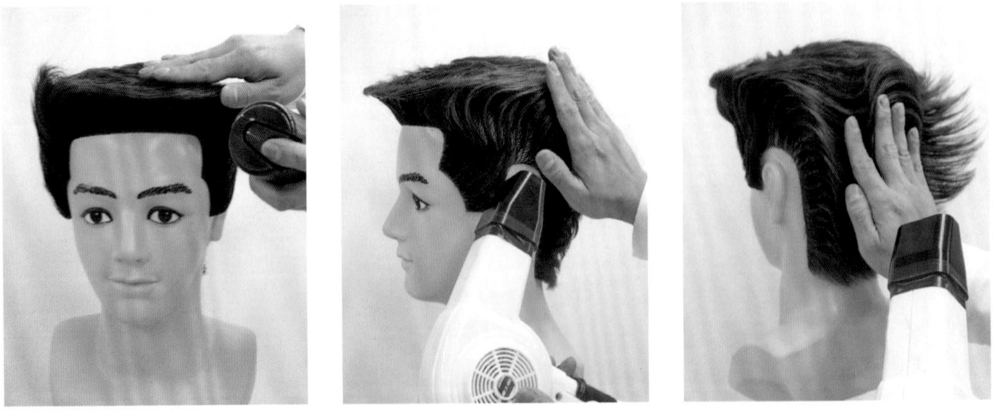

12 광택제를 분사하여 모발의 결을 정돈한다.

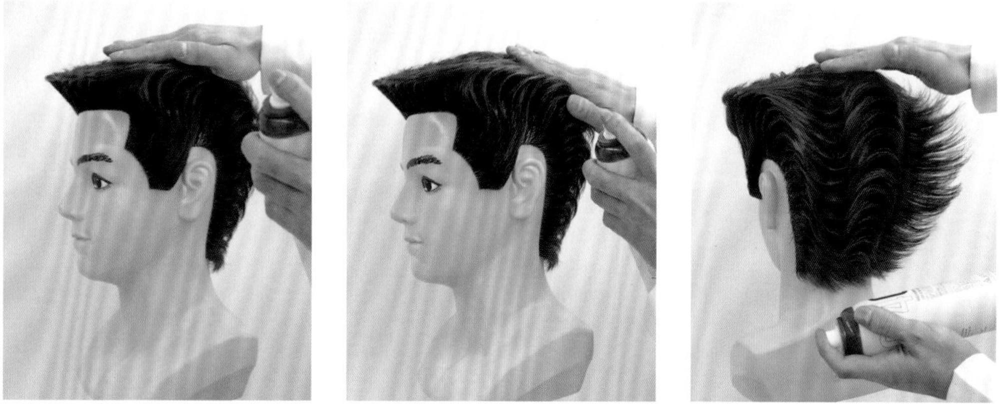

13 완성

CHAPTER 03

시뇽 업스타일

CREATIVE HAIR DESIGN

CHAPTER 03

업스타일의 개념

1. 업스타일의 정의

업스타일의 사전적 의미는 "모발을 높게 빗어 올려 목덜미를 드러내는 형태의 머리 모양"을 말하며, 기술적 표현으로는 묶거나 땋아서 두상 위에 연출하는 헤어스타일을 업스타일의 정의라고 할 수 있다.

업스타일은 일반적으로 머리를 높게 빗어 올리는 것만으로 생각하지만 쪽 찐 머리나 시뇽(Chignon)과 같이 아래로 묶어서 모양을 만드는 형태도 업스타일이라고 할 수 있다. 시뇽은 쪽과 같은 의미의 기법으로 톱 포인트(T.P), 골덴 포인트(G.P), 백 포인트(B.P), 네이프 포인트(N.P) 등 조합하여 묶는 방법과 말기 등 다양한 기법으로 응용할 수 있다. 과거의 업스타일은 결혼이나 파티, 약혼 등과 같이 격식과 예의를 갖춰야 하는 중요한 행사나 모임 등에 연출하는 헤어스타일로 인식되어 왔다. 그러나 현대사회에서는 유행에 대한 민감도와 미용에 대한 관심, 개인의 이미지를 표출하는 성향이 높아져 업스타일의 영역이 확대되었다. 우아하고 여성스러우며 아름답고 지적인 교양미가 돋보이는 헤어스타일은 내추럴한 스타일로 머리를 반 묶음하거나 포니테일 스타일에서 자연스럽게 흘러내리는 형태를 많이 시술하고 있다.

업스타일은 조형의 구성 요소에서 부분 가발이나 헤어피스, 액세서리 등 도구를 이용하여 디자인의 시각적인 아름다움과 생활의 편리함을 향상시켜 풍부한 기술을 필요로 하는 창작 요소를 많이 내포하고 있다. 대체적인 업스타일은 여성의 우아함과 함께 두상 곡면을 자유롭고 입체적인 형태 등의 아름다움을 표현하는 것을 업스타일의 디자인 영역 부분이라 할 수 있다.

업스타일을 완성하기 위해서는 여러 단계의 디자인을 위한 기초 지식이 필요하다. 스타일에 따라 사전 커트도 필요할 수 있고, 염색이나 포인트 컬러로 화려한 스타일의 디자인을 연출하기도 한다. 또한, 업스타일을 시술하기 위한 사전 준비로 블로우 드라이, 세팅, 아이롱 기구 등을 사용하여 디자인 구성에 알맞은 작업을 구상해야 한다. 이러한 사전 준비를 적용하여 업스타일의 디자인을 이해하고 긴 머리는 묶거나 틀어 올려 형태를 나타내기도 한다. 짧은 모발은 헤어 피스를 이용하여 스타일을 다양하게 디자인하기도 한다.

2. 업스타일 조형의 원리

조형예술이란 예술 분야에서 공간적 형태와 시각적 예술품을 만들어 내는 것을 말하며, 물건을 디자인할 때 모양과 색채, 질감 등에 의해 이루어진 것으로 세 가지 요소가 합쳐져 완성된 예술품이라 한다.

1) 업스타일 디자인은 조각이나 건축예술과 같이 공간 요소와 유사한 분석을 요구하고 있다. 시각예술의 한 분야인 업스타일 디자인은 일반 조형예술의 요소와 원리가 그 기초를 이룬다.

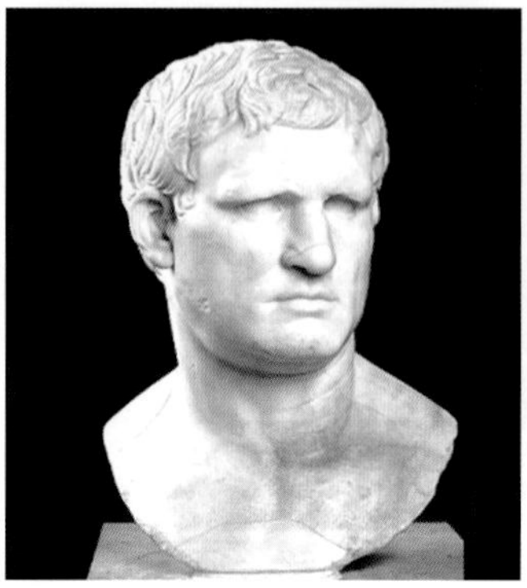

2) 업스타일 디자인 영역에서 아름다움을 추구하는 사람들에게 즐거움과 행복이라는 감정을 가지게 하고 여성의 우아한 멋을 나타내기도 한다.

3) 업스타일 디자인은 플라워 디자인, 제과제빵 공예와 같이 기본 구성이 전반적으로 기하학적인 구성이 많으며, 이는 또 평면적 구성과 입체적 구성, 공간적 구성으로 나누어진다. 기하학적인 구성은 인위적이고 구체적이어서 딱딱한 느낌을 주나 합리적이어서 목적에 알맞은 디자인을 만들 수 있는 장점이 있다.

4) 업스타일 디자인의 유사성은 조형 디자인에서도 볼 수 있다. 평면 및 입체 구성을 이해하고 기능적, 구조적, 심미적 특성은 부드러운 곡선과 아담하고 섬세하며 온화한 아름다움으로 표현된다.

3. 업스타일 디자인 요소

업스타일 디자인 요소는 디자인 과정에서 창의성과 조형성이 결부되어 있는 모든 디자인 부분에서 기초가 되는 과정으로 헤어디자이너의 영역은 형태적 표현에 있어 분석에 대한 개념은 매우 중요한 것이다. 일반적인 형태는 3차원 평면에서 다수의 2차원 형상으로 묘사될 수 있으며, 특정한 각도와 점, 선, 면의 성격을 지니고 있는 형태의 외각을 말한다. 디자인 요소에서는 형태와 질감, 색채 등의 구조로 되어 있다.

1) 형태(Form)

업스타일에서 형태는 모양을 나타내며 실루엣이나 윤곽선에 의해 결정된다. 이것은 모양과 크기, 방향의 구성으로 완성된 스타일을 변화시키는 중요한 역할을 한다.

① 모양과 크기(Shape & Size)

형태 또는 형체를 만들어 주는 구조화된 사물의 모양으로 볼 수 있다. 하나의 크기와 모양은 디자인 분위기에 따라 영향을 줄 수 있으며 형태의 성격이 강한 면을 나타내기도 한다. 일반적인 형태로는 원형, 가로 타원형, 세로 타원형으로 구분된다.

원형

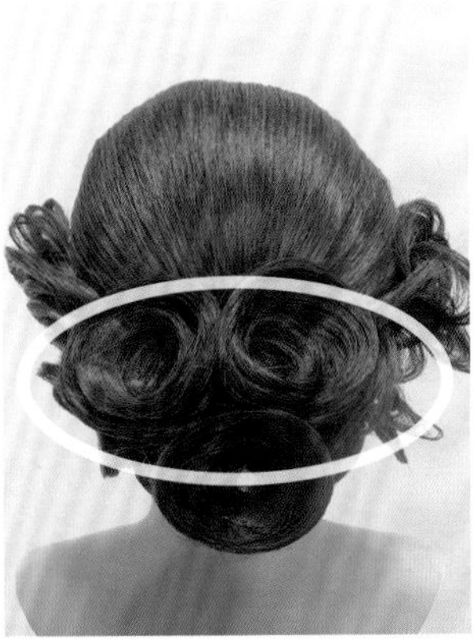

가로 타원형

세로 타원형

- 원형(구형): 위치에 따라서 길이, 넓이 높이가 균등한 비율로 이루어져 있는 둥근 원형이다.
- 가로 타원형(편구형): 옆으로 넓이가 확장된 타원형을 의미한다.
- 세로 타원형(장구형): 세로 길이가 위 혹은 아래로 확장되어 있는 타원형의 형태를 의미한다.

② 방향(Direction)

방향의 형태는 어떠한 디자인의 모양이나 볼륨 위치에 따라 디자인의 선을 나타내며 전체축의 수평, 수직, 대각으로 결정된다. 특히 헤어디자인은 머리 내에서 방향의 움직임을 뜻하며, 디자인 선의 역동성에서 매우 중요한 역할을 한다.

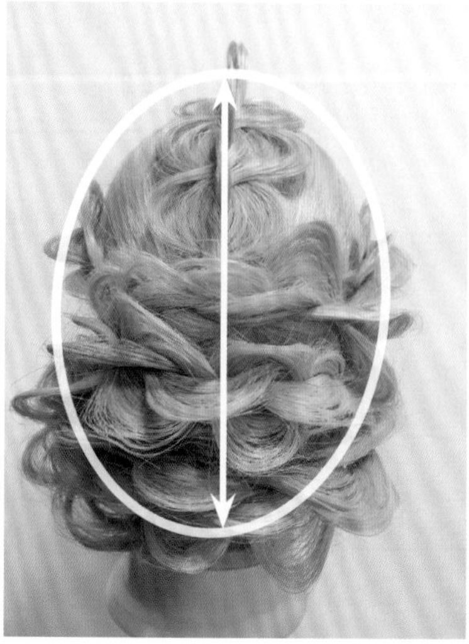

수직형

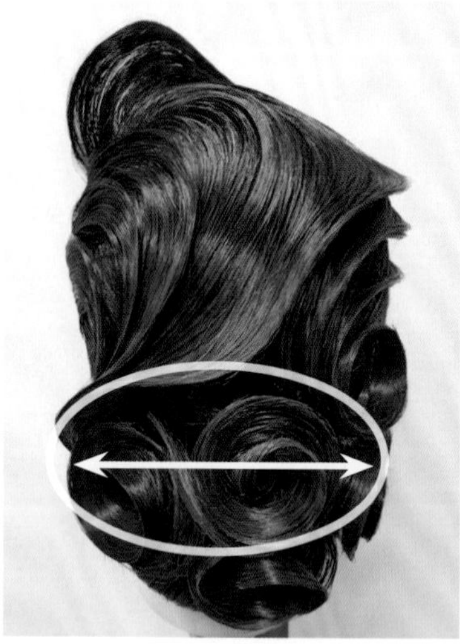

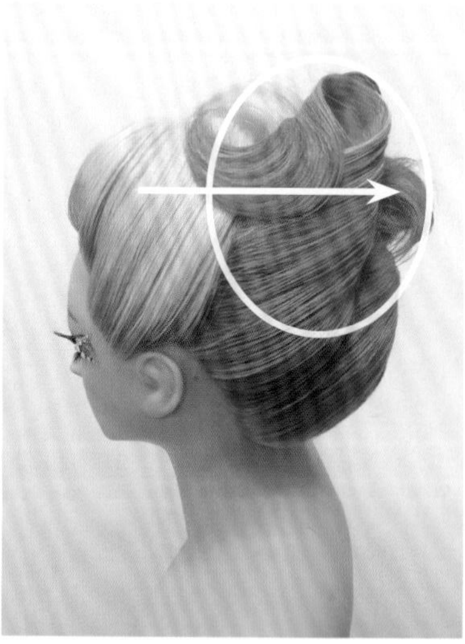

수평형

③ 사선 구도 & 방향

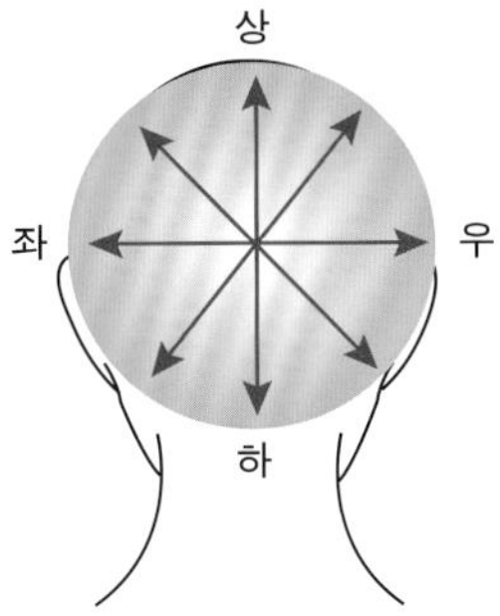

④ 위치

모양의 크기나 방향에 따라 상호작용 및 조화에 영향을 미치고 얼굴형에 따라 각각 두상과 체형에 따른 포인트 점을 유용하게 사용되며, 포인트 위치에 따라 다양한 이미지 변화를 창출하기도 한다.

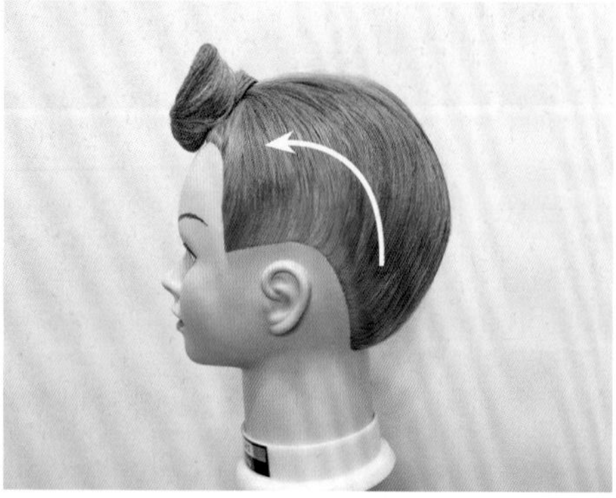

열정, 화려, 관능, 쾌활, 명랑

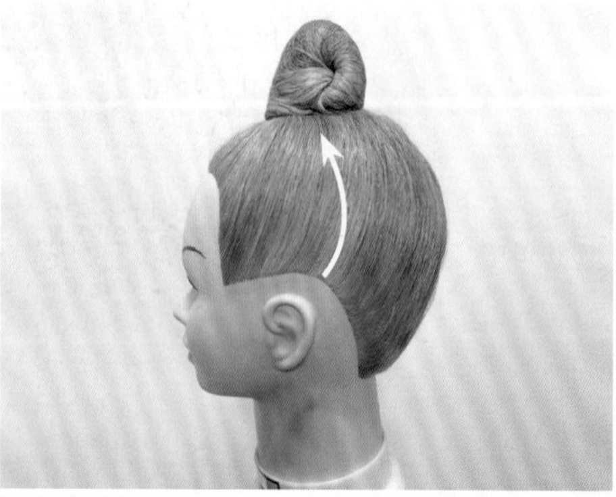

섹시, 화려, 열정

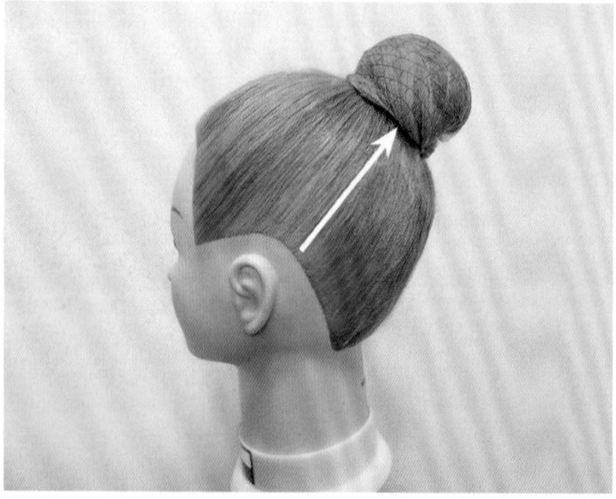

신비, 감각, 열정, 유연

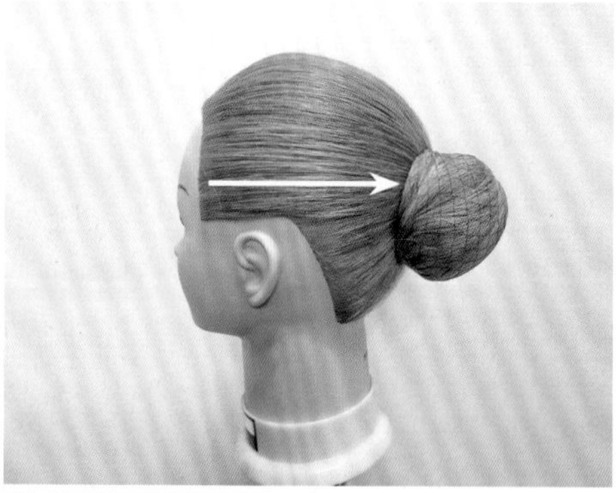

안정, 우울, 비애, 자의

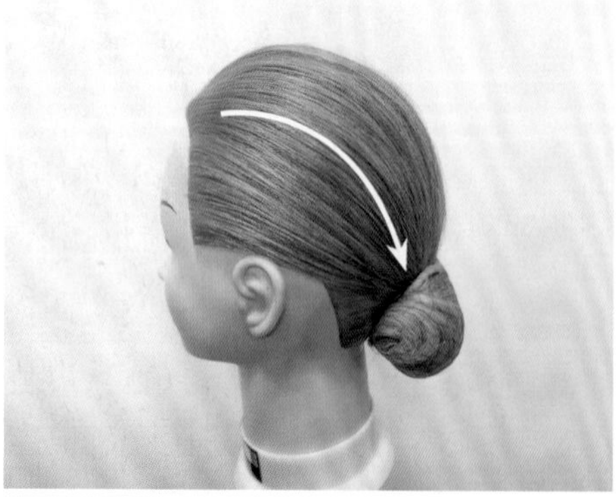

차분, 온화, 엄숙, 정직, 안정

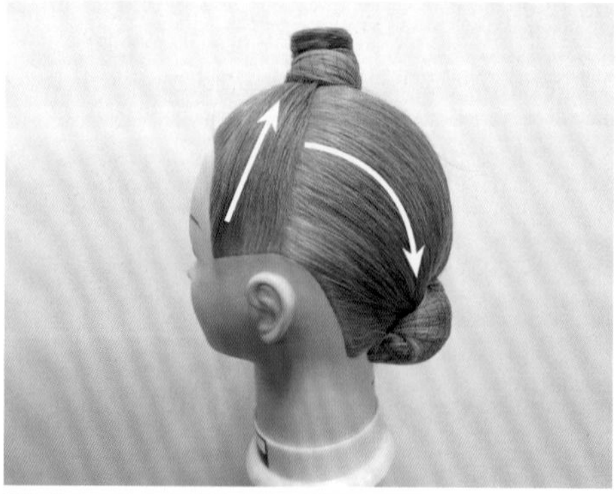

안정, 세련, 감각, 유연

2) 질감(Texture)

질감은 표면의 모양, 형태, 색체 등 보이는 면을 나타내는 요소로서 물체의 조성 성질을 의미하며, 헤어디자인에서는 머릿결을 말한다. 따라서 질감은 실제로 만져 볼 수 있는 질감과 눈으로 보이는 물체의 차이를 구별할 수 있는 시각적 질감을 구별할 수 있는 것을 말한다.

헤어디자인 업스타일에 있어 질감은 매끈한(Un Activated) 질감과 거친(Activated) 질감으로 구분할 수 있다. 매끈한 질감은 고리, 롤 말기, 겹치기 등 면의 넓이가 많이 보이는 부분은 매끈한 질감으로 볼 수 있다. 거친 질감은 땋기, 꼬기, 매듭 등 거친 표면이 많이 보이는 경우를 말한다.

매끈한 질감
(언엑티베이티드)

거친 질감
(엑티베이티드)

혼합형 질감
(언엑티베이티드+ 엑티베이트)

3) 컬러(Color)

컬러는 본능적이고 직접적인 표현의 요소로서 일상적인 생활에서도 밀접한 관련이 있다. 사물의 형태를 나타내는 경계선을 서로 다른 밝기와 색채를 가지는 부분들을 구분할 수 있는 시각적인 효과를 나타내는 것이 특징이다. 또한, 컬러는 생동감과 방향성에 대한 착각을 일으키게 하므로 시선의 특정한 부분을 집중시키는 효과를 준다.

① 명암

컬러는 업스타일에 있어 특정한 부분을 강조하거나 단점을 감추기도 하며, 다양한 스타일을 효과적으로 나타내기도 한다. 특히 어두운 색상은 형태의 모양에 먼저 시선이 가고 밝은 색상은 특정한 부위에 흥미를 더해 주고 모양이나 질감을 세밀하게 나타내기도 한다.

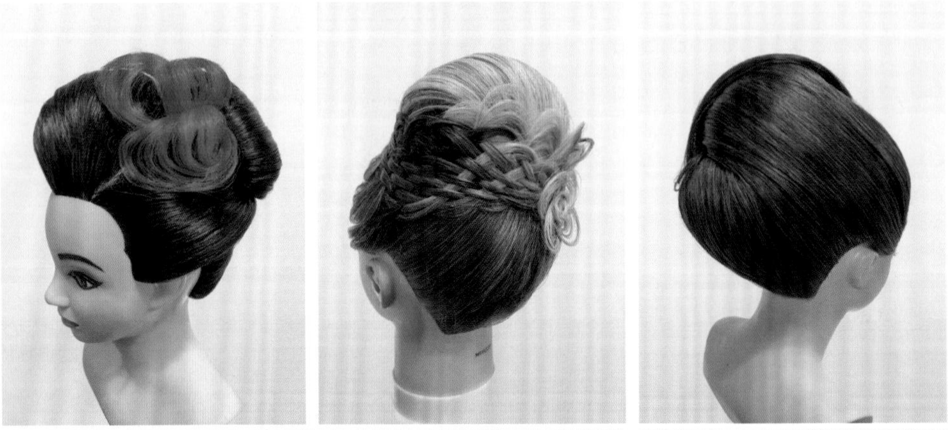

밝은 색상 | 어두운 색상

② 혼합 색상

헤어 컬러의 혼합 색상은 디자인의 크기와 입체감을 더해 주고 웨이브와 방향을 강조, 또는 모양을 분리시키며, 질감의 착시 효과를 더해 준다.

4. 업스타일의 구성 원리

헤어디자인은 고객이 희망하는 디자인을 디자이너의 기술과 아이디어 구상으로 기능적인 기술을 시술하여 구체화되는 이미지를 구성하는 것을 말한다.

헤어디자인의 구성 요소는 점, 선, 면의 입체를 이용하여 형태에 따른 이미지 특성에 따라 색채, 질감 등을 이용하여 균형, 강조, 통일, 비례, 반복, 진행, 대조 등 조화를 이루는 원리에 따라 적절하게 배열하여 업스타일을 구성하는 것을 말한다.

1) 균형(Balance)

균형은 양쪽 똑같은 양의 중앙의 지점을 가리키는 것을 말하며, 대칭적인 요소와 대비적인 요소에서 변화와 조화를 이루는 요소를 균형이라 한다. 또한, 균형은 디자인에 있어 시각적인 균형을 의미하며 형태, 질감, 색채, 위치, 방향 등 감각적인 균형을 구성하고 보는 사람으로 하여금 안정감을 준다.

2) 강조(Emphasis)

강조는 어떤 형태에 따라 특정한 부분을 강조하여 변화를 만들어 내는 시각적인 요소를 말한다.

3) 통일(Unity)

통일은 형태의 구성 원리 중 균형, 강조, 통일, 비례, 반복, 진행이 어떻게 구성되었는가에 따라 얻게 되는 부분을 전체 사이에서 질서를 주는 유기적인 조화를 말한다. 또한, 통일성은 전체적인 형태 선이 보여야 하며, 각 요소들을 분리시켜 보이는 스타일보다 전체적인 형태 선이 조화롭게 볼 수 있어야 한다. 이러한 통일성은 여러 가지 형태의 조화미를 선과 질감 등 공통적인 속성들의 요소임을 볼 수 있으며, 헤어디자인 업스타일에 미치는 이미지는 명확하고 효과적인 조화를 통일성이라 말한다.

4) 비례(Proportion)

비례는 비율 분할을 뜻하며 전체 수량적 관계에서 미적 분할이 좋을 때 좋은 비례 형성을 황금비율이라 말한다. 디자인에 있어 비례는 전체 형태 선의 부분 중 형태 간의 양적 비교를 포함하는 원리이며, 비례의 적용에는 크기에 사용되는 형태와 색상의 양, 공간 구조, 질감 등 감촉의 것들을 말한다.

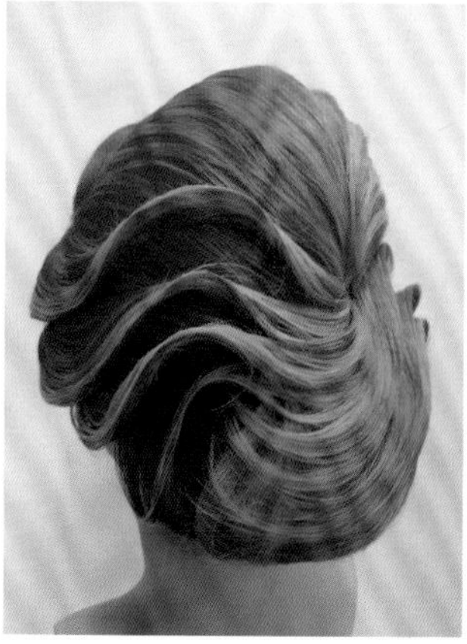

5) 반복(Repetition)

반복은 동일한 요소를 반복적으로 배열하거나 시선 이동을 유도하는 동적인 느낌을 줌으로써 율동감이나 활동감을 느끼게 한다.

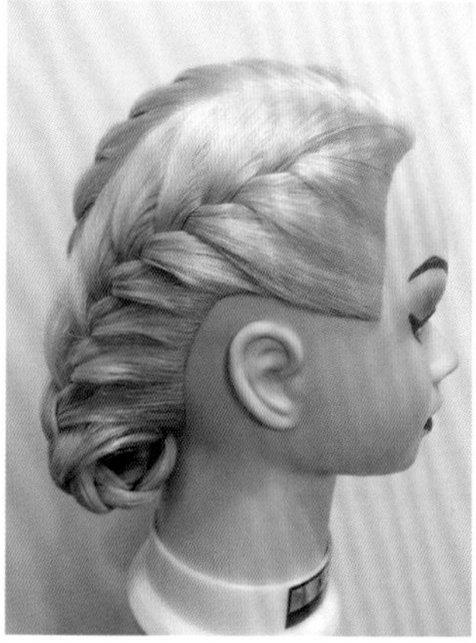

6) 진행(Progression)

진행은 반복되는 기술을 동적으로 표현하며 디자인 요소의 비율적인 단계로 연속적으로 표현하는 형태를 말한다.

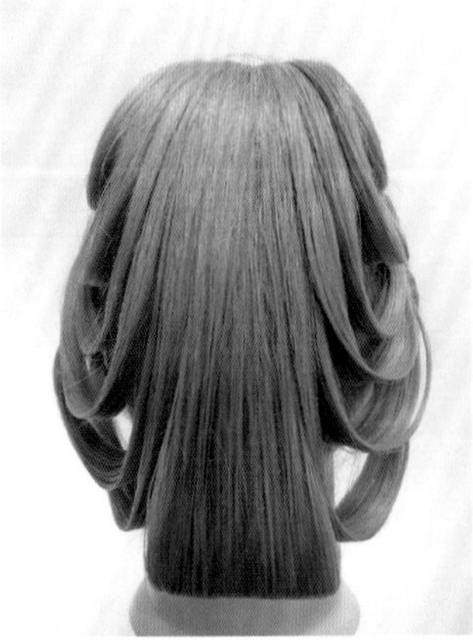

7) 대조(Contrast)

대조는 서로 반대되는 특성을 가지고 있는 기술, 즉 두 가지 색상과 크기, 짜임새가 서로 대조되는 것을 말한다. 헤어디자인에 있어 이미지에 대한 긴장감과 관심에 대한 흥미를 형성할 수 있다.

8) 조화(Harmony)

조화는 디자인의 형식이 기초임을 나타내는 구성 원리로써 두 개 이상이 상호 관계에 대한 내적 가치로 서로 분리되어 배척하지 않고 전체의 통일감을 이루는 형태를 효과적으로 나타내는 것을 말한다. 따라서 조화는 대비 변화 요소를 가미하여 통일감과 균형감을 이루는 것으로 안정감과 시각적인 조화미를 의미한다.

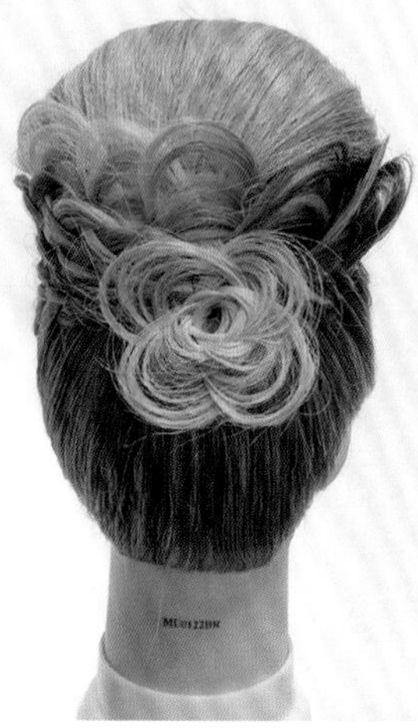

5. 업스타일 디자인 기본 테크닉

1) 업스타일 기본 요소

아름다운 업스타일을 디자인하기 위해서 디자인의 원칙적인 기본 요소는 기술적으로 출발해야 가장 아름다운 업스타일을 조화롭게 이룰 수 있다. 업스타일에 기본 요소는 매듭(Knot), 꼬기(Twist), 겹치기(Overlap), 땋기(Braids), 말기(Rolls), 고리(Loops), 시뇽(Chignon) 등 구분할 수 있다.

① 매듭(Knot)

한 가닥의 모발을 동그랗게 원을 만들어 모발 끝을 넣고 잡아당겨 매듭을 짓는 기법이다.

② 꼬기(Twist)

밧줄처럼 감기는 효과를 주기 위해 모발을 단단하게 꼬아 주는 기법이다.

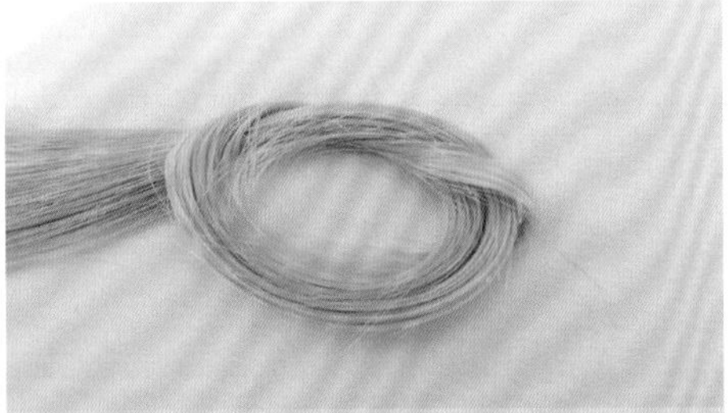

매듭

꼬기

③ 겹치기(Overlap)

머리 가닥 두 개를 서로 반대쪽으로 겹쳐서 십자가 되는 효과를 얻는 기법이다. 두 개의 가닥을 왼쪽에서 오른쪽으로 오른쪽에서 왼쪽으로 서로 겹침이 반복되는 과정이다.

④ 말기(Rolls)

모발가닥을 반달형, 원통형 또는 원뿔형의 모양으로 말거나 쌓아지는 형태로 볼륨감을 주고 방향성 디자인을 연출 할 수 있다.

겹치기

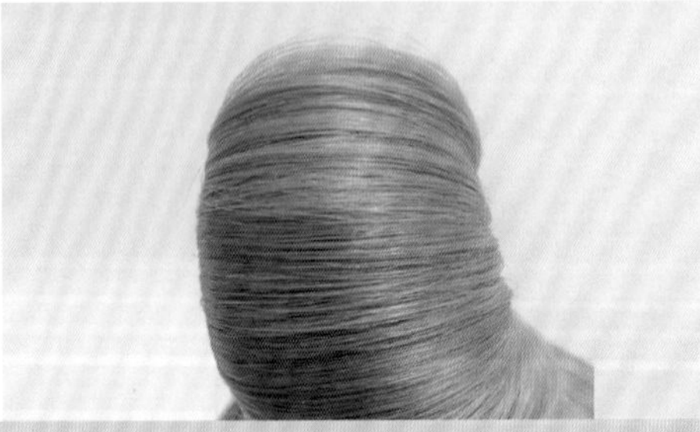

말기

④ 땋기(Braids)

기본 땋기는 두 가닥, 세 가닥, 네 가닥, 다섯 가닥 등이 있다. 머리 가닥을 두 가닥, 세 가닥 이상의 머리로 교차를 이루거나 엮는 기법이며, 땋기는 기본 세 가닥 위로 땋기와 아래 땋기가 있다. 또한, 편 땋기, 양편 땋기, 쇠사슬 땋기, 로프 땋기 등 다양하게 응용할 수 있는 기법이 있다.

- 두 가닥 땋기(Fish Dorn Braids): 두 가닥 땋기는 겹쳐지는 효과를 주는 방법이며 서로 반대쪽으로 겹쳐서 땋는 기법이다.
- 세 가닥 위로 땋기(Over Braids): 머리 가닥 세 가닥을 위로 교차하여 엮는 기법이다.
- 세 가닥 아래 땋기(Under Braids) : 머리 가닥 세 가닥을 아래로 교차하여 엮는 기법이다.
- 네 가닥 땋기(Braids): 네 가닥 이상 땋기는 벨트 땋기와 쇠사슬 땋기, 바구니 땋기 등 응용할 수 있다.

두 가닥 땋기

세 가닥 위로 땋기

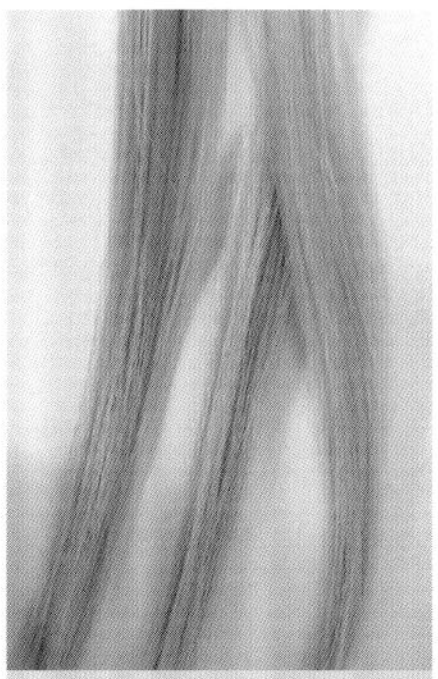
세 가닥 아래 땋기

네 가닥 땋기

⑥ 고리(Loops)

모발 가닥 면을 구부리거나 접어서 곡선 모양을 만드는 것을 말한다.

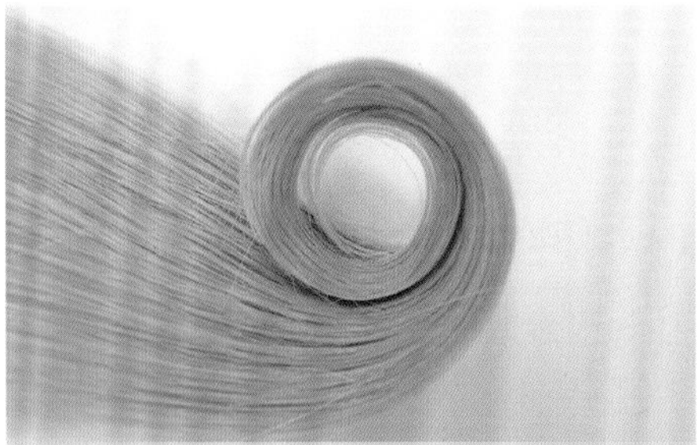
고리

도구 선정 및 기본 테크닉

1. 도구 사용 방법

업스타일에 사용되는 도구는 헤어디자인에 있어 형태나 질감 형성을 표현하는데 도구는 매우 중요한 요소이다. 헤어디자인 목적에 따라 도구 사용 쓰임새는 다양하게 필요하며, 스타일을 완성하는데 적합한 도구 선정은 완성도를 높이는 데 중요한 역할을 한다.

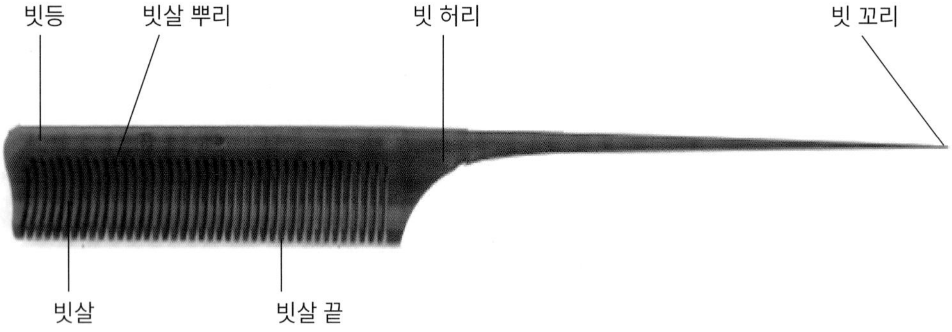

| 꼬리빗의 구조 |

1) 빗(Combs)의 종류

빗의 종류는 굵은 빗살과 꼬리빗, 백콤빗, 오발빗 등으로 나눌 수 있으며 브러시 종류는 큐션 브러시, 피니시 브러시, 마네킹 쇠 브러시 등이다.

① 빗살의 특성

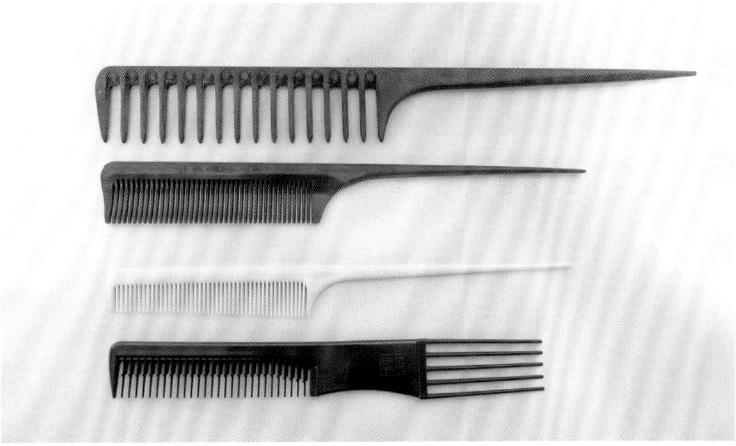

- 굵은 빗살은 스타일 전 웨이브 형성으로 인해 엉킴이를 풀어주거나 웨이브가 효과적으로 나타나도록 한다.
- 꼬리빗과 오발빗은 꼬리의 뾰족한 부분으로 업스타일의 중심선이나 가르마를 연출하고 뿌리 부분 백콤 또는 볼륨을 살리는데 유용한 목적으로 사용한다.

2) 브러시(Brush)의 종류

① 큐션 브러시(Cusion Brush)

큐션 브러시는 업스타일 하기 전과 웨이브(컬)을 말고 난 후 머릿결 정리할 때 빗살이 부드러워 질감을 표현하는데 유용하다.

② S곡선 브러시(S Curve Brush)

S라인의 브러시는 곡면을 이용하여 모발 면에 곡선을 나타내거나 모발 슬라이스 및 자연스러운 선을 나타내는 데 유용하다.

③ 피니시 브러시(Finish Brush)

피니시 브러시는 모발 결 표면을 정리하거나 실루엣 표면의 광택을 내는 데 유용하다.

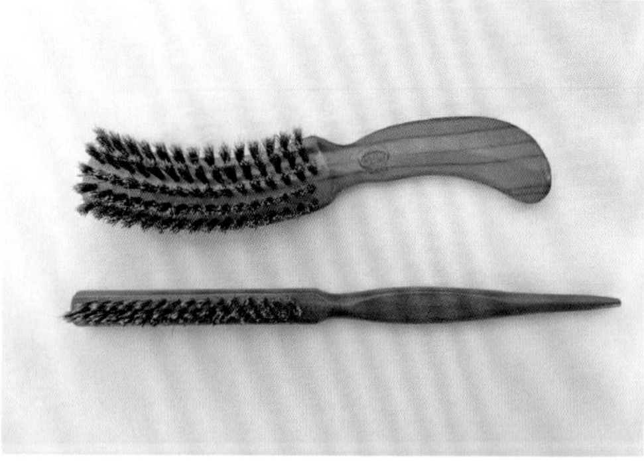

④ 마네킹 쇠 브러시

큐션 브러시와 비슷하지만 사각 또는 둥근 모양의 브러시로 대체적으로 연습용 마네킹 모발(인조, 인모)을 빗질하는 데 유용하다.

3) 핀의 종류

업스타일을 표현하는 핀은 중요한 도구이다. 따라서 핀의 선택과 사용 방법에 따라 이상적인 헤어스타일을 표현할 수 있다. 핀의 종류는 아메리칸 핀(대, 중, 소)로 나누어져 있으며, 대핀, 중핀, 실핀(스몰핀)으로 구성되어 있다. 업스타일에 보조핀으로 네지핀, 오니핀, 모핀, 싱글핀, 더블핀, 블로킹핀, 고리빗, 곡선빗 등이 있다.

① 아메리칸 핀

모발 양이 많은 경우에 용이하게 사용되며 고정력이 가장 강하게 사용된다.

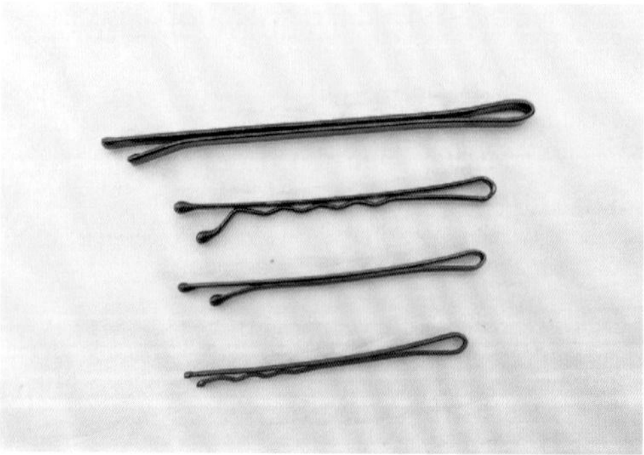

② 네지핀

토대를 고정하거나 잔머리을 감추고 임시 고정할 때 유용하다.

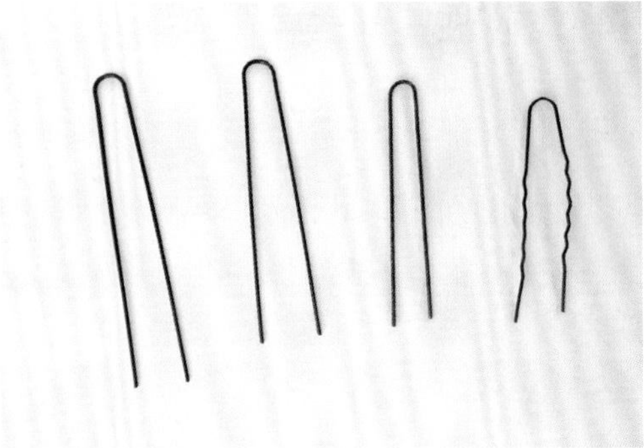

③ 블로킹 & 보조 핀

블로킹 라인을 명확하게 구분할 때 사용하며, 그 외 핀컬 핀은 보조 또는 대체 블로킹할 때 유용하다.

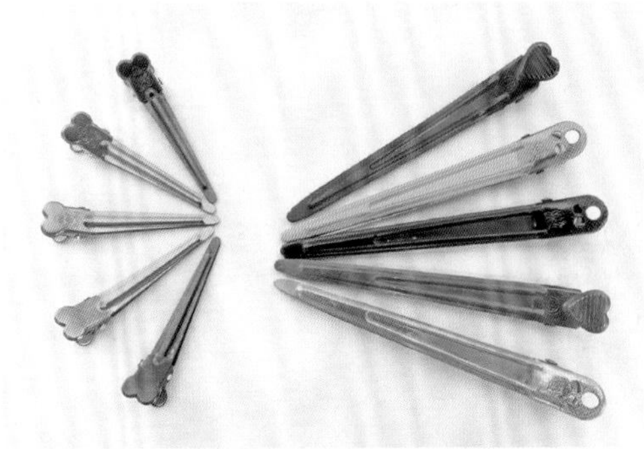

싱글 핀은 표면을 고정할 때 사용 또는 귀밑머리 잔머리를 눌러 주고 부분적인 형태를 임시 고정할 때 유용하다.

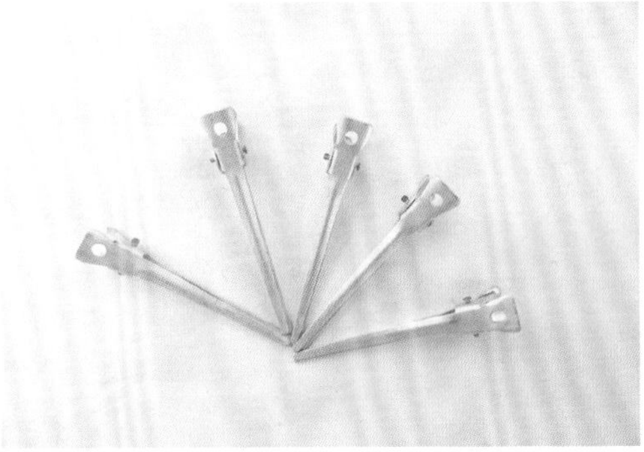

고리빗 및 곡선빗은 볼륨을 강화시키고 토대가 무너지지 않도록 사용하는 데 유용하다.

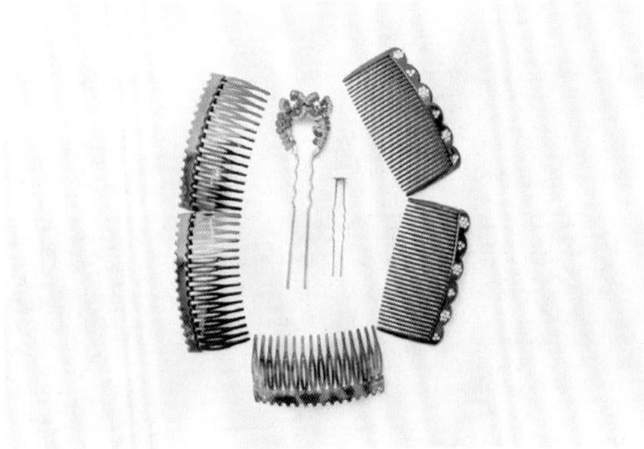

4) 고무 밴드의 종류

포니테일 스타일이나 모발 양을 한 번에 움켜잡을 때 사용하는 도구로 고무밴드 또는 끈을 사용한다. 일반적으로 고무끈밴드나 노란 고무밴드를 사용하고 있다.

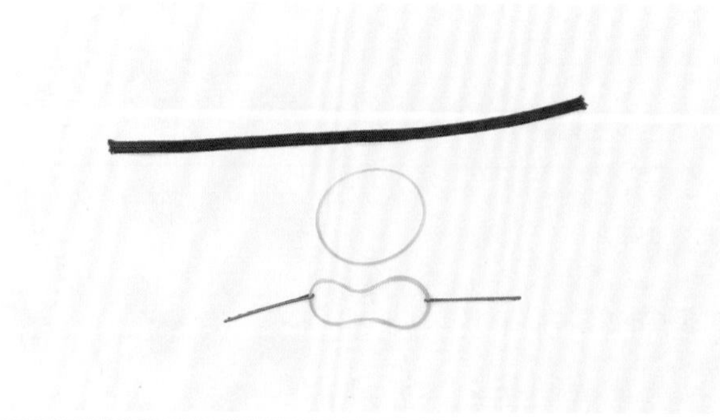

고무끈밴드, 노란 고무밴드

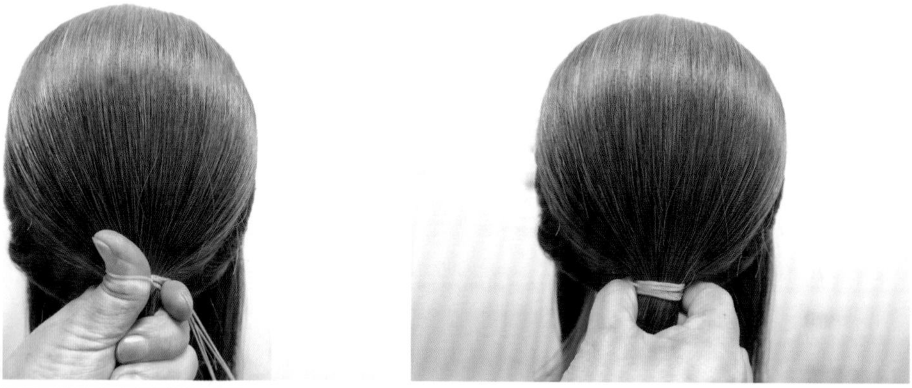

고무밴드로 묶는 방법

고무끈으로 묶는 방법

5) 싱과 망

싱의 특징은 백콤만으로 볼륨을 확보하기 어려울 때 적당한 크기의 모양을 만들어 유용하게 사용한다. (원형, 라운드형, 삼각형, 원뿔형) 등 스타일에 따라 사용한다.

망은 시뇽의 형태를 베이스로 한 모발 다발을 감싸거나 머릿결에 웨이브가 없는 상태에 잔머리가 튀어나오는 것을 막아주는 역할을 하고, 질감을 처리하는데 유용하게 사용한다.

싱

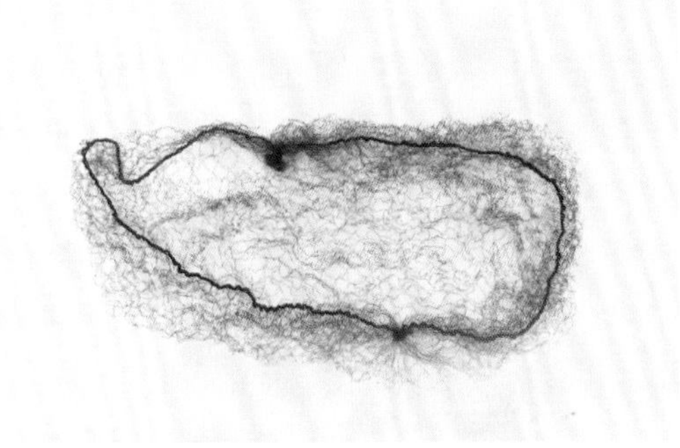

망

6) 아이론 & 세트

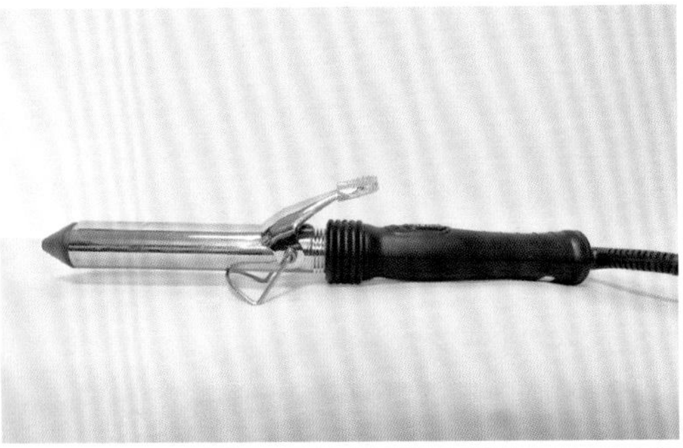

컬링 아이론(Curling Iron)

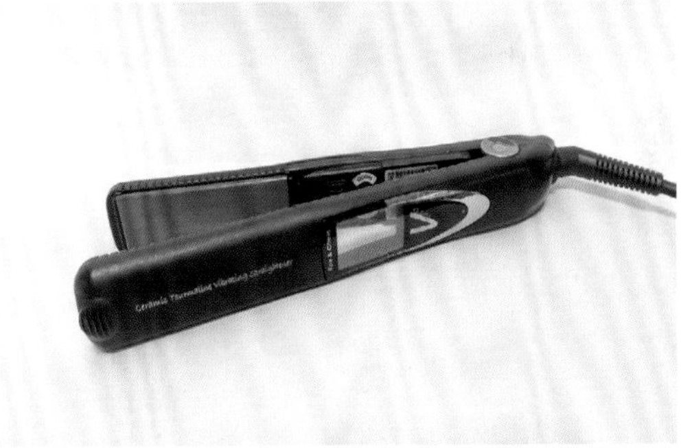

플랫 아이론(Flat Iron)

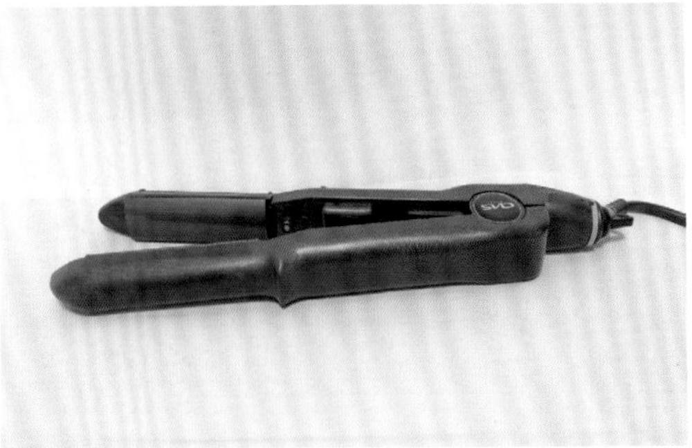

라운드 아이론(Round Iron)

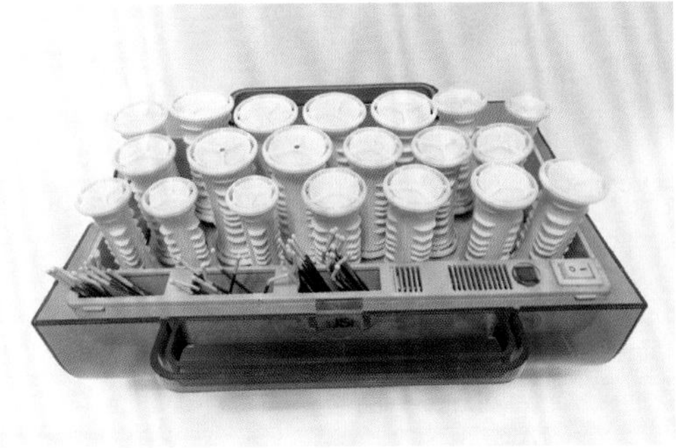

전기 세트(Set)

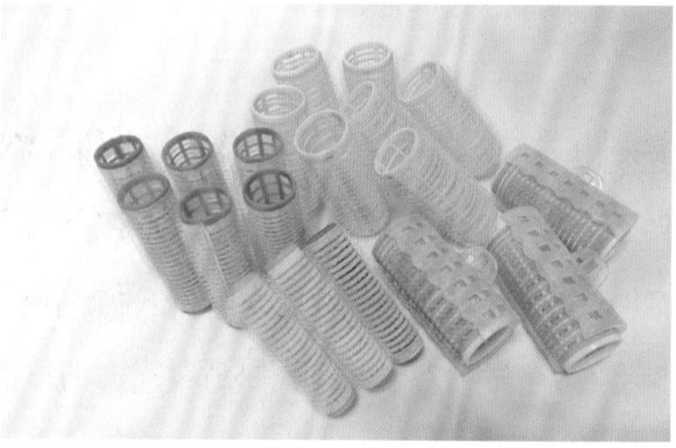

세트 롤

피스

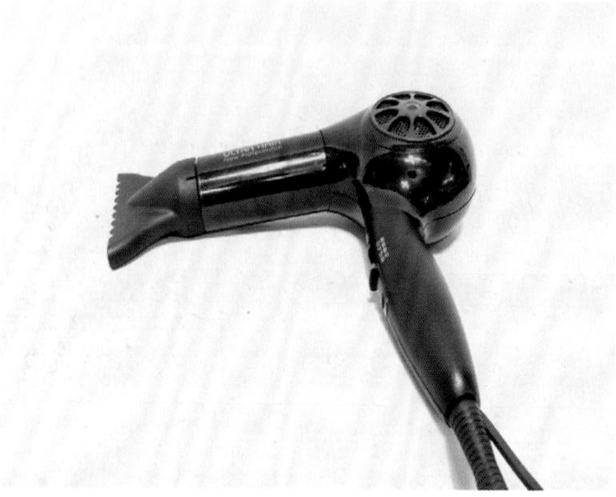

블로우 드라이(Blow Dry) & 롤

고정 스프레이

샤인 스프레이

왁스

CREATIVE HAIR DESIGN
03

업스타일의 디자인 전개

1. 디자인 계획의 의의

업스타일은 보편적으로 아름다움을 추구하는 디자인 영역에서 기능적인 것을 연결하여 공간적인 형태와 시각적인 예술을 만들어 조형예술로 아름다움을 추구한다. 특히 디자인 요소들을 합리적으로 선택하여 실용적인 가치와 미적인 가치를 구성하는 목적으로 계획되어야 한다.

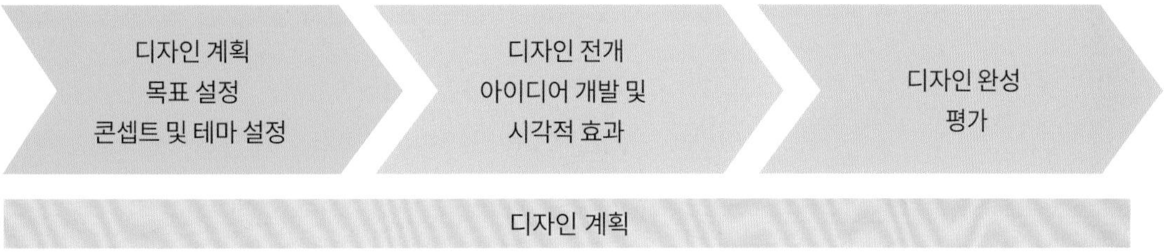

디자인은 목적에 따라 어울리는 스타일로 변화시키는 과정이다.

2. 업스타일의 고려 사항

고객이 가지고 있는 시각적인 정보를 먼저 파악하여 신체적인 특징을 고려하고 모발 상태와 메이크업, 의상, 액세서리 등 상호 조화가 이루어지는지를 고려하여 디자인 설정을 해야 한다.

1) 외적 요소

신체적인 특징은 체격과 어깨선, 목선, 얼굴형의 윤곽, 모발의 길이, 모발 양의 단차 등 두상의 골격과 페이스 라인의 조건에 고려해야 한다. 업스타일에 있어 얼굴 형태의 크기가 그대로 드러나기 때문에 얼굴 결점을 커버하고 장점을 돋보이게 해야 하므로 신체적 요소의 조건은 매우 중요하다.

업스타일은 한복 의상, 파티 의상, 웨딩드레스, 평상복 등에 의해 콘셉트를 맞춰야 하고 스타일에 맞는 액세서리 등 조화가 이루어지도록 해야 한다.

2) 내적 요소

고객의 나이나 직업에 따라 선호하는 스타일과 참여해야 하는 행사장 성격에 따른 정도를 파악하여 의상이나 메이크업, 액세서리 등 디자인에 맞는 업스타일을 조화롭게 연출해야 한다.

3) 핀 꽂이

업스타일에서 핀 꽂기란 모발 표면의 흐름을 나타내고 면을 고정시켜 디자인 중심을 연출하기 위해 기둥 역할을 하며, 기본 토대의 면을 고르게 하거나 받침 역할을 한다. 특히 핀을 꽂을 때에는 두피까지 닿을 수 있도록 깊게 눌러 주고 단단하게 고정하기 위해 핀을 오버랩시켜 꽂아야 한다. 핀 꽂이 종류로는 수평 꽂이, 수직 꽂이, 라운드 꽂이, 교차 꽂이, 그 외 묶음 꽂이 등이 있다.

(1) 토대를 위한 핀 꽂기

① 수직 꽂이

백 포인트(B.P) 중심으로 디자인하거나 모량(모발의 양)을 백에 고정할 때 수직 핀 꽂이가 유용하며, 특히 소라 형태의 모양으로 디자인할 때 대표적으로 사용한다.

② 수평 핀 꽂이

톱 포인트에서 골덴 포인트(T.P~ G.P)에 볼륨을 줄 때 눌러 효과적인 면을 만들어 양 사이드 부분을 겹쳐 교차시킬 때 활용하며, 싱을 넣어 안착시킬 때 덮어 꽂을 때 수평 꽂이가 유용하다.

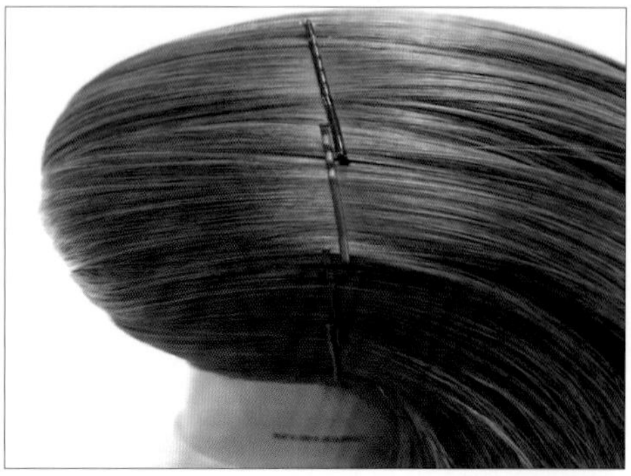

수직꽂이

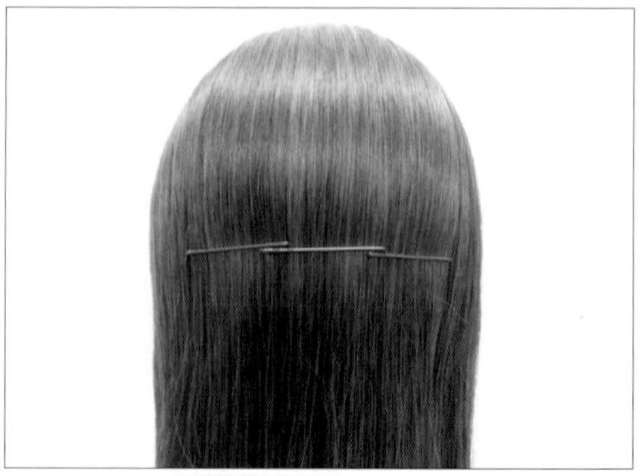

수평 핀 꽂기

③ 라운드 꽂이

라운드 꽂이는 네이프 중심의 겹치기를 디자인할 때나 볼륨을 강조할 때 싱을 넣고 사용하는 데 유용하다.

④ 지그재그 꽂이

교차 꽂이는 모량이 많을 경우 G.P와 B.P 등 짧은 머리를 묶음 모양으로 디자인할 때 단단하게 고정하는 역할을 한다.

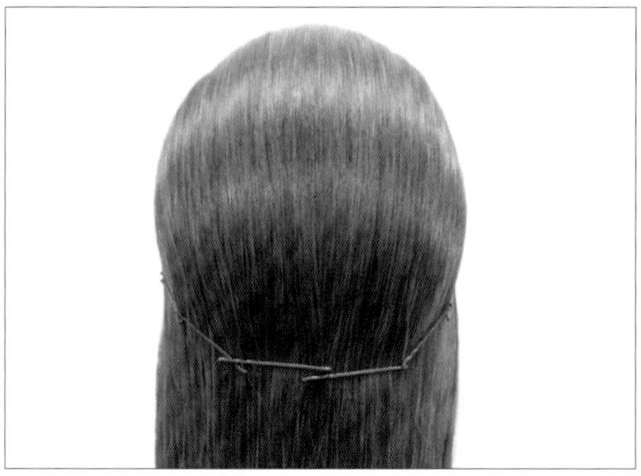

라운드 꽂이

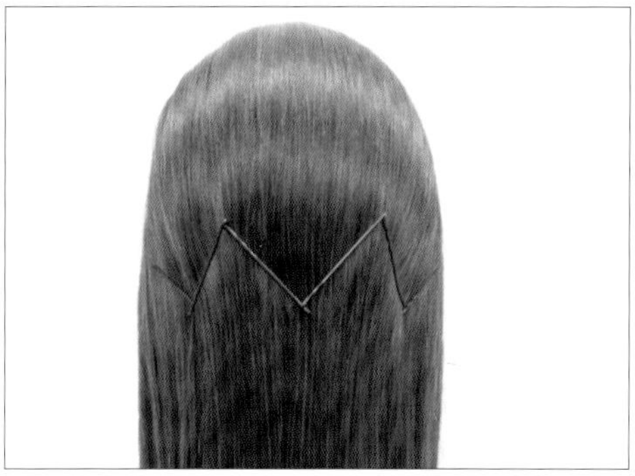

지그재그 꽂이

4) 백콤

(1) 백콤의 목적

백콤의 목적은 디자인 의도에 따라 모류 변화와 디자인 조건의 모발 상태를 움직여 디자인에 맞는 테크닉을 달리해야 한다. 백콤은 패널의 각도와 빗질의 힘의 의해 효과가 달라질 수 있으며, 모발 상태와 디자인에 따라 백콤의 테크닉이 달라져야 한다.

백콤은 부풀림과 더불어 면과 곡선을 만들어 머리 다발의 펴짐과 면의 연결 가벼운 움직임, 토대, 핀 고정 등 목적에 따라 다양하게 사용된다. 또한, 모량의 각도, 위치, 모발을 쥐는 손의 방향에 따라 디자인 변화는 다양하게 줄 수 있다.

(2) 백콤의 방법

모질 상태에 따라 강도, 섹션, 방향, 텐션에 따라 모발 다발을 3등분 하여 안쪽, 중간, 끝으로 각각 텐션의 강약 조절을 하여 효과를 나타낸다.

① 모발 두께의 크기 변화

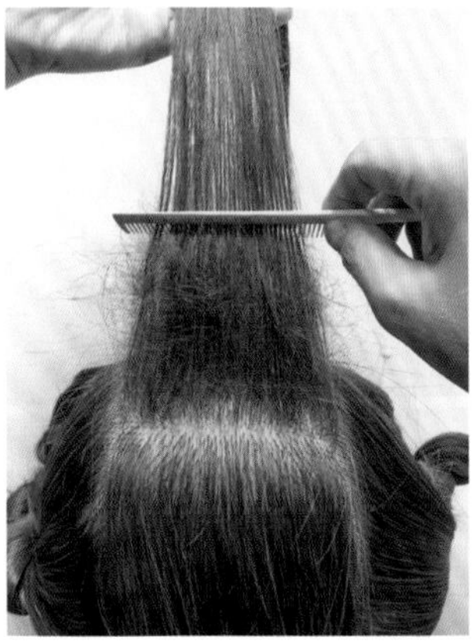
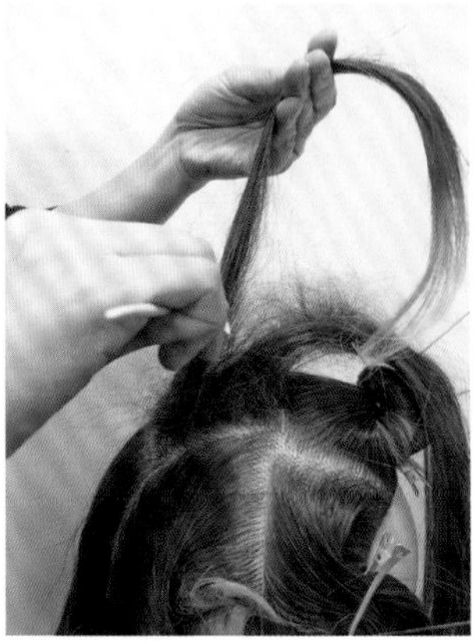

(3) 각도에 따른 백콤의 변화

① 높이를 세울 때는 120°~ 차츰 90°~45° 각도가 내려간다.

② 보통 90° 기준으로 90° 이상 또는 이하로 볼륨 조절한다.

③ 업 스템 백콤을 했을 때와 다운 스템 백콤을 했을 때의 볼륨감이 확연한 차이가 나타날 수 있다.

(4) 백콤 활용 방법

토대를 만들거나 볼륨을 요구하는 부분에 따라 사용하거나 직각 백콤, 사선 백콤, 네이프에서 위쪽으로 올라가는 진행하는 백콤 등에 사용한다.

① 모근력 강화 백콤

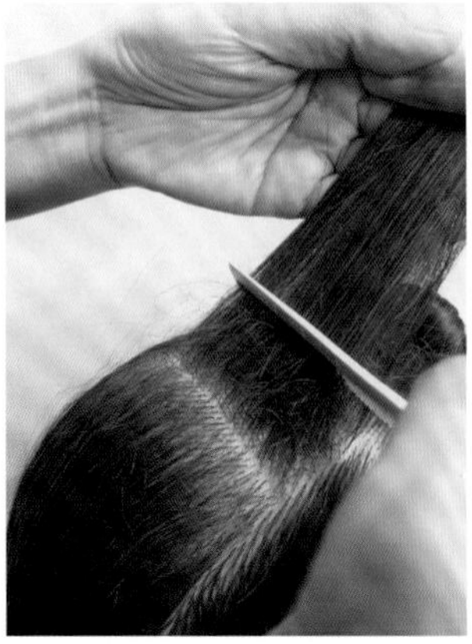

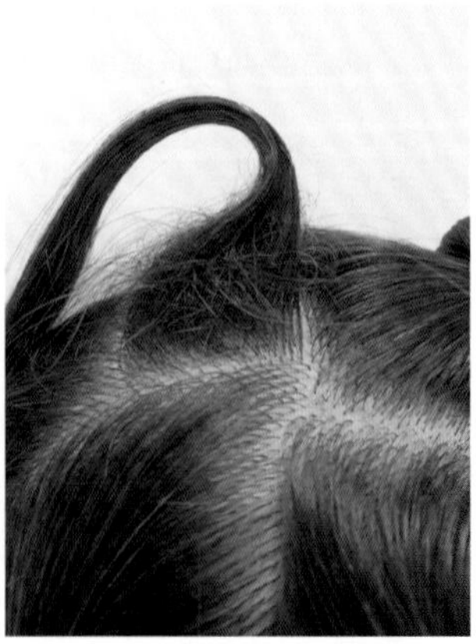

② 윗부분과 아랫부분에 볼륨 형성하는 백콤

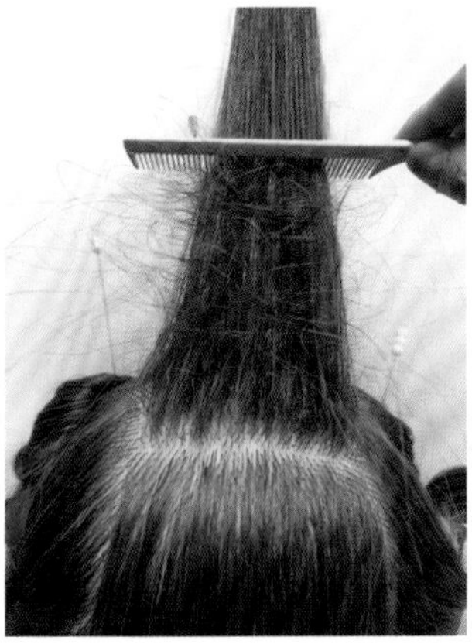
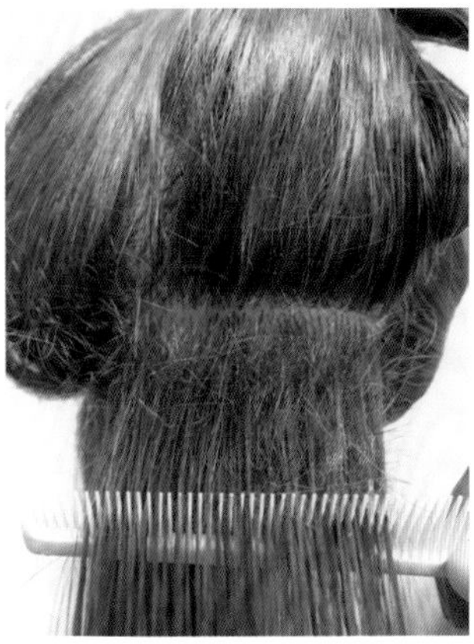
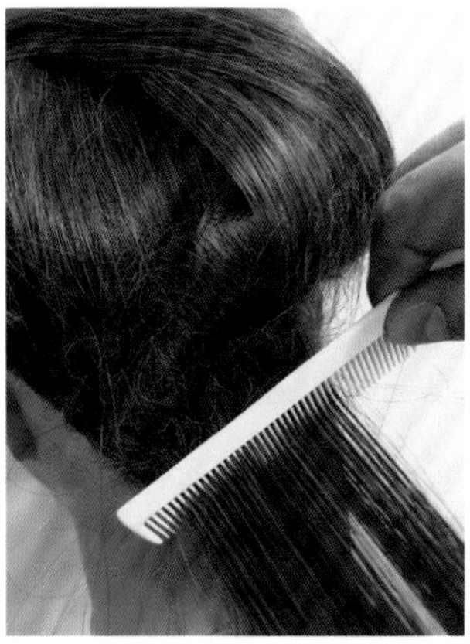

③ 방향성 백콤

5) 디자인 요소(기술 요인)

(1) 두 가닥 땋기

① 두 가닥으로 나눈다.

② 두 가닥 중 오른손 가닥을 먼저 위로 겹쳐 반복 진행한다.

(2) 세 가닥 위로 땋기

① 세 가닥으로 나눈다.

② 세 가닥 중 오른손 가닥을 먼저 위로 겹쳐 반복 진행한다.

(3) 세 가닥 아래 땋기

① 세 가닥으로 나눈다. 세 가닥 중 오른손 가닥을 먼저 아래로 겹쳐 반복 진행한다.

② 동일한 방법으로 진행한다.

(4) 네 가닥 벨트 땋기

① 네 가닥으로 나눈다. 네 가닥 중 오른손 가닥은 위로 땋기 하고 왼손 가닥은 아래 땋기 기법으로 한다.

② 네 가닥 중 오른손 가닥은 위로 땋기 하고 왼손 가닥은 아래 땋기 기법으로 진행하여 가운데서 만나는 가닥은 왼쪽 가닥은 위로 올라가고 오른쪽가닥은 아래로 내려 엮어 준다.

(5) 네 가닥 쇠사슬 땋기

① 네 가닥으로 나눈 다음, 세 가닥 위로 땋기로 시작한다.

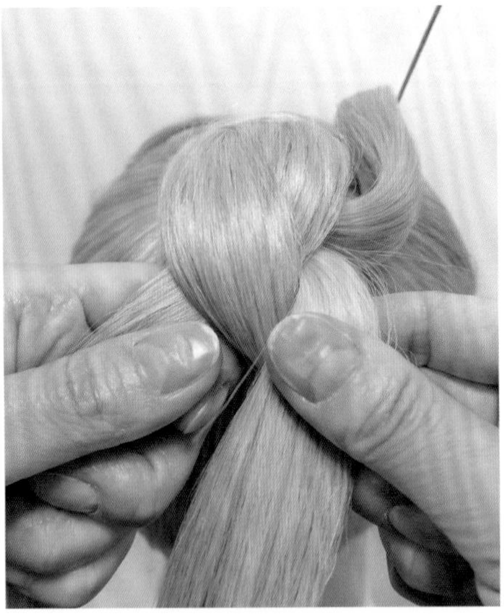

② 위로 땋기로 시작한 가닥 중 맨 아래 가닥은 분리해 놓고 엮어진 가닥 아래 반대쪽에 있는 가닥을 끌어 올려 엮어 준다.

③ 엮어진 가닥 중 아래 있는 가닥은 분리하면서 반대쪽 가닥을 끌어 올려 밧줄 모양으로 엮어 준다.

(6) 바구니 땋기

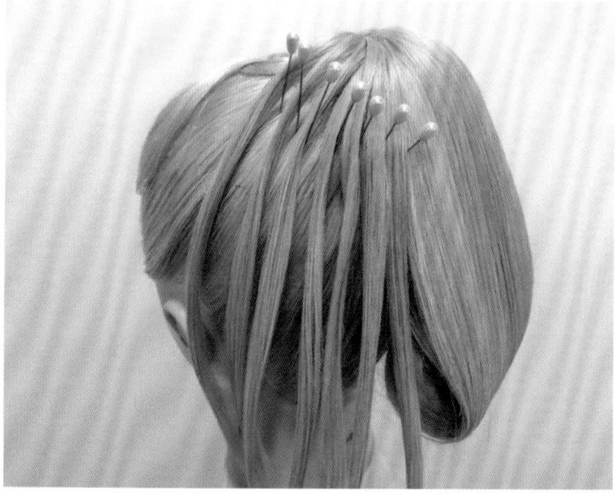

① 7가닥으로 나눈다.

② 세 가닥 위로 땋기를 시작한다.

③ 땋아진 가닥 사이로 지그재그로 엮어 준다.

④ 동일한 방법으로 진행한 다음, 패널의 넓이를 조절한다.

(7) 겹치기(Overlap)

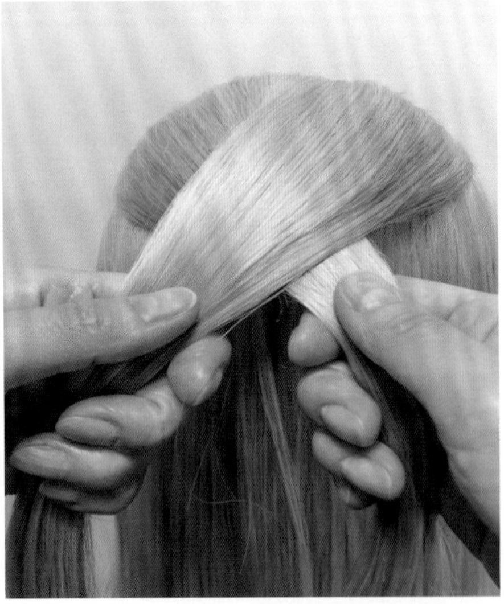

① 양쪽 패널을 서로 겹치도록 한다.

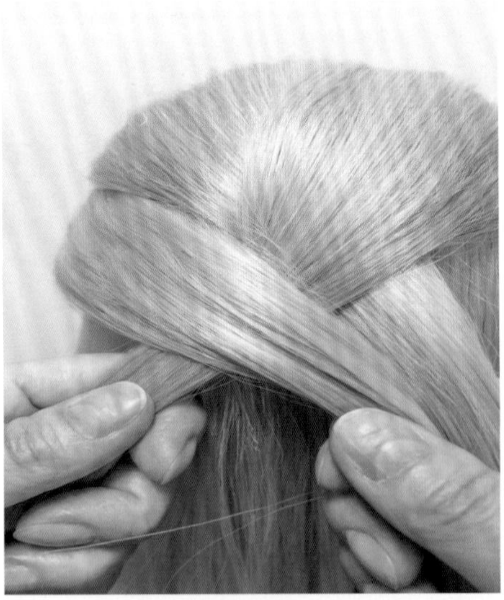

② 양쪽 패널을 서로 교차시켜 양편 끌어 겹치도록 한다.

(8) 꼬기(Twists)

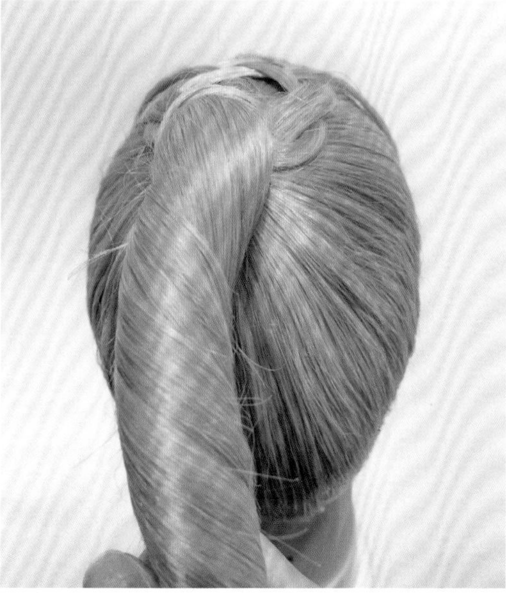

① 한 가닥 꼬기는 한 방향으로 돌려 단단하게 꼬아 준다.

② 두 가닥 꼬기는 한 가닥 패널을 왼손 또는 오른손의 패널을 서로 반대 방향으로 돌려가며 단단하게 꼬아 준다.

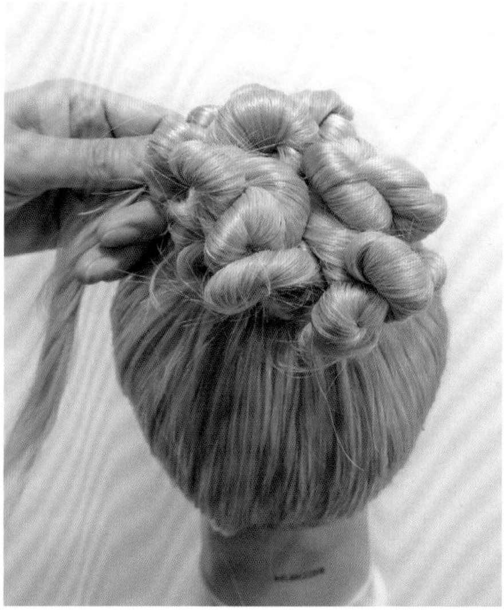

③ 여러 가닥 꼬기는 패널 조각을 잘게 나누어 한 방향으로 돌려가며 단단하게 꼬아 준다.

6) 업스타일의 기본 디자인 기법

(1) 두 가닥 땋기

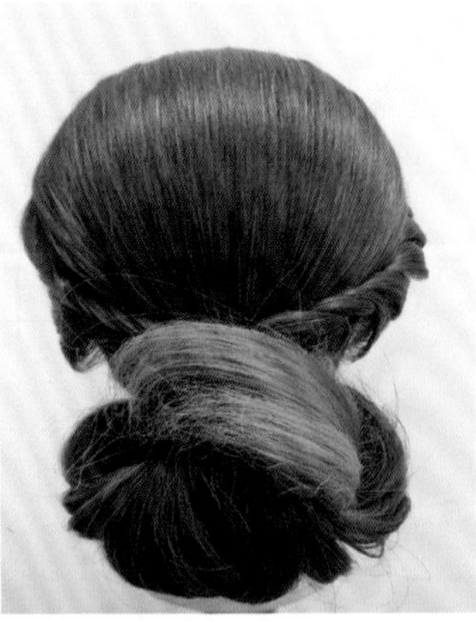

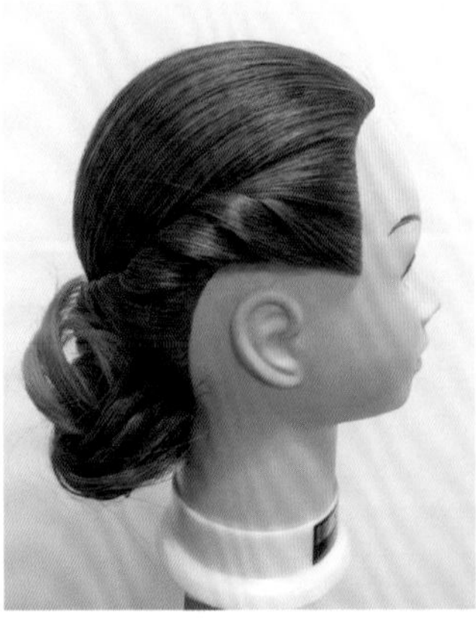

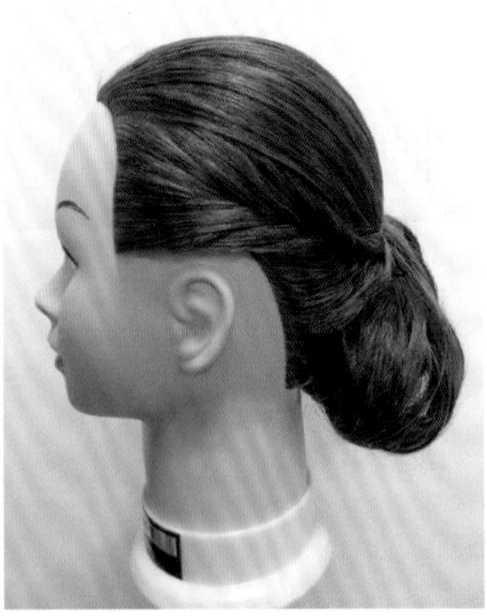

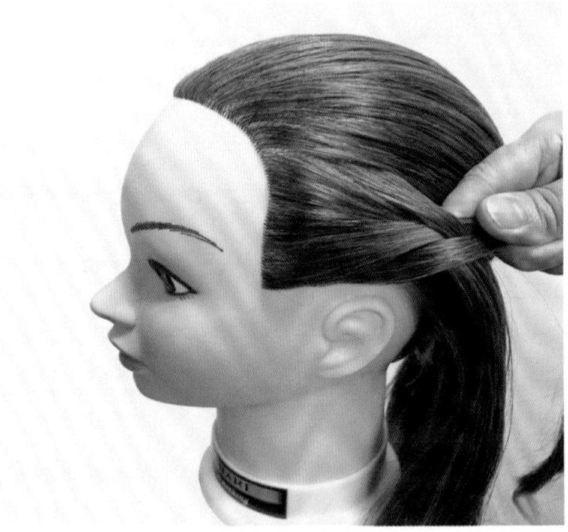

① 두 가닥으로 나눈다. 두 가닥을 서로 교차 양편 교차하여 진행한다.

② 사이드 두 가닥을 교차하여 한쪽 편 교차시켜 진행한다.

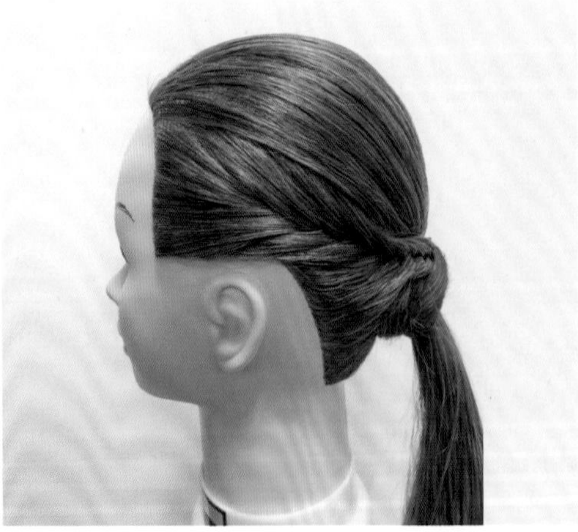

③ 네이프에 포니테일 한 머리 다발에 두 가닥으로 시작, 양편 교차하여 진행한다.

(2) 세 가닥 위로 땋기

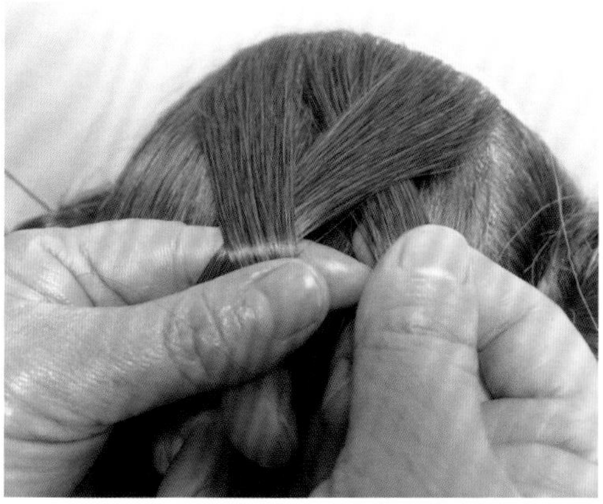

① 전두부의 C.P에서 세 가닥으로 나눈다. 세 가닥 위로 땋기를 시작하여 양편 땋기를 한다.

② 전두부의 좌측 사이드에 세 가닥 나눈다. 세 가닥을 서로 교차하여 양편 땋기를 한다.

③ 우측 사이드의 세 가닥을 교차하여 한쪽 편 땋기를 한다.

④ 양편 땋기와 편 땋기의 차이를 볼 수 있다.

(3) 세 가닥 아래 땋기

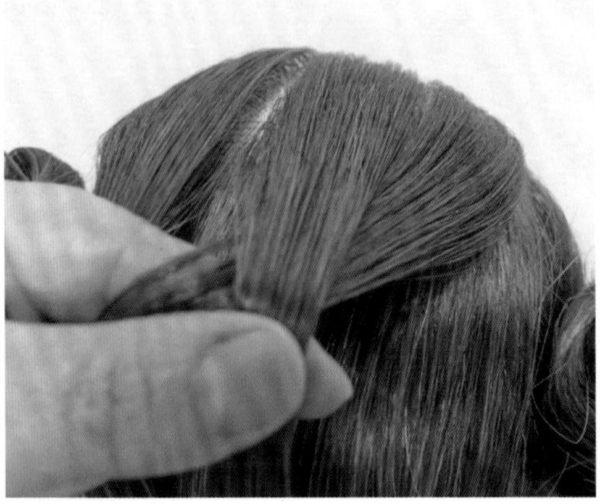

① 전두부의 C.P에 세 가닥으로 나눈다. 세 가닥 중 가운데 가닥을 위로 올려 우측 가닥 아래 땋기를 시작하여 양편 땋기를 한다.

② 전두부의 C.P에 세 가닥으로 나눈다. 세 가닥 중 가운데 가닥을 위로 올려 우측 가닥 아래 땋기를 시작하여 양편 땋기를 한다.

③ 우측 사이드를 세 가닥 나눈다. 세 가닥 중 가운데 가닥을 위로 올려 오른쪽 가닥 아래 땋기로 시작하여 한쪽 편 아래 땋기를 한다.

④ 양편 아래 땋기와 편 아래 땋기의 차이를 볼 수 있다.

(4) 네 가닥 벨트 땋기

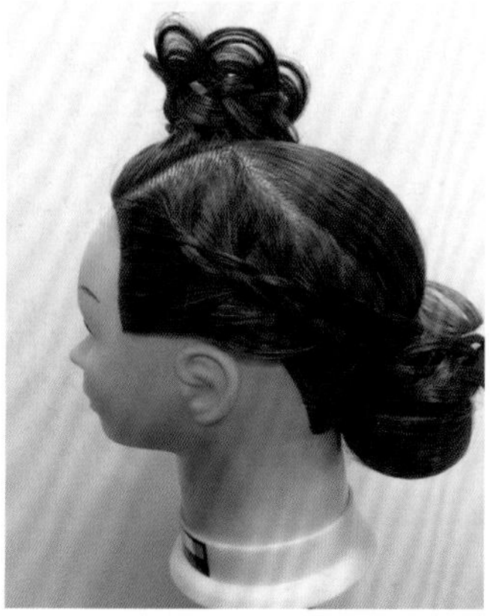

① 좌측 사이드를 네 가닥으로 나누어 오른손 첫 번째 가닥은 위로 땋기와 왼손 첫 번째 가닥은 아래 땋기를 시작한다.

② 좌측 사이드에서 후두부 네이프 사이드까지 네 가닥 양편 땋기를 하여 네이프 묶음에 고정한다.

③ 네이프 묶음 1/4가량은 네 가닥 땋기를 하고 나머지는 롤 형태 모양으로 마무리한다.

④ 전두부의 네 가닥 양편 땋기를 하여 레이스 모양으로 마무리한다.

(5) 꼬기

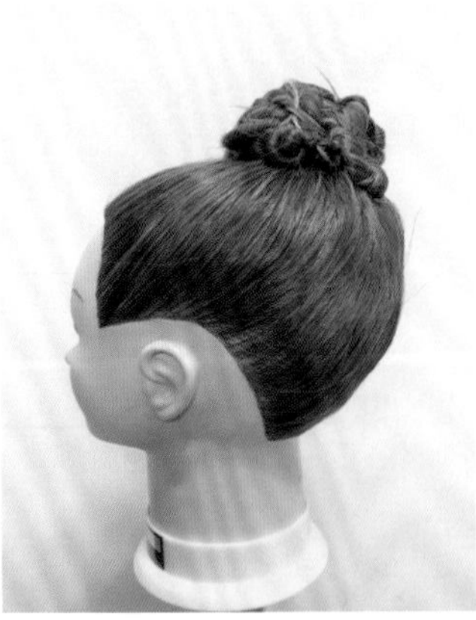
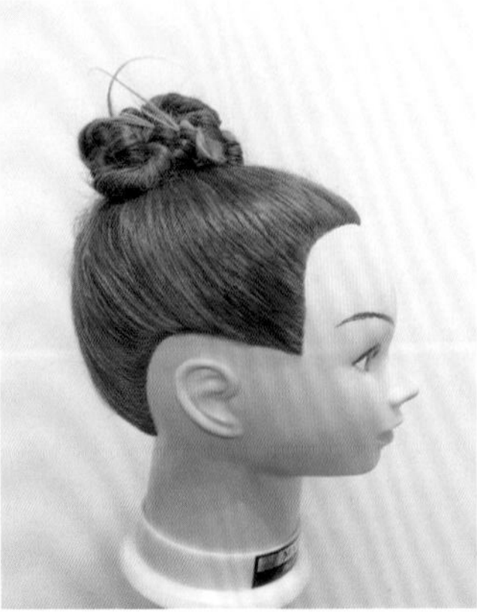

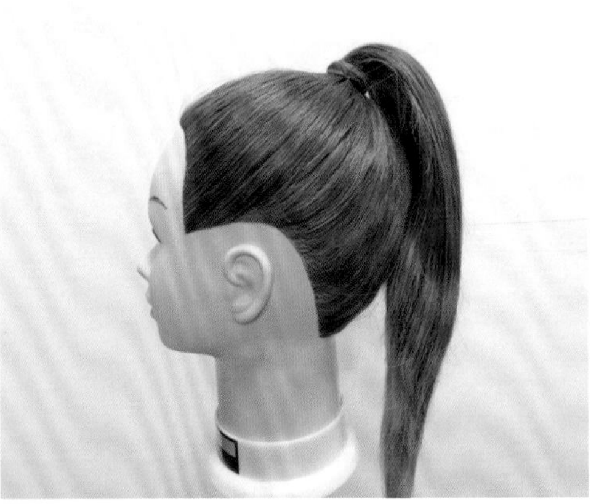

① 골덴 포인트(G.P)에 포니테일을 한다.

② 머리 다발은 여러 가닥의 등분으로 나눈다.

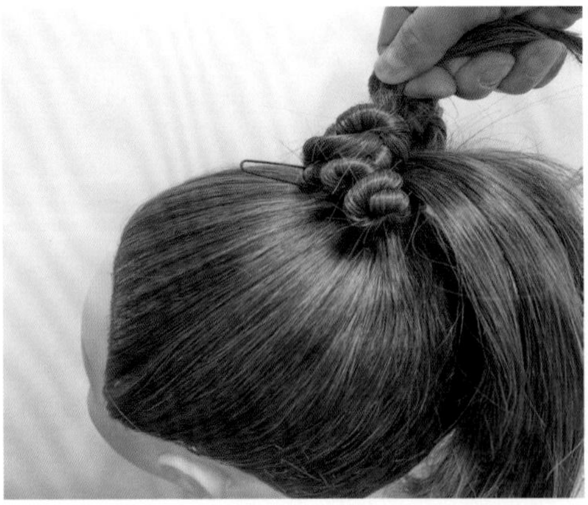

③ 한 가닥씩 꼬아 준다.

④ 전체 구도가 조화롭게 꼬아 준다.

(6) 겹치기

① 네이프의 센터 왼쪽 파팅을 위로 45°로 토대 위로 돌려 고정한다.

② 후두부의 사이드 좌측과 우측을 교대로 겹쳐 준다.

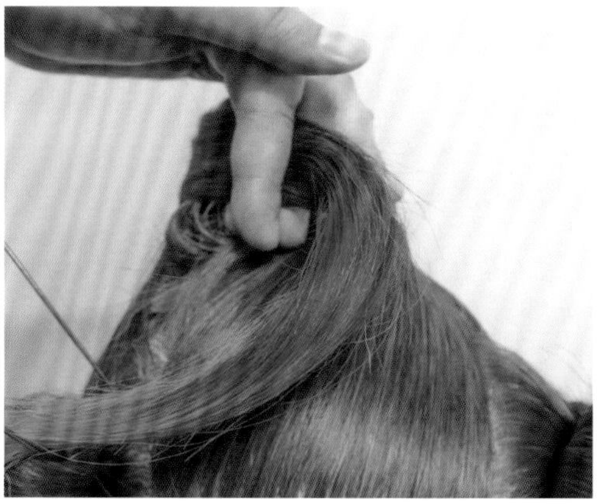

③ 전두부는 좌측 사이드로 돌려 토대에 고정한다.

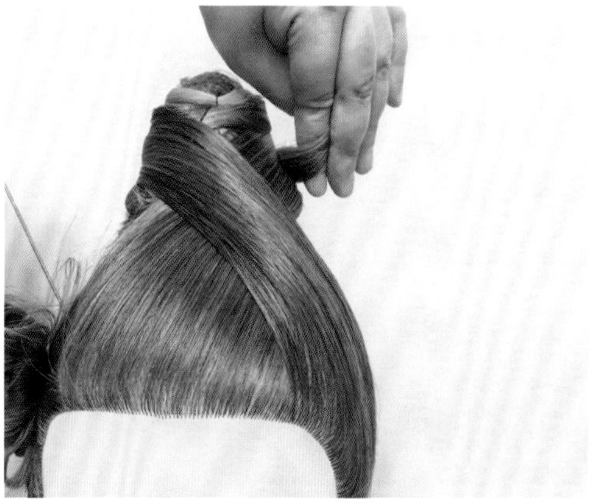

④ 전두부의 좌측과 우측으로 교대로 겹쳐 준다.

(7) 바구니 땋기

① 전두부는 톱 사이드(T.S.P)에 포니테일 한다.

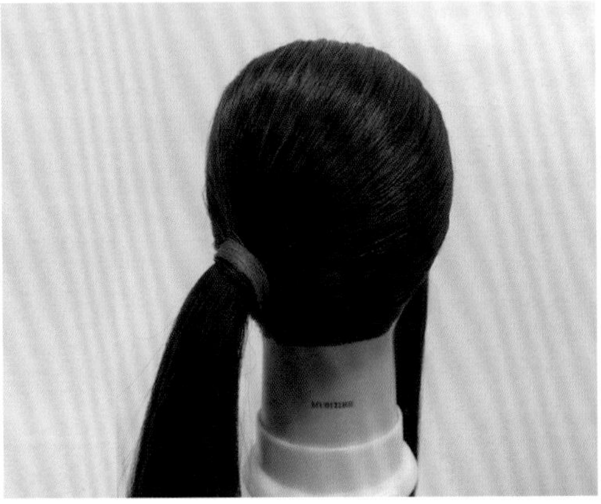

② 후두부는 네이프 좌측 사이드 (N.S.C.P) 코너에 포니테일 한다.

③ 전두부는 패널 7가닥 이상으로 나눈다.

④ 세 가닥 땋기를 시작하여 패널을 지그재그로 역어 가는 동작을 반복해 나간다.

⑤ 반복된 동작으로 패널이 엮어지는 것을 볼 수 있다.

⑥ 하나하나 엮어진 모발 가닥의 넓이를 조절하여 원뿔 모양으로 마무리한다.

⑦ 후두부는 동일한 동작으로 바구니 땋기를 한다.

CHAPTER 04

작품 제작
업스타일

CREATIVE HAIR DESIGN

CHAPTER 04

시뇽 스타일

수직 소라 & 고리 모양 응용

학습 내용	시뇽 스타일 (수직 소라 & 고리 모양 응용)
수업 목표	• 업스타일을 위한 사전 드라이를 할 수 있다. • 고객의 특성과 상황을 고려하여 상위 양감 스타일을 디자인할 수 있다. • 수직 소라형과 고리형 테크닉을 시술할 수 있다. • 헤어 싱을 활용하여 디자인할 수 있다.

1. 준비하기

2. 시술하기

1 골덴 포인트(G.P)를 지나 이어 투 이어 포인트(E.P~to~E.P)까지 섹셔닝을 한다.

2 프론트는 헤어라인을 0.1mm 정도 섹셔닝하여 분리해 놓는다. 전두부의 볼륨을 형성하기 위해 백콤을 넣어 준다.

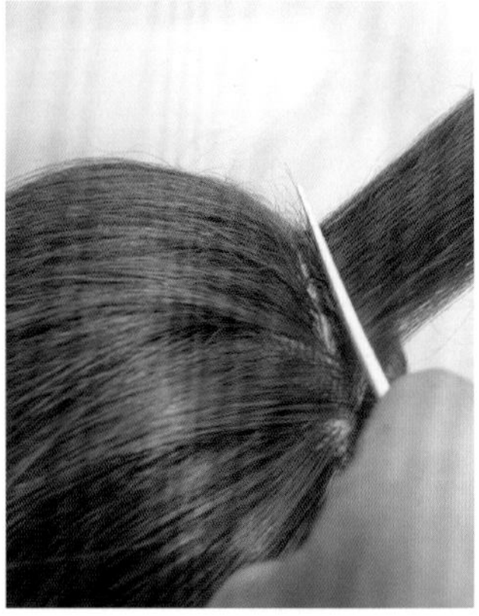

3 전두부는 벽돌쌓기 패턴으로 백콤을 넣어 볼륨을 준다.

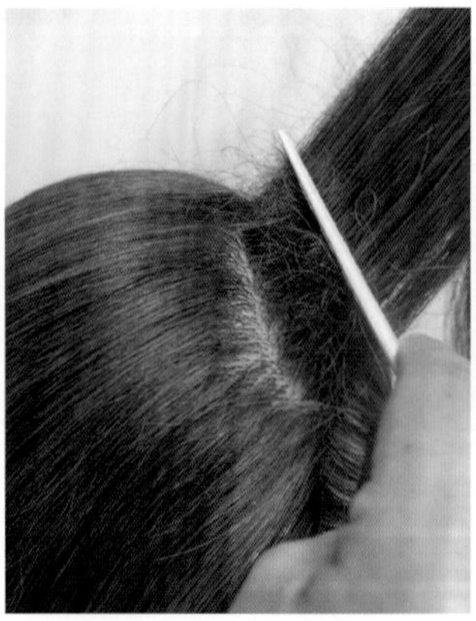

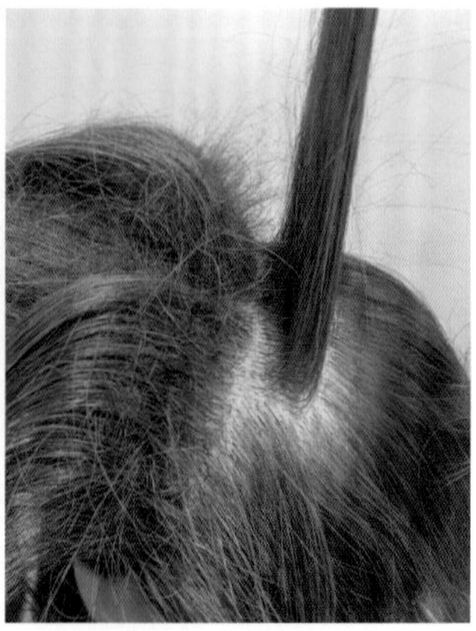

4 백콤 면을 펴주고 뿌리 부분에 볼륨을 고르게 하여 빗으로 면을 잘 빗어 표면을 매끈하게 펴준다.

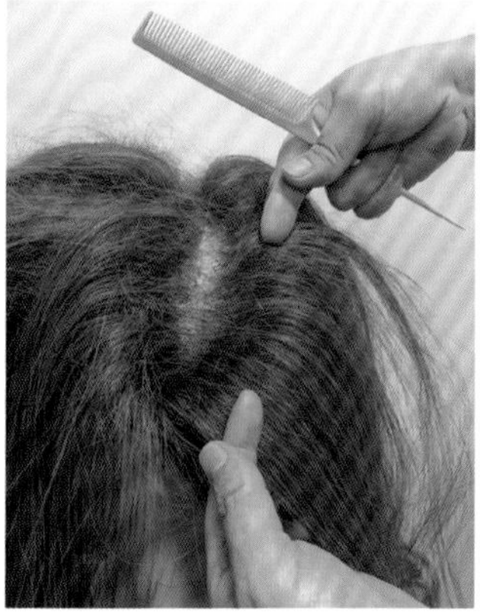
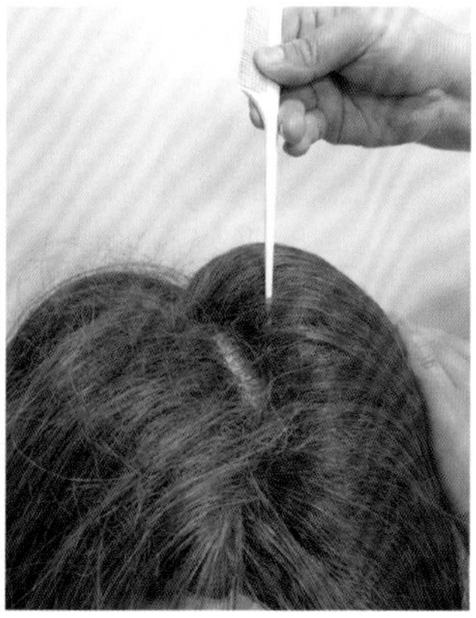
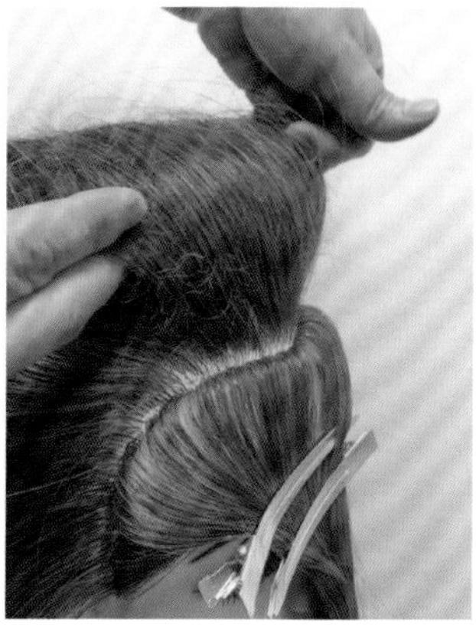

5 헤어라인의 0.1mm 모발은 백콤 부분 표면에 매끈한 결을 위해 덮어주는 데 사용한다.

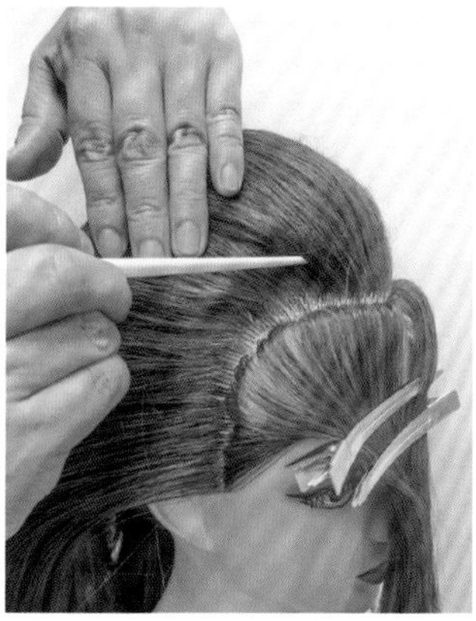
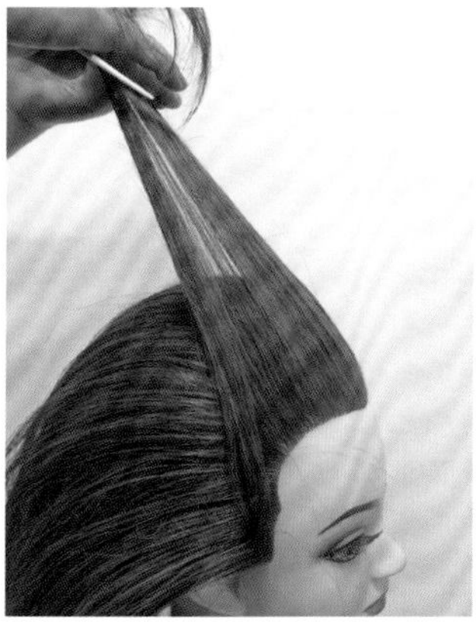
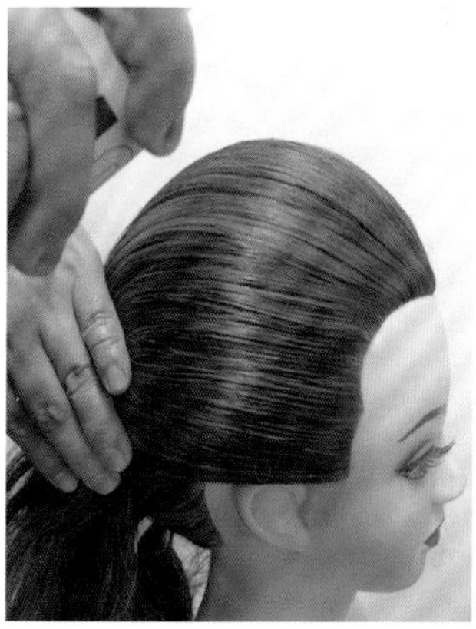

6 표면의 결을 정리한 다음 소라형의 모양을 계산하여 모발을 느슨하게 잡고 고무밴드는 엄지손가락에 건 다음, 시계 반대 방향으로 2번 이상 돌려 묶어 준다.

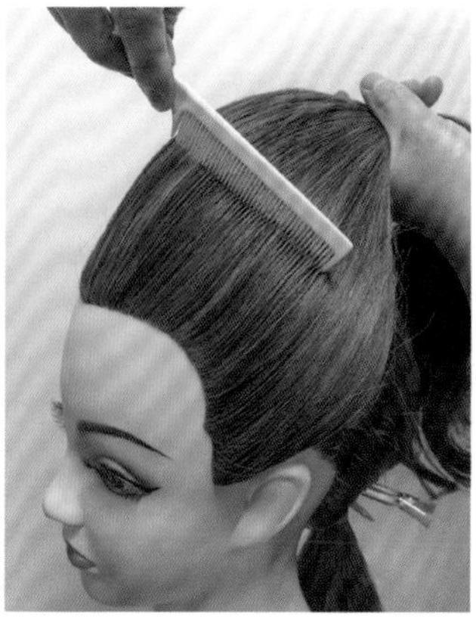
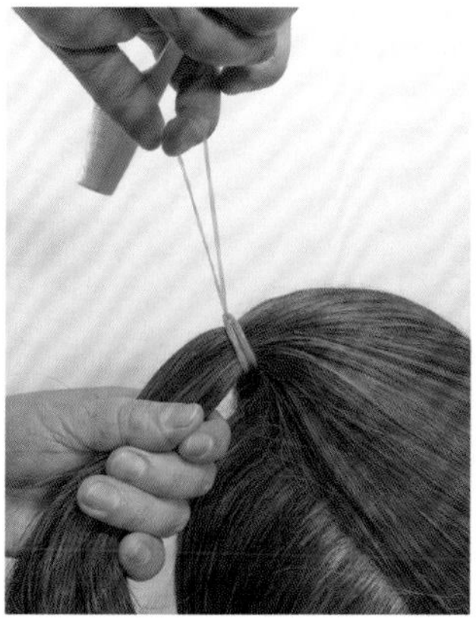

7 묶은 모발은 표면의 결 정리와 볼륨의 균형을 체크한다. 느슨하게 묶은 모발 다발은 소라 모양 형태를 왼쪽 방향으로 돌려 고정한다.

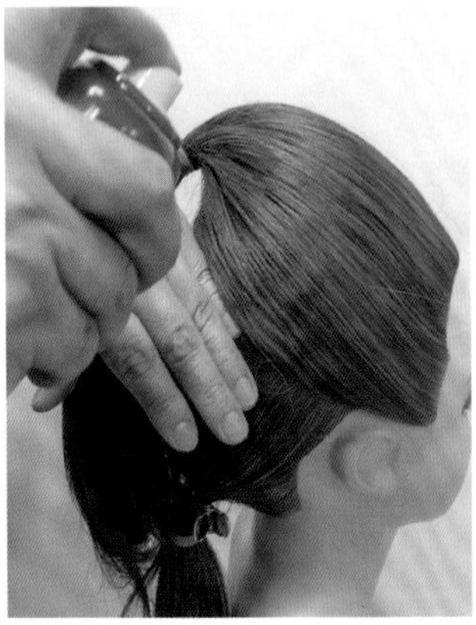
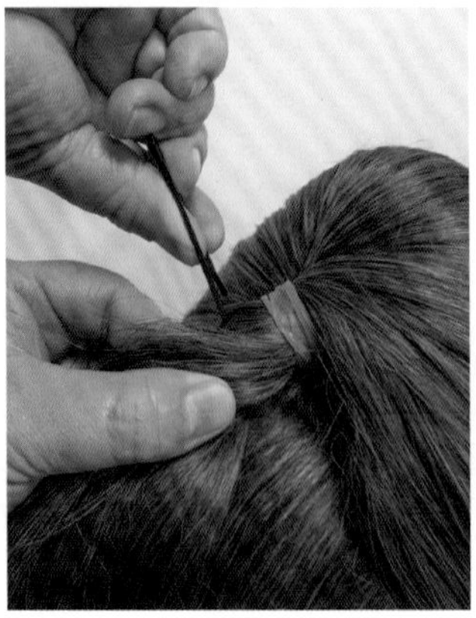
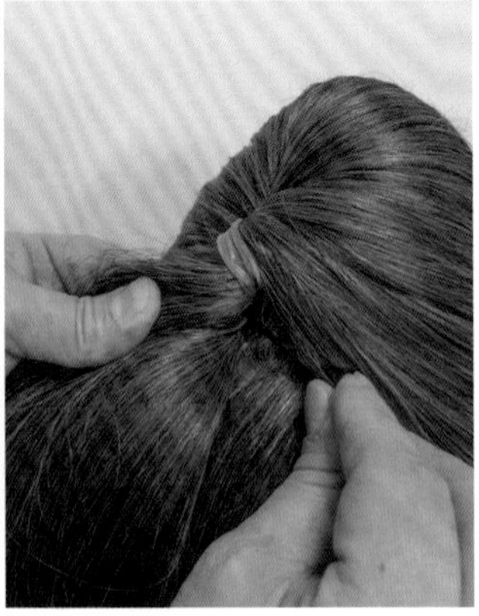

8 묶어진 모발 다발은 가벼운 백콤으로 핀 고정하는데 토대로 사용한다. 후두부 작업이 용의할 수 있도록 섹션을 정리한다.

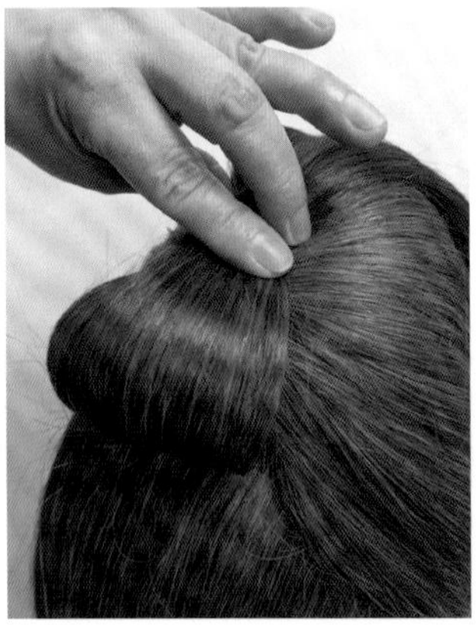
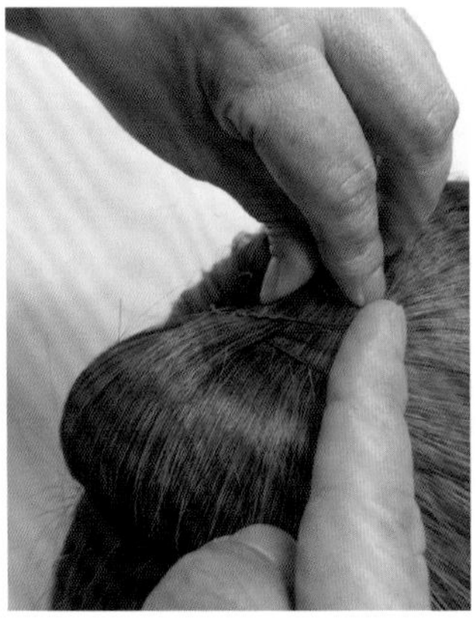
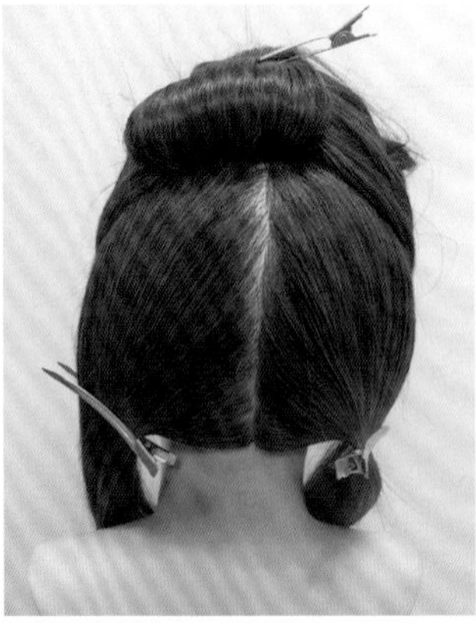

9 사이드에 뿌리 볼륨을 형성하기 위해 백콤을 1~8cm가량 넣어준다. 백콤 결 정리를 위해 표면을 고르게 펴주고 빗질하여 매끈한 결을 만들어 준다.

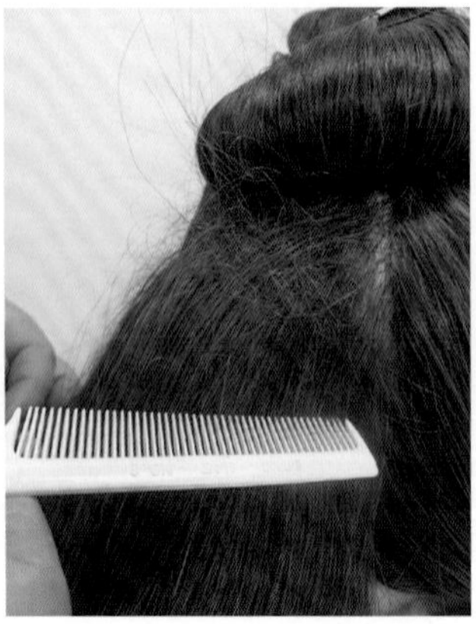
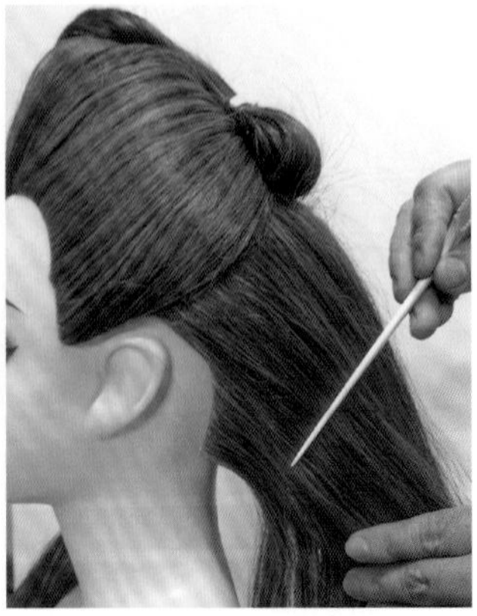

10 정리된 다발은 샤인 스프레이를 뿌려 빗질해 준다.

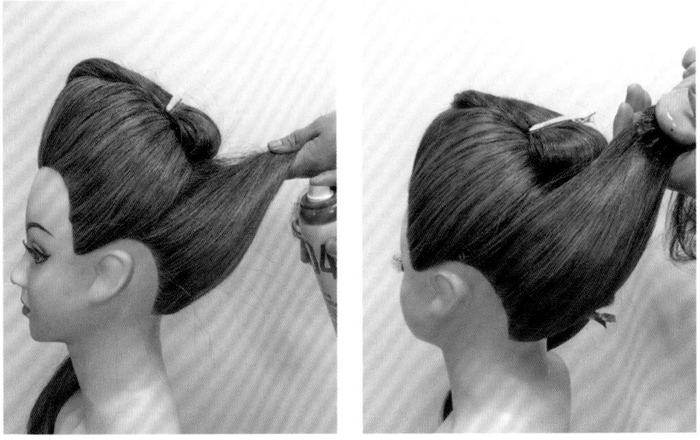

11 뿌리에 균형을 잡아 주고 수직 소라 모양으로 G.B.M.P에 고정한다.

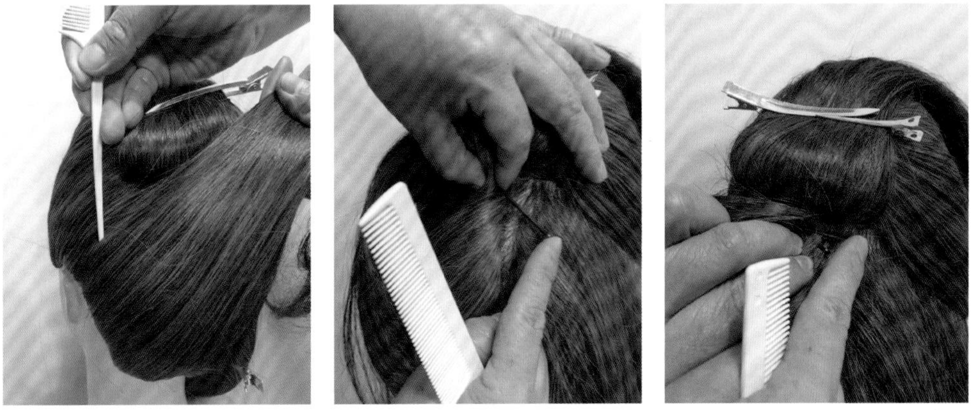

12 동일한 방법으로 시술한다.

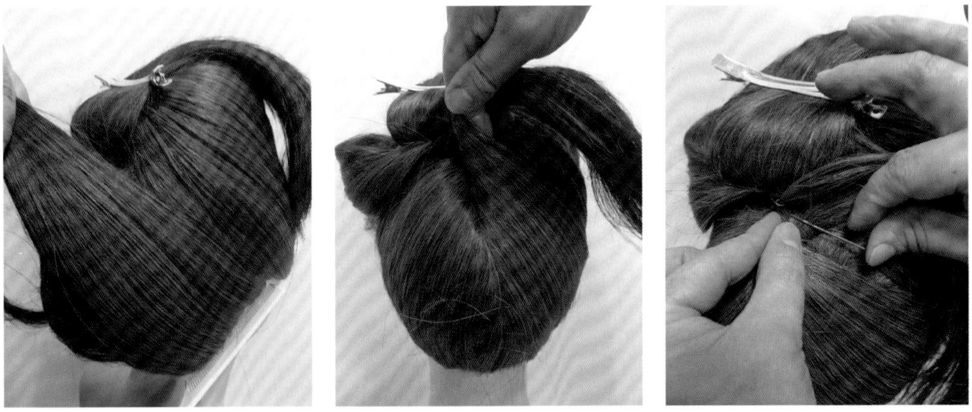

13 수직 소라 모양의 균형과 볼륨 등을 체크한다. 토대를 만들어 핀 고정을 하고 볼륨을 주기위해 싱을 사용한다.

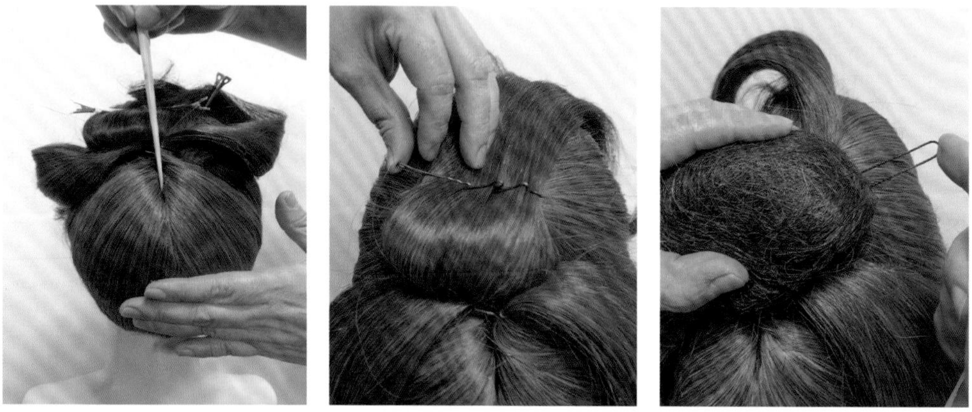

14 남은 패널은 갈라짐을 막기 위해 가벼운 백콤을 넣어 롤의 모양으로 마무리한다. 루프는 곡선으로 고리를 만들고 샤인 스프레이를 뿌려 면을 정리한다.

15 겉 표면을 정리한 다음 고정 스프레이로 마무리한다.

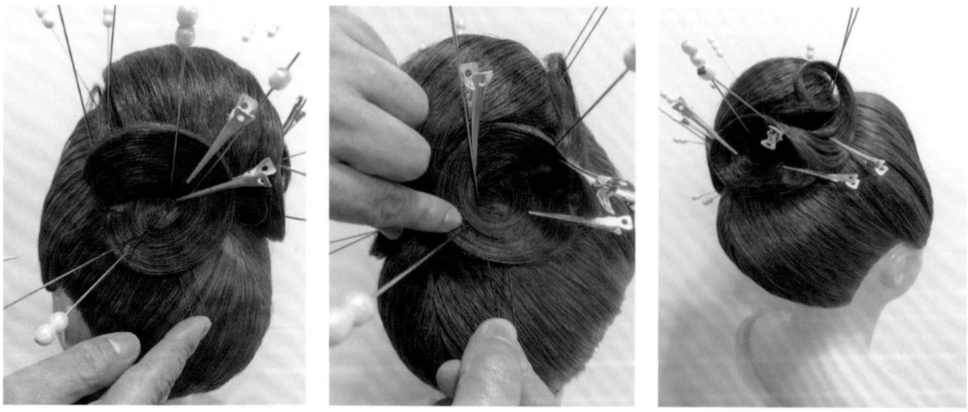

겹치기 스타일

겹치기 & 꼬기 응용

학습 내용	겹치기 스타일 (겹치기 & 꼬기 응용)
수업 목표	• 업스타일을 위한 사전 드라이를 할 수 있다. • 업스타일의 겹치기 응용 테크닉을 할 수 있다. • 겹치기와 꼬기 텍크닉을 할 수 있다. • 헤어 망을 활용하여 디자인할 수 있다.

1. 준비하기

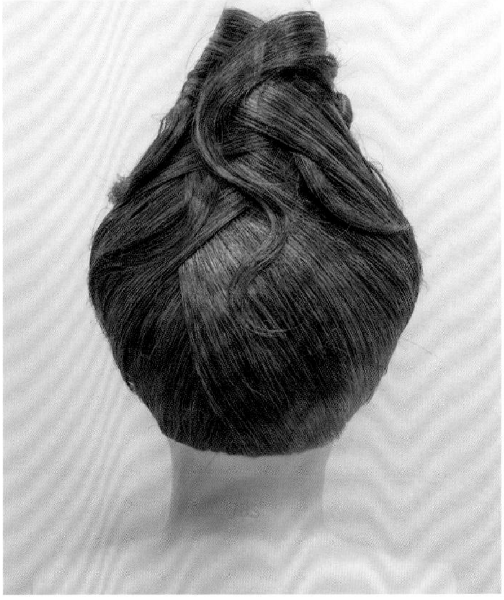

2. 시술하기

1 톱 포인트(T.P)를 기준으로 크라운 지역과 사이드에서 후두부 센터까지 섹셔닝한다.

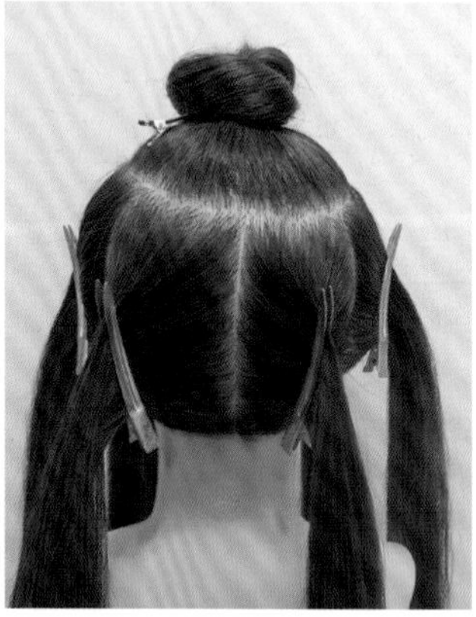

2 프론트 양 사이드로 나누어 골덴 톱 포인트(G.T.M.P)에 포니테일 한다.

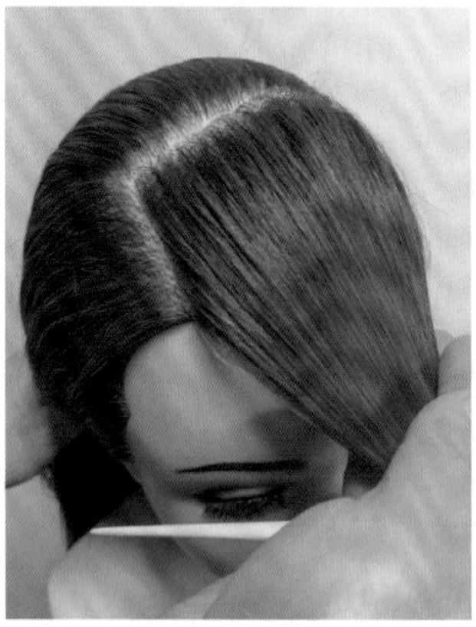
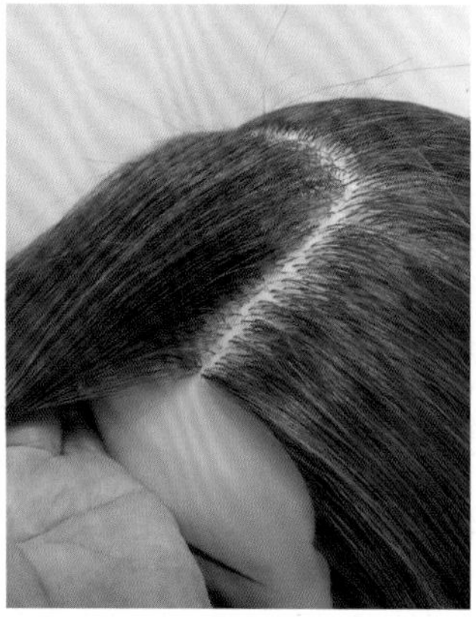
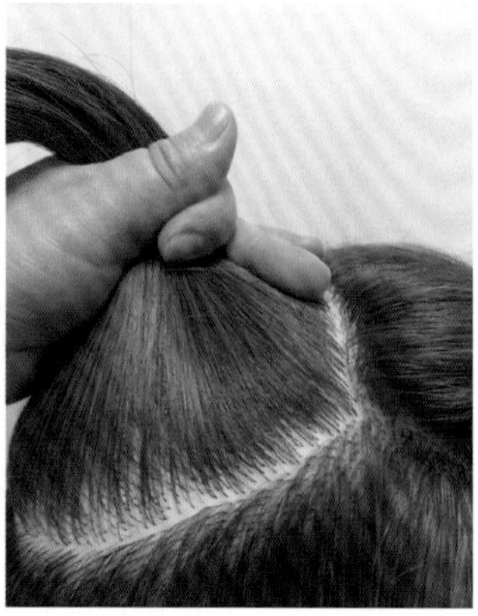

3 포니테일 하는 방법은 엄지손가락에 고무줄을 걸고 시계방향으로 2번 정도 돌려 핀에 걸어 고정한다.

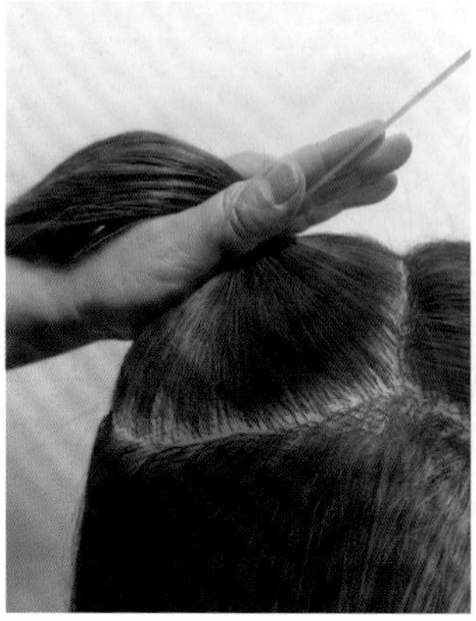
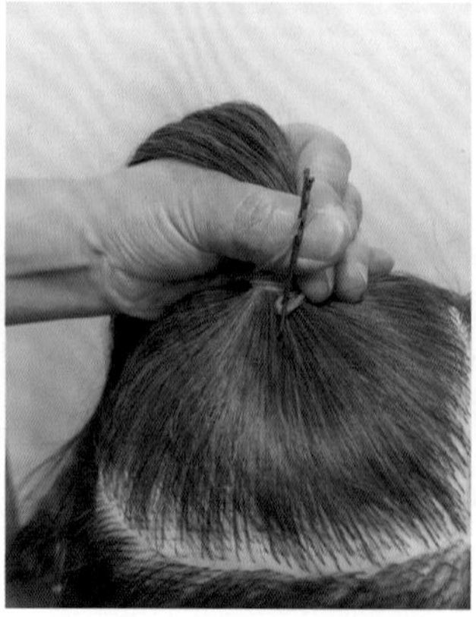
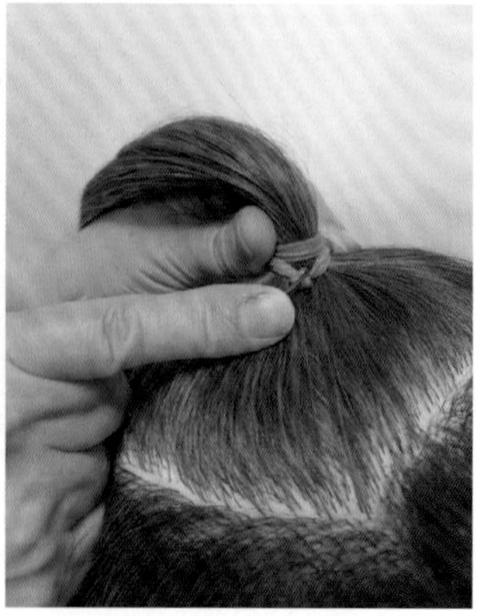

4 묶어진 모발 다발은 토대를 위해 백콤을 넣어 준다. 백콤의 결처리를 다듬고 실망을 씌워준다.

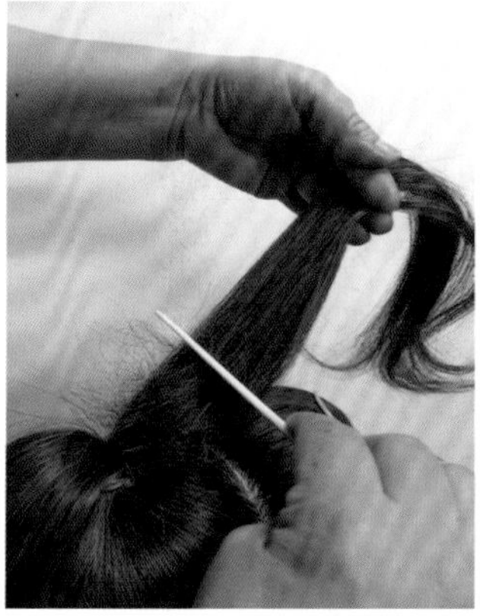
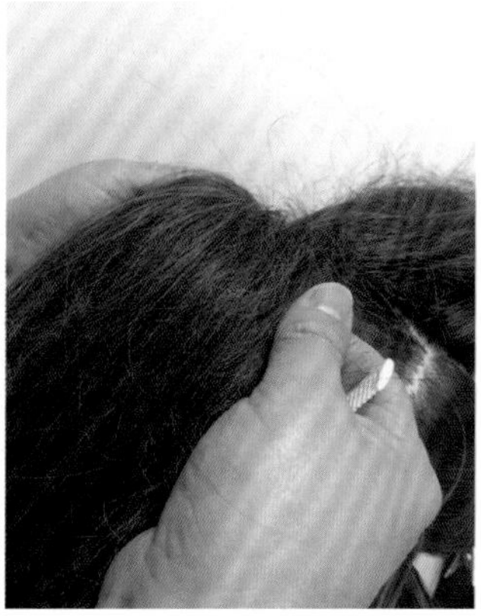
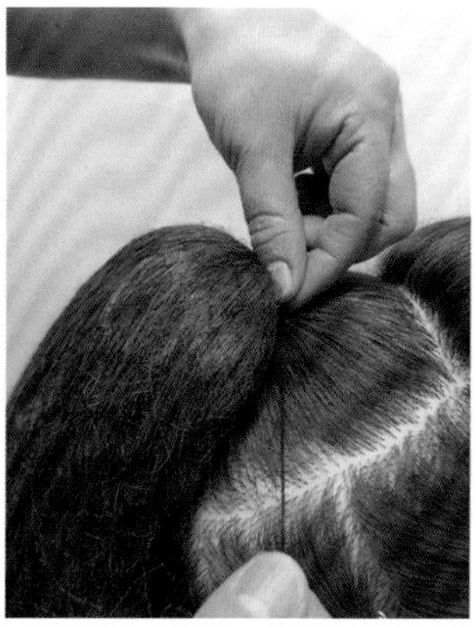

5 실망에 씌운 모발 다발은 토대의 면을 고르게 잘 정리한다. 토대는 시계방향으로 돌려 면의 넓이와 높이를 조절하여 토대를 고정한다.

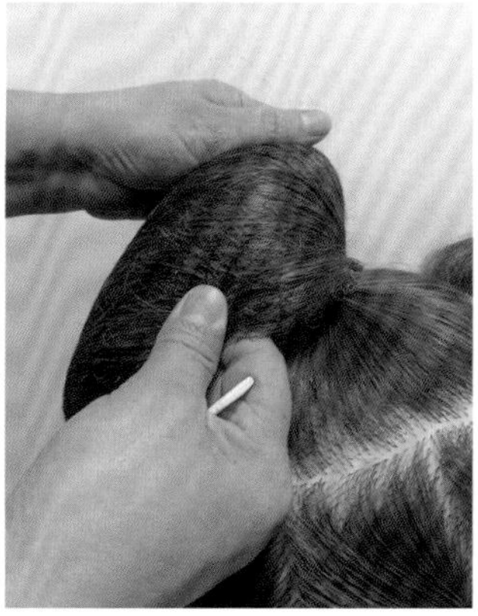
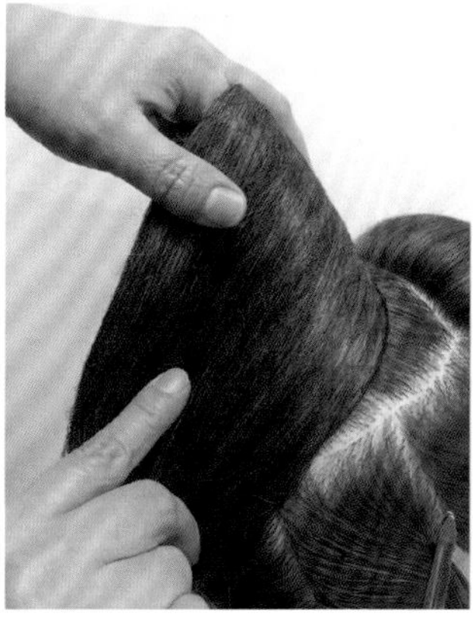
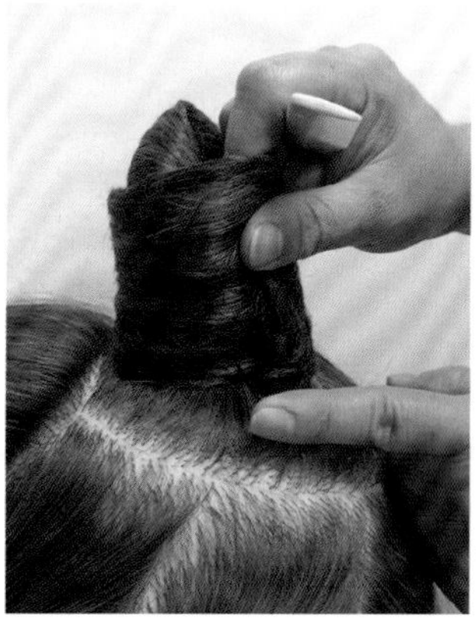

6 볼륨의 형성을 위해 백콤을 넣어 주고 돈모 브러시로 면을 가볍게 정리한 다음, 샤인 스프레이를 뿌려 매끈하게 모발 결을 정리한다.

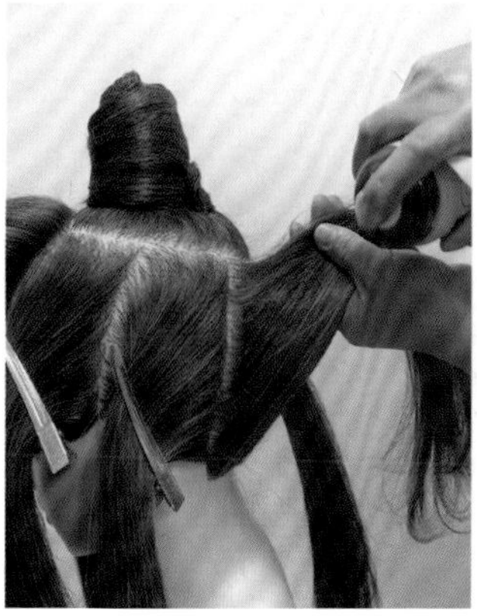

7 오버랩을 위해 토대 위로 빗어 올려 시계 반대 방향으로 감싸 돌려준다. 토대를 감싼 모발은 임시 고정하고 유핀, 실핀, 대핀 등으로 고정한다.

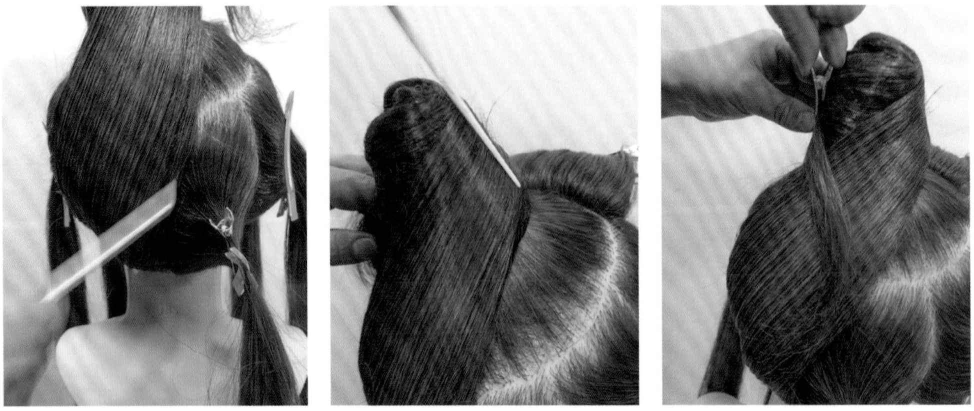

8 후두부의 네이프 센터 부분은 볼륨 형성을 위해 백콤을 넣어 준다. 백콤된 부분 고른 볼륨을 위해 면을 잘 펴준다.

9 백콤된 면을 돈모 브러시로 가볍게 빗겨준 후 샤인 스프레이를 뿌려 매끈하게 모발 결을 정리한다.

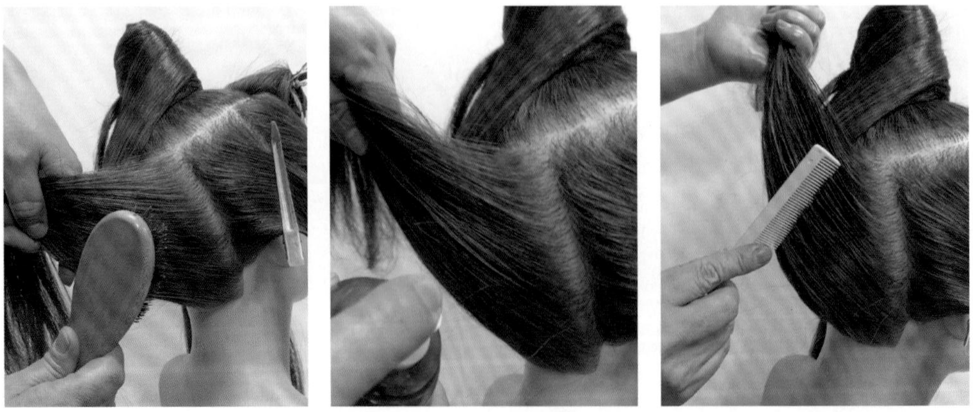

10 정리된 모다발은 오버랩을 위해 토대 위로 빗어 올려 시계 방향으로 돌려준다. 토대 위로 돌려진 모발은 핀으로 고정한다.

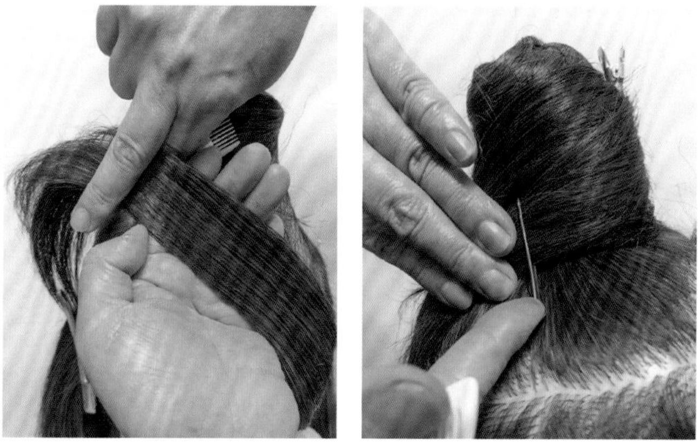

11 두 번째 패널은 볼륨을 주기 위해 백콤을 넣어준 다음, 고른 볼륨을 위해 면을 잘 펴주고 돈모 브러시로 가볍게 빗겨 준다.

12 샤인 스프레이를 뿌려 매끈하게 모발결을 정리한다. 곱게 빗겨진 머리 패널은 사선 구도로 토대를 감싸고 모발 끝자락은 후두부 사이드에 C컬로 장식하는 데 사용 한다.

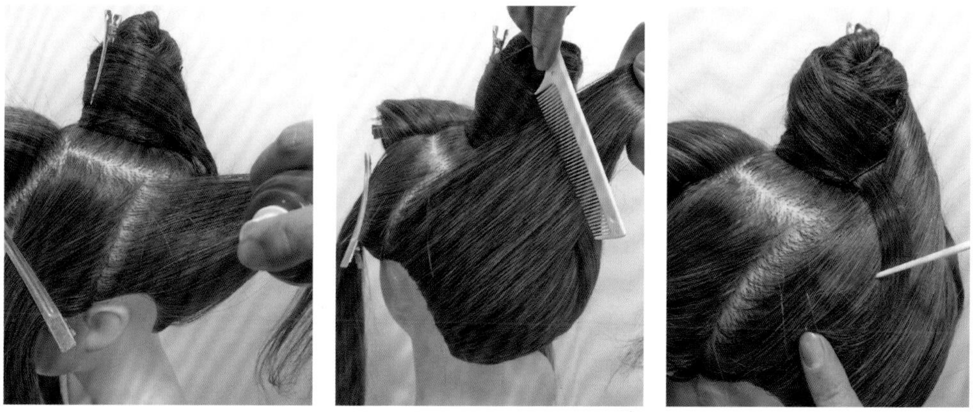

13 백콤을 넣어 주고 면을 잘 펴주고 돈모 브러시로 가볍게 빗겨준다. 오버랩을 위해 토대 위로 빗겨 올려 시계방향으로 돌려준다. 토대를 감싼 모발은 임시 고정하고 끝자락은 빗질로 웨이브 모양을 만들어 준다.

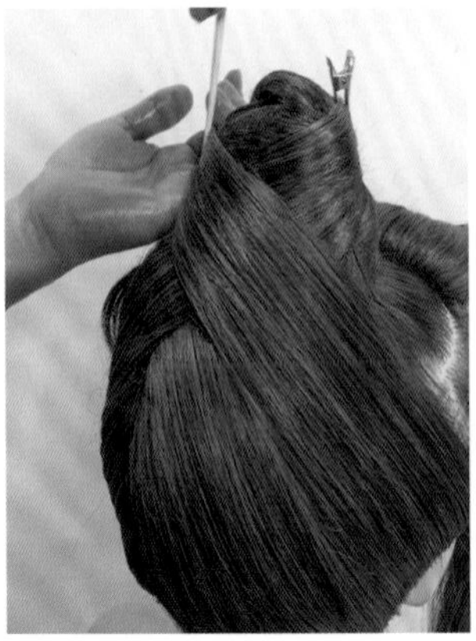
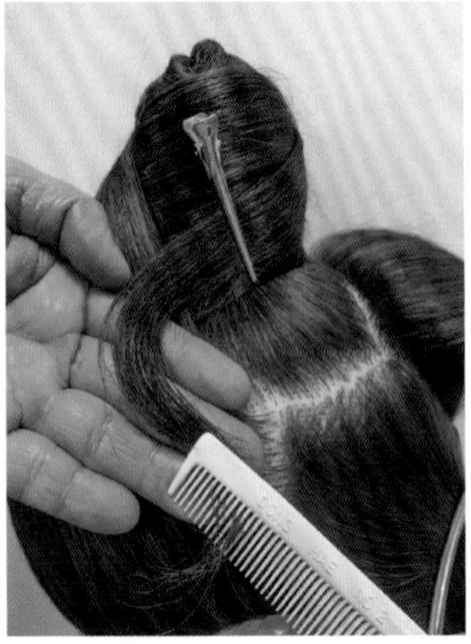

14 헤어라인의 1mm 정도 분리해 놓고 볼륨을 위해 백콤을 넣어 준다. 볼륨의 높이를 잘 조절하여 매끈하게 빗질한 후 시계 반대 방향으로 돌려 토대의 왼쪽에 정착시켜 고정한다.

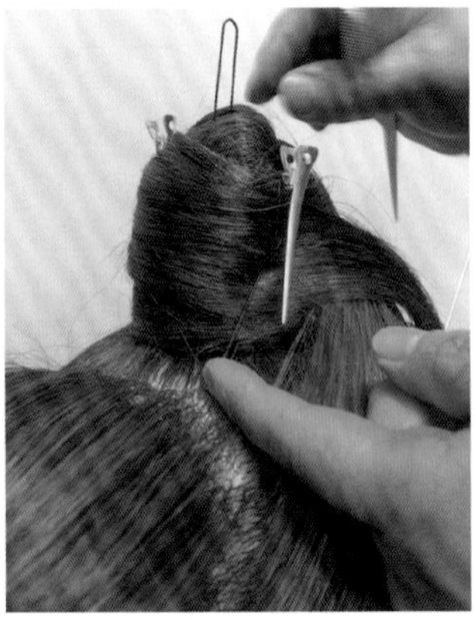

15 동일하게 시술한다. 가볍게 빗겨준 모발은 샤인 스프레이를 뿌려 매끈하게 모발 결를 정리한다.

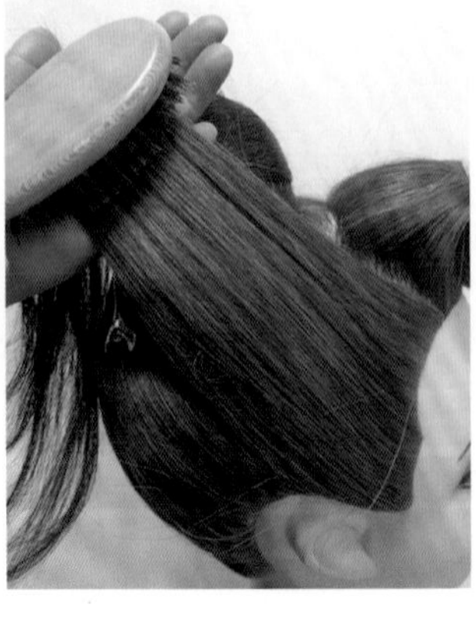

16 패널은 오버랩을 위해 사선 구도로 빗어 시계방향으로 돌려 토대의 오른쪽에 정착시켜 고정한다. 남은 끝자락은 매끈한 빗질로 S컬을 후두부에 장식한다.

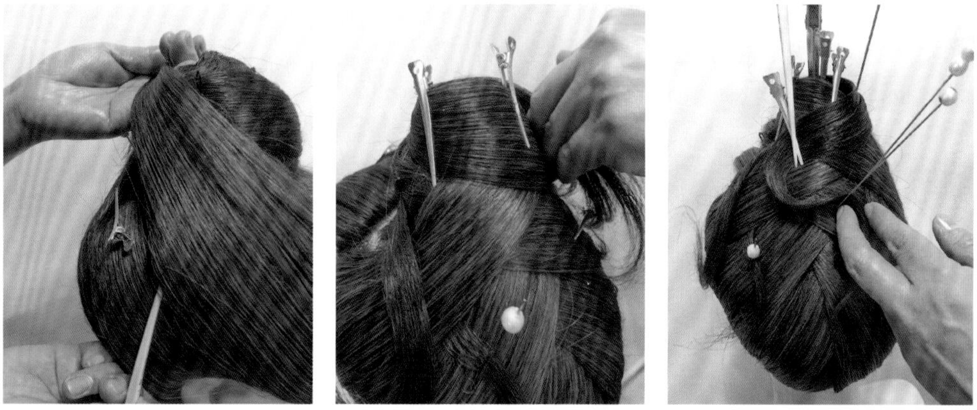

17 전두부는 3개 패널로 나눈다. 첫 번째 패널은 모발 결을 매끄럽게 빗질한 다음, 왼손 검지와 중지 손가락에 걸고 3번 이상 돌려 꼬아 골덴 톱(G.T.P)에 고정한다.

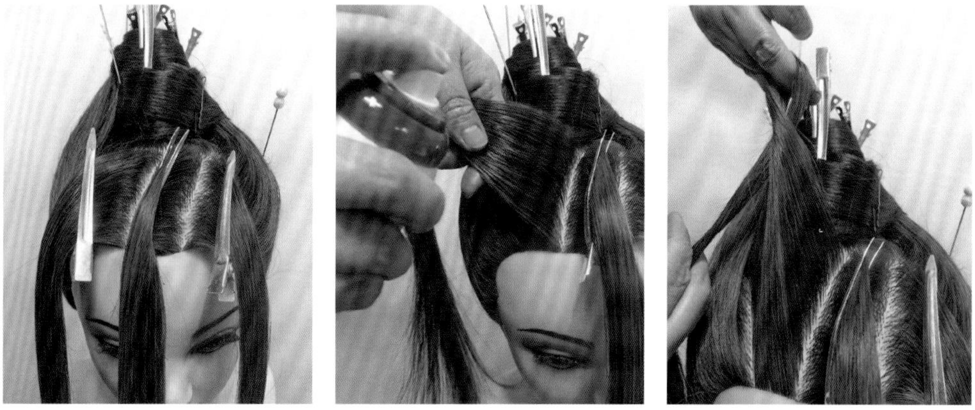

18 두 번째 패널도 모발 결을 매끈하게 빗질을 한다. 왼손 중지와 약지에 걸고 3번 이상 돌려 꼬아 준다. 꼬아 준 모발은 토대 톱 부분(T.P)에 정착시켜 고정한다.

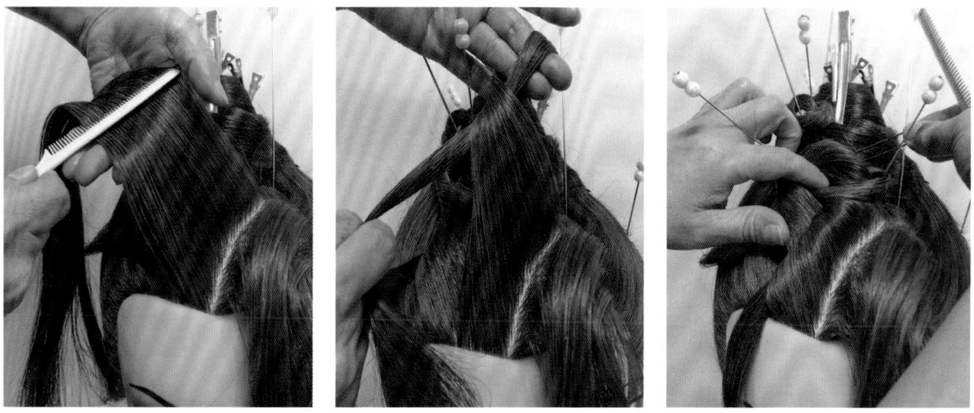

19 세 번째 패널은 사이가 벌어지지 않도록 꼬아 준다. 꼬아 준 모발은 토대 좌측 사이드에 고정시켜 준다. 꼬아 준 모발 면에 볼륨을 체크하고 임시 고정한다.

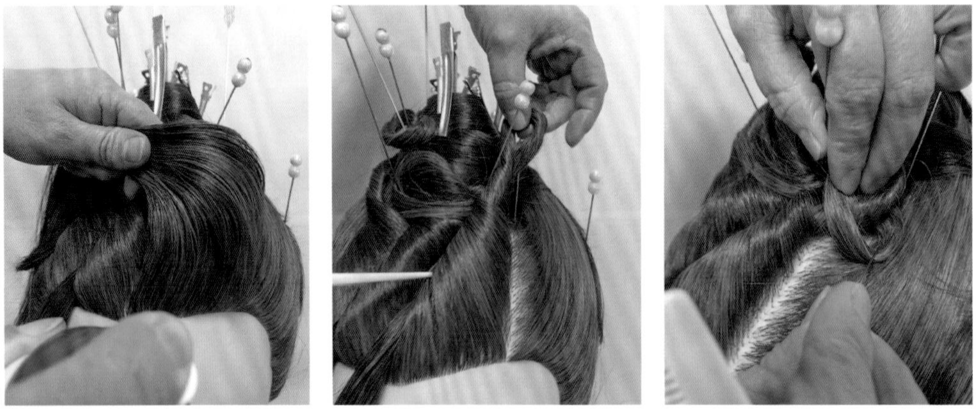

20 모발 끝자락은 매끈하게 빗질하여 C컬로 마무리한다. 마지막 면을 정리하여 C컬과 S컬로 정착시켜 고정한다.

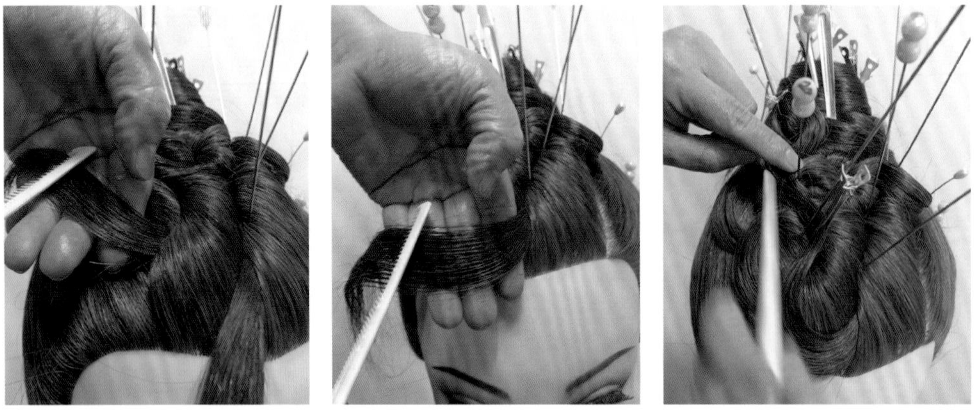

21 작품 전체 볼륨과 균형을 체크한 다음, 고정 스프레이를 뿌려 주고 마무리한다.

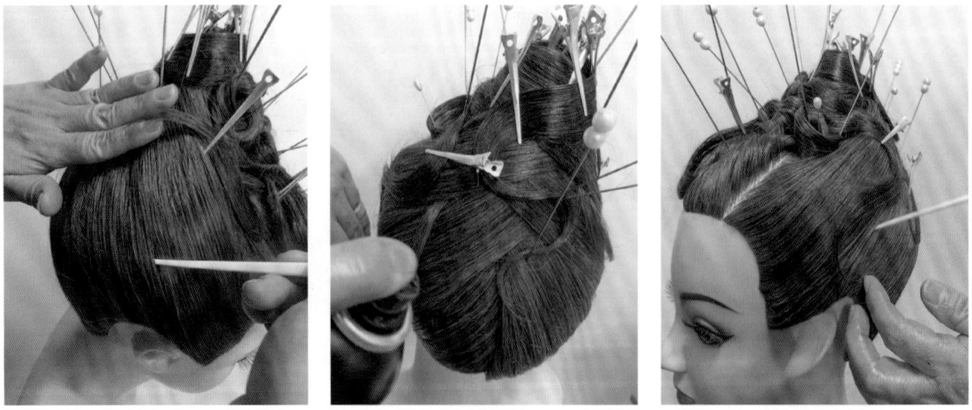

22 완성 상태이다.

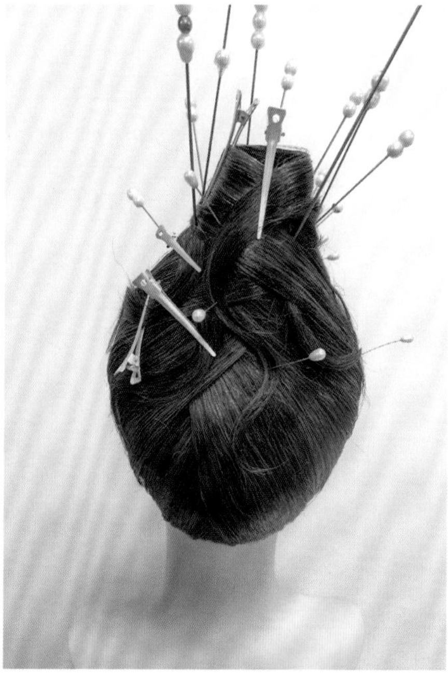

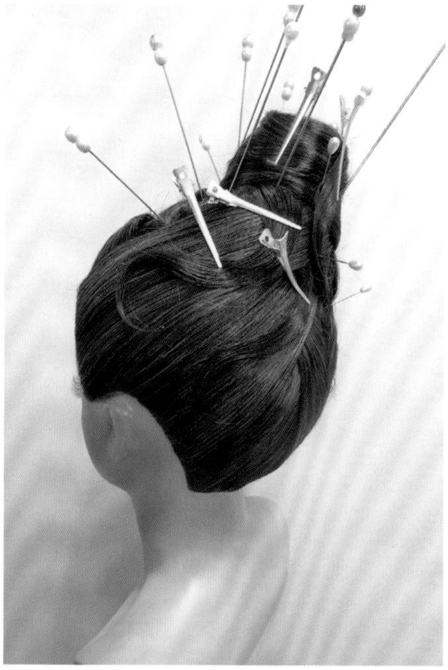

매듭 응용

학습 내용	매듭 응용(Knot-Up)
수업 목표	• 업스타일의 매듭 응용 테크닉을 할 수 있다. • 업스타일을 위한 사전 드라이를 할 수 있다. • 하위양감 다운 스타일을 디자인할 수 있다.

1. 준비하기

2. 시술하기

1 프론트의 좌, 우측 눈썹 2/3 지점에서 섹셔닝한다. 전두부의 좌측 사이드에서 후두부 사이드까지 패널 3개, 우측 사이드에서 후두부 사이드까지 패널 4개를 나눈다. 후두부는 포니테일을 한다.

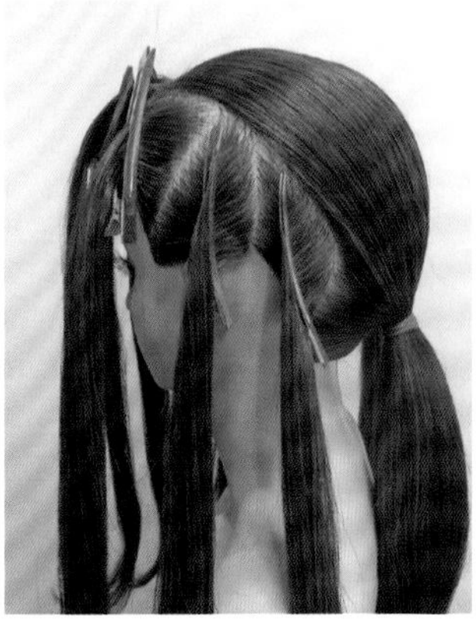

2 전두부의 톱 포인트(T.P) 지점 1mm 정도를 양쪽 사이드까지 파팅을 분리하여 놓는다. 양쪽 사이드는 1mm로 나눈 파팅을 백콤을 넣을 때 흐트러지지 않도록 잘 분리해 놓는다.

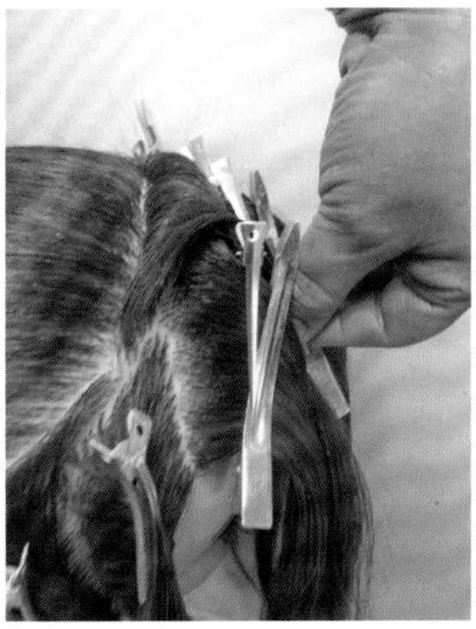
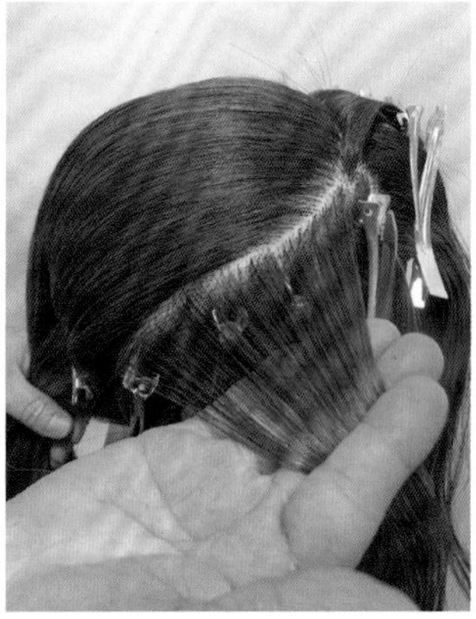

3 뿌리 부분의 단단한 볼륨을 위해 좀 더 깊숙한 백콤을 넣어 준다. 고른 볼륨을 위해 지그재그 섹션으로 한다. 균일한 볼륨을 위해 손가락으로 잘 펴주고 빗으로 정리한다.

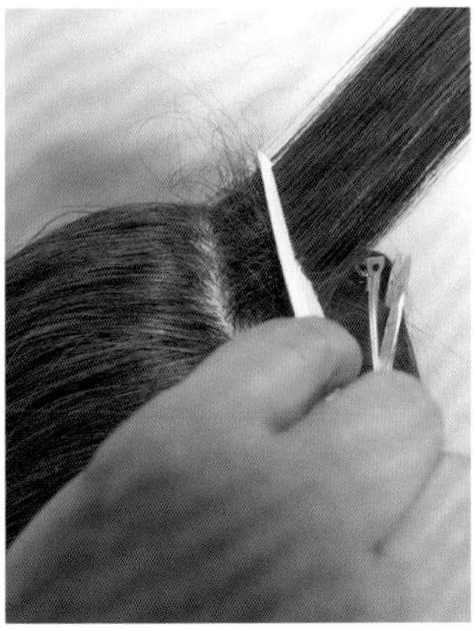
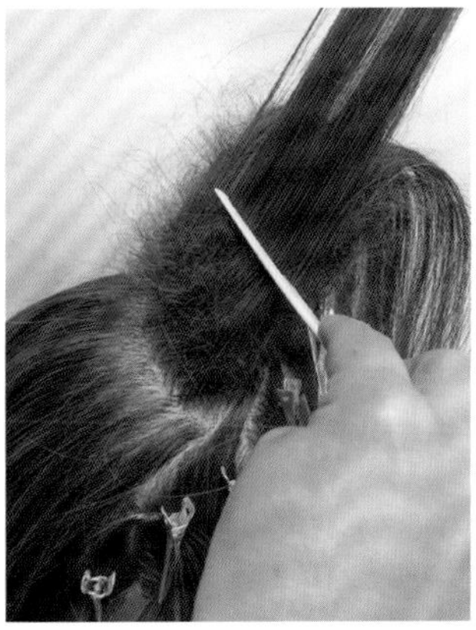
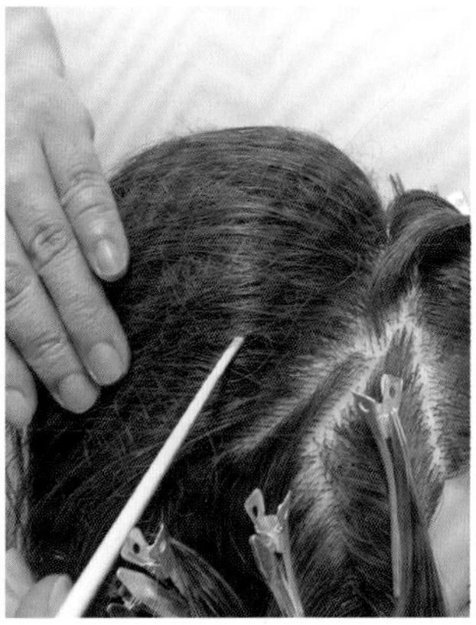

4 백콤을 잘 정리한 다음, 1mm의 모발은 매끈한 모발 결을 위해 백콤된 부분을 덮어 준다. 매끈한 모발 결을 위해 돈모 브러시로 좌, 우 가볍게 빗질을 한다.

5 정리된 모발은 임시 고정하고 잔머리는 샤인 스프레이를 뿌려 정착시켜 준다.

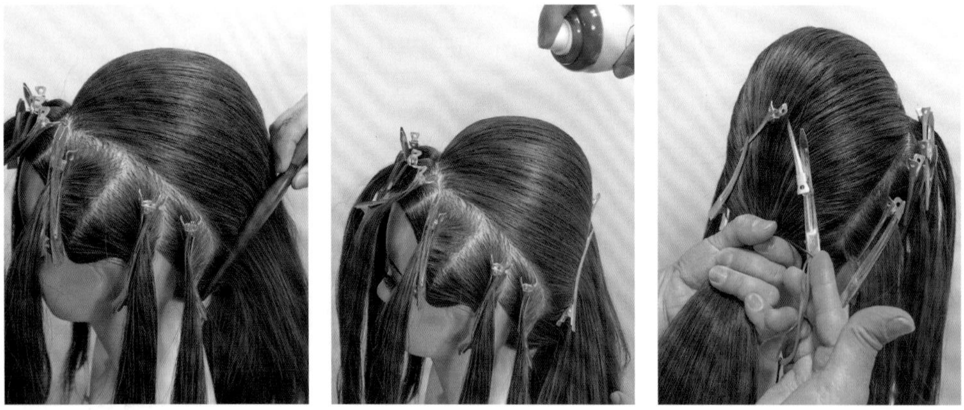

6 후두부의 포니테일은 실핀에 고무줄을 끼워 시계방향으로 2번 이상 돌려 고정한다. 포니테일 한 부분 맨 아래 부분은 슬라이스하여 포니테일 한 부분을 감싸고 고정해 준다.

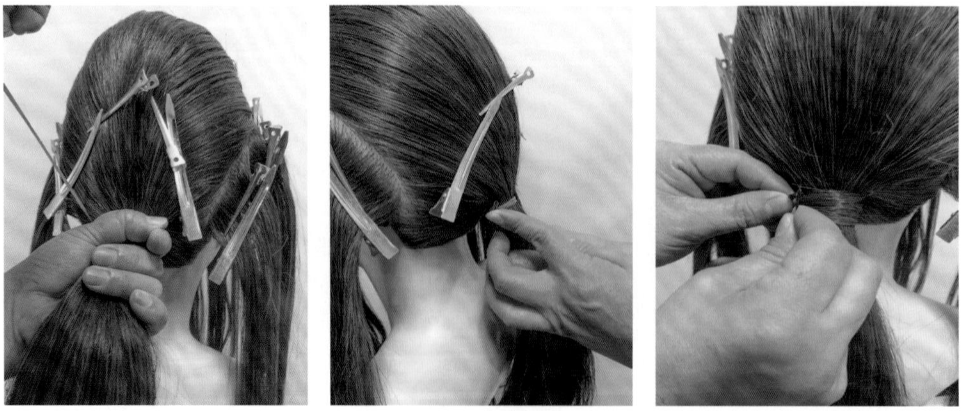

7 첫 번째 패널은 시계 반대 방향으로 묶음 모양이 되도록 매듭한다. 두 번째 패널은 첫 번째 패널 끝부분과 합쳐 시계 반대 방향으로 묶음 모양이 되도록 연결하여 매듭한다.

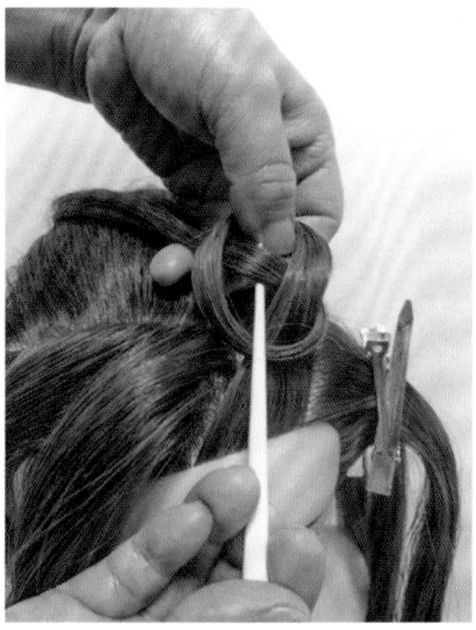

8 다음 패널도 첫 번째 패널과 두 번째 패널의 동일한 방법으로 묶음 모양이 되도록 매듭하고 임시 고정하여 매듭한 다음 뒷부분에 고정하면서 진행한다.

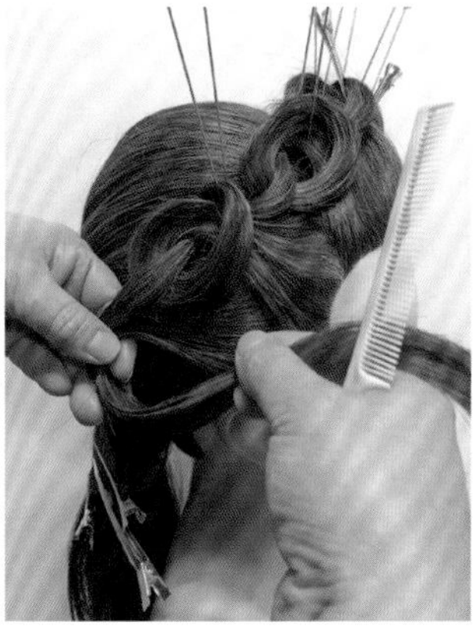

9 반대편과 동일하게 시술한다. 패널 끝부분과 합쳐 시계 반대 방향으로 묶음 모양이 되도록 매듭한다. 남은 끝자락도 시계 반대 방향으로 끝까지 매듭한다.

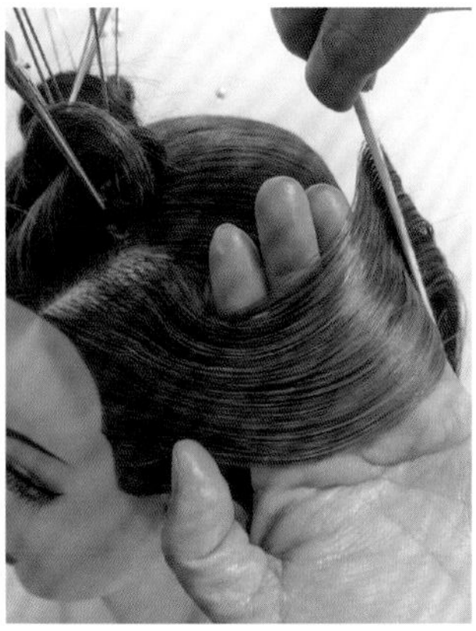

10 전두부는 매듭을 임시로 고정해 놓은 뒷부분에 유핀으로 고정을 한다.

11 포니테일을 패널 6개 나눈다. 첫 번째 패널부터 빗질하여 시계 반대 방향으로 돌려 고리 모양으로 매듭 한다. 고리 모양의 매듭은 작은 핀셋으로 임시 고정해 준다.

12 동일하게 시술한다. 임시 고정한 매듭은 유핀으로 고정하면서 진행한다.

13 네이프의 좌측 첫 번째 패널은 빗질하여 시계 반대 방향으로 돌려 고리 모양으로 매듭한다.

14 임시 고정한 매듭은 유핀으로 고정하고 좌·우측에 남은 패널은 시계 반대 방향으로 돌려 고리 모양의 매듭으로 고정한다.

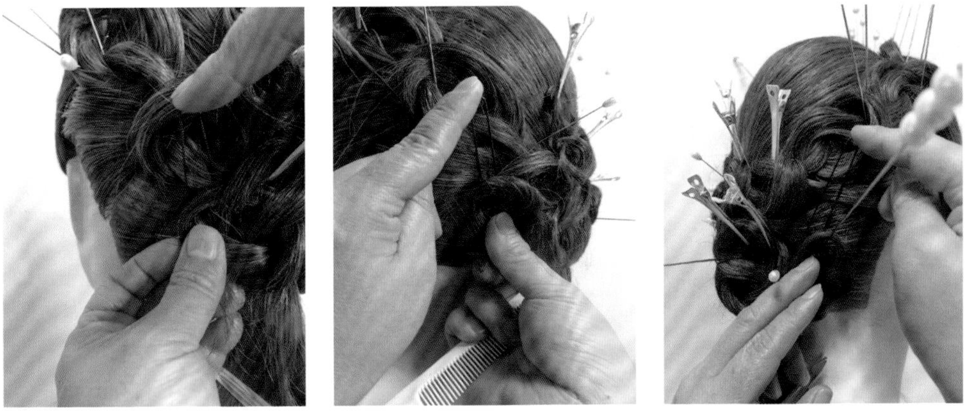

15 완성 상태

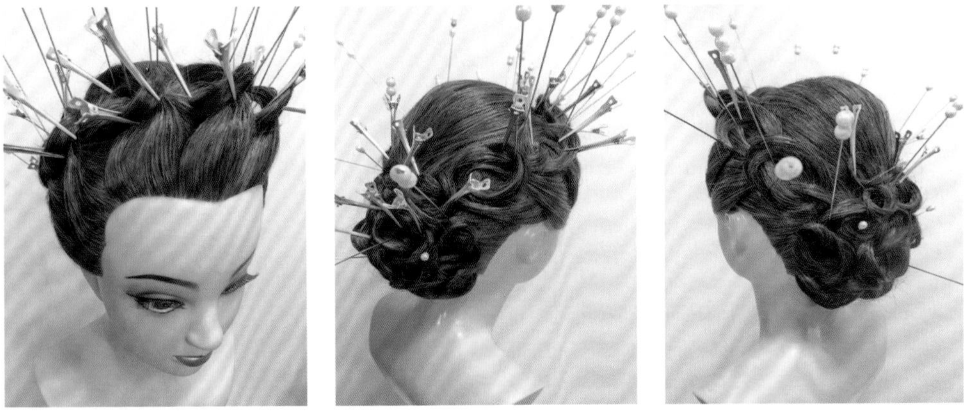

CREATIVE HAIR DESIGN
04

장미꽃 땋기 스타일

땋기 & 겹고리 응용

학습 내용	장미꽃 땋기 스타일 (땋기 & 겹고리 응용)
수업 목표	• 업스타일의 땋기 & 고리 응용 테크닉을 시술할 수 있다. • 고객의 특성과 상황을 고려하며 하위양감 스타일을 디자인할 수 있다. • 고리 모양과 땋기를 응용한 장미꽃 모양을 할 수 있다.

1. 준비하기

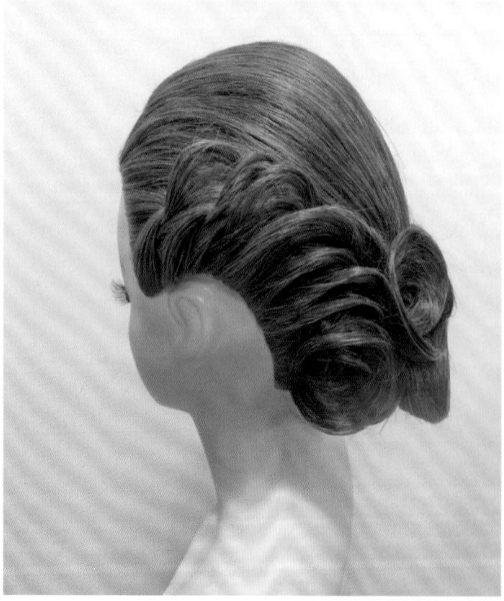

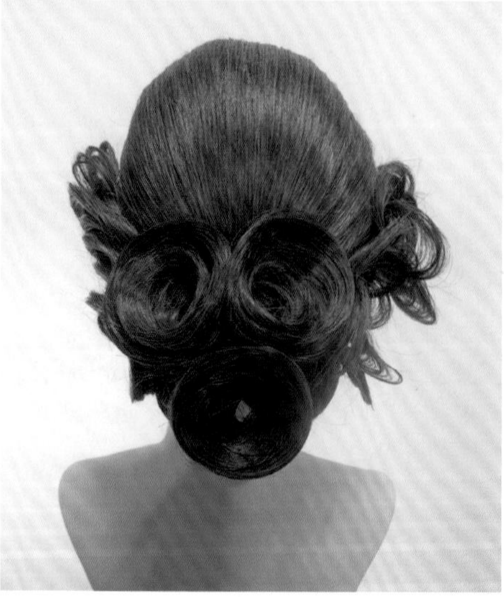

2. 시술하기

1 전두부의 양 사이드을 제외하고 후두부 백네이프 미디엄 포인트(B.N.M.P)에 포니테일 한다. 양 사이드의 3~4cm를 후두부 사이드에서 백 네이프 지점까지 섹셔닝 한다.

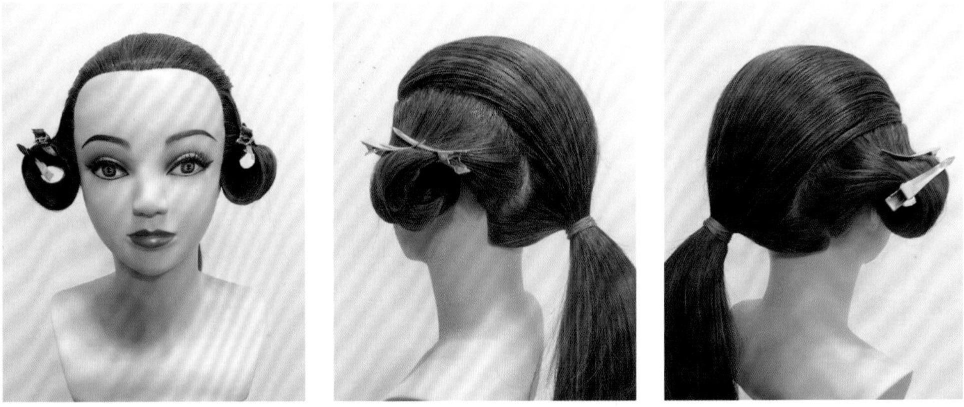

2 헤어라인의 0.1mm 정도를 분리하여 놓는다. 전두부에서 골덴 백 미디엄 포인트(G.B.M.P)까지 백콤을 넣어 준다. 백콤의 폭이 넓은 경우 지그재그 패턴으로 백콤을 넣어 준다.

3 볼륨의 균형을 위해 백콤 면을 고르게 펴준다. 백콤된 모발 결은 잘 빗어 백콤 높낮이를 조절한다.

4 1mm의 슬라이스는 백콤 된 부분을 덮어 주고 좌, 우로 매끈하게 빗질을 한다. 잔머리와 매끈한 결을 위해 샤인 스프레이를 뿌려준다.

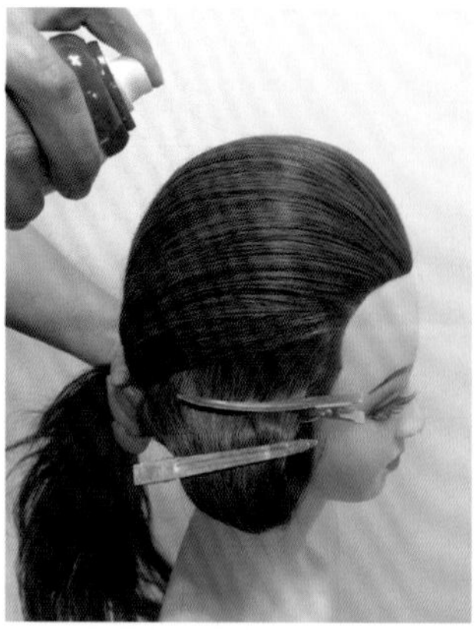

5 안정된 묶음을 위해 고무밴드에 실핀을 좌, 우로 끼워 한쪽 면에 고정한다. 왼손 엄지손가락은 고정하고 오른손은 고무밴드을 두 번 이상 돌려 고정한다.

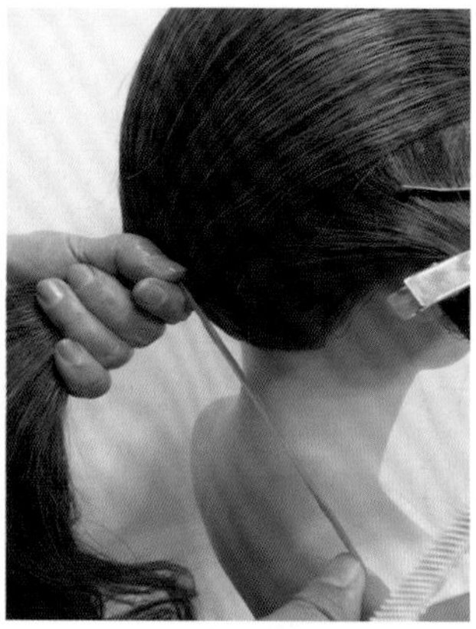
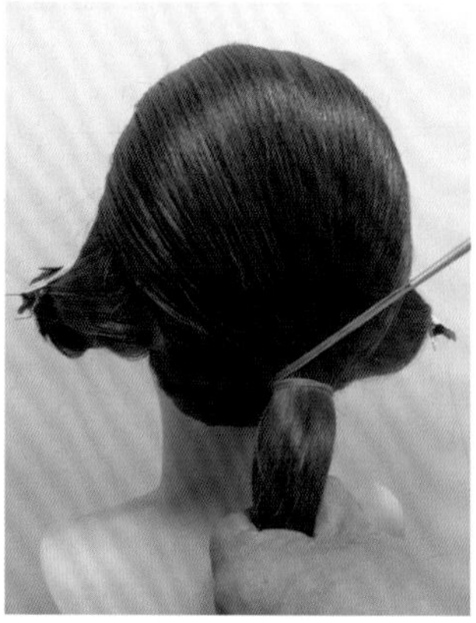

6 포니테일 한 부분 맨 아래를 슬라이스하여 고무밴드를 감싸준다. 감싸준 모발 끝부분은 실핀 끝에 돌려 고정한다.

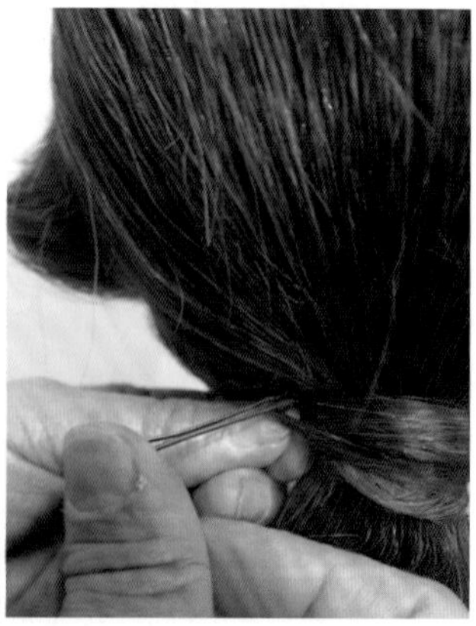

7 네이프의 포니테일 한 부분은 패널 5개로 나눈다. 첫 번째 패널은 샤인 스프레이를 뿌려 모발 결을 정리하여 시계 방향으로 빗질한다.

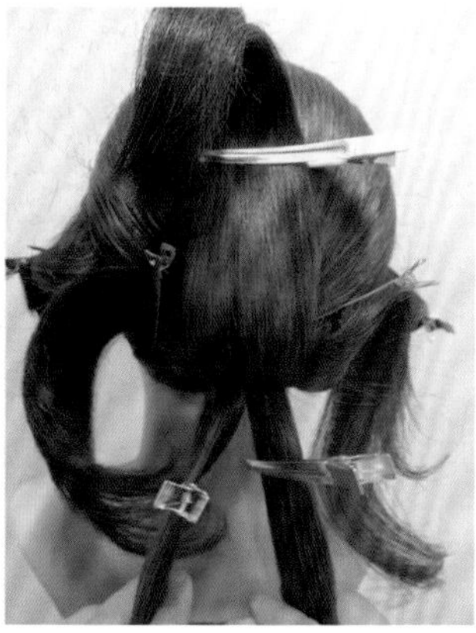
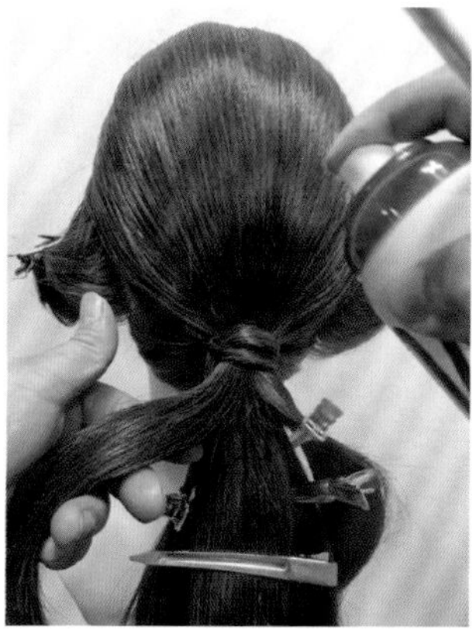

8 좌측 패널은 시계 방향으로 겹고리를 만든 다음, 임시로 고정하여 유핀으로 마무리한다.

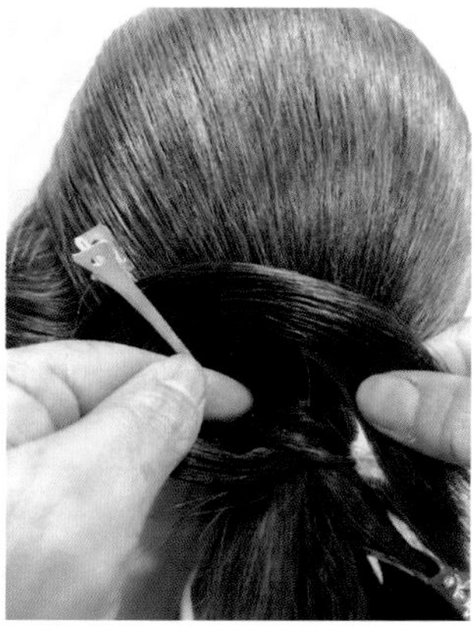

9 우측 패널은 시계 반대 방향으로 겹고리를 만들다. 시계 반대 방향의 겹고리는 임시 고정한 다음 마지막에 유핀으로 마무리한다.

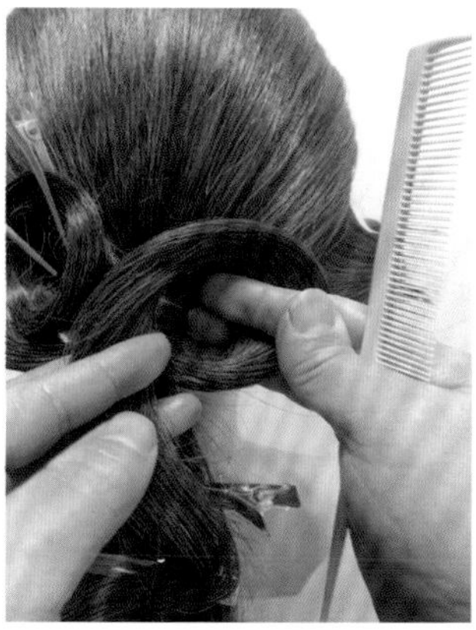

⑩ 네이프의 왼쪽 패널은 시계 방향으로 겹고리를 오른쪽 패널은 시계 반대 방향으로 겹고리를 만들어 임시 고정한 다음 마지막에 유핀으로 고정한다.

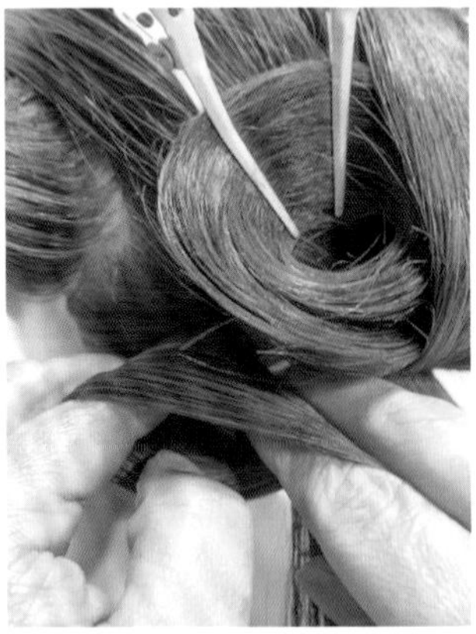

⑪ 네이프의 중심 패널은 시계 반대 방향의 겹고리를 만든 다음 유핀으로 고정한다. 안전한 고정력을 위해 잠시 핀셋으로 고정해 놓는다.

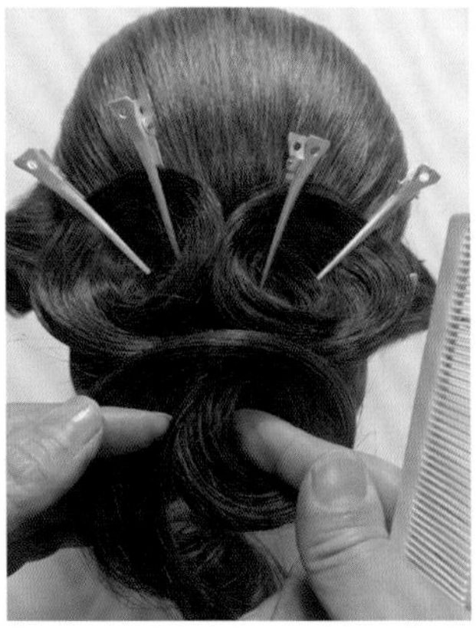
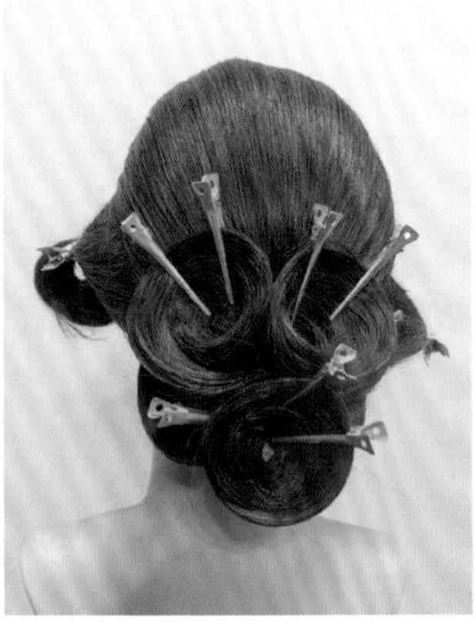

⑫ 세 가닥의 로프 편 땋기는 패널을 왼손 엄지, 검지, 중지 사이에 넣고 90° 회전하여 오른손 엄지, 검지, 중지로 교차하여 잡아 준다. 오른손으로 교차하여 패널은 중지와 약지 사이에 합쳐 다시 왼손으로 교차하여 준다.

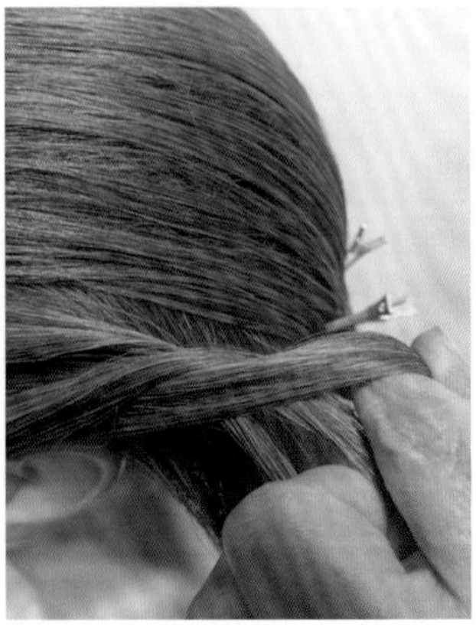

⑬ 교차된 패널은 중지와 약지 사이에 합쳐 오른손으로 교차하여 준다. 밧줄 모양으로 땋아준 패널은 레이스 모양을 빼준 다음 임시 고정해 준다.

⑭ 레이스 모양의 패널이 무너지지 않도록 지지대를 세워 핀셋으로 임시 고정한다. 모양을 유지하기 위해 샤인 스프레이를 뿌려 모발 결을 정리한다.

⑮ 세 가닥의 꽃 땋기를 위해 3등분으로 나눈다. 세 가닥 위로 땋기를 한다.

16 패널은 3단을 땋고 레이스 빼주면서 반복적으로 진행한다. 땋은 모발 끝 처리는 꼬리빗으로 백콤 처리하여 마무리하고 시계 방향을 돌려준다.

17 첫 번째 꽃 땋기는 이어 포인트(E.P)에 고정한다. 두 번째 패널도 동일하게 시술하여 끝처리는 백콤 처리하여 마무리하고 시계 방향으로 돌려준다.

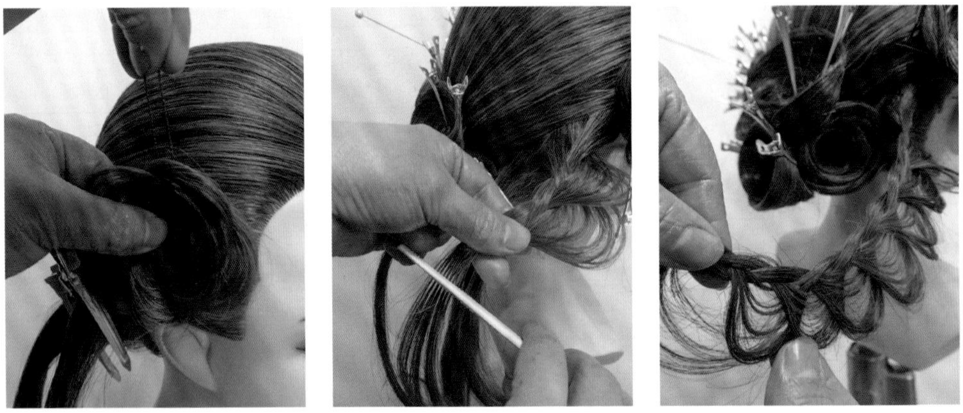

18 마지막 패널은 네이프 백사이드에 고정하고 꽃 모양이 안전하게 핀으로 고정하여 마무리한다.

쇠사슬 땋기 응용

네 가닥 땋기

학습 내용	쇠사슬 땋기 응용 (네 가닥 땋기)
수업 목표	• 업스타일을 위한 사전 드라이를 할 수 있다. • 내추럴한 다운 스타일로 하위양감을 연출할 수 있다. • 쇠사슬 땋기 테크닉을 할 수 있다.

1. 준비하기

2. 시술하기

1 이어 투 이어 포인트(E.P~to~E.P)로 섹셔닝한 다음, 후두부는 네이프에 포니테일 한다. 전두부는 3등분으로 패널을 나눈다.

2 후두부는 정중선에서 빗질을 시작하여 좌, 우로 빗질한 다음, 네이프까지 매끈하게 빗질한다.

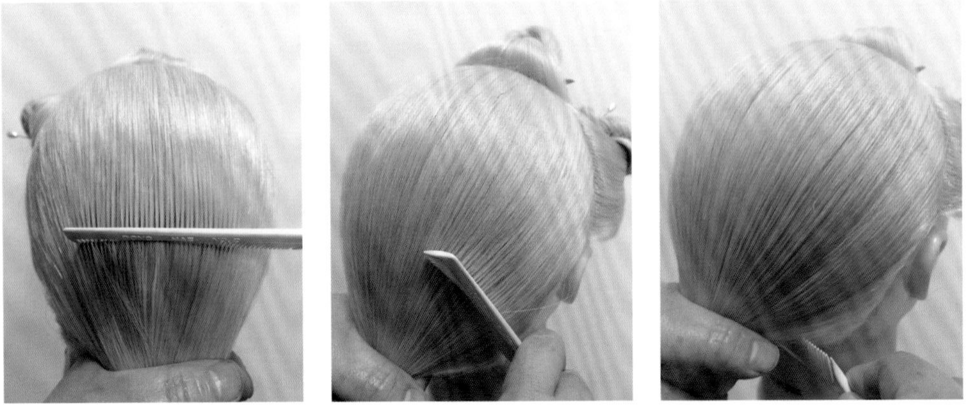

3 네이프는 포니테일를 하기 위해 고무밴드에 실핀을 걸고 왼손 엄지손가락으로 고정한 다음, 오른손은 시계 반대 방향으로 돌려 고정한다.

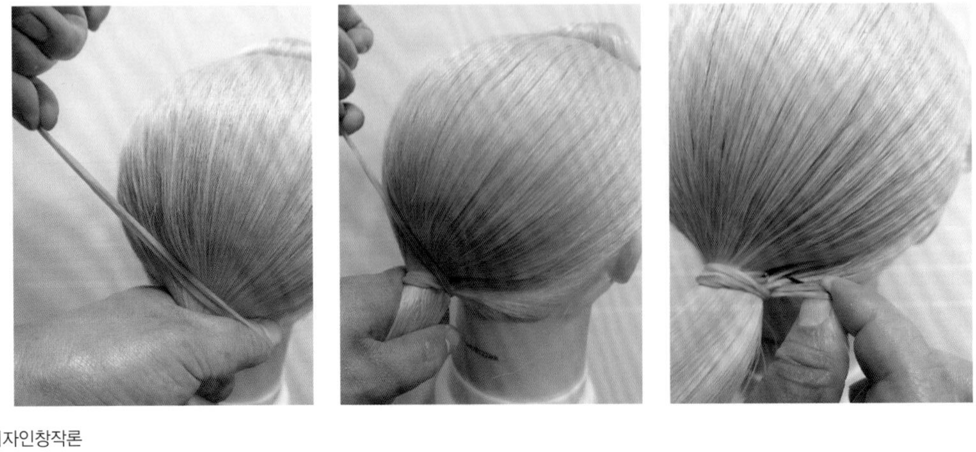

4 전두부는 쇠사슬 모양을 땋기 위해 네 가닥으로 나눈다. 세 가닥 위로 땋기를 시작한다. 세 가닥 땋기한 가운데 가닥은 아래로 분리시켜 놓는다.

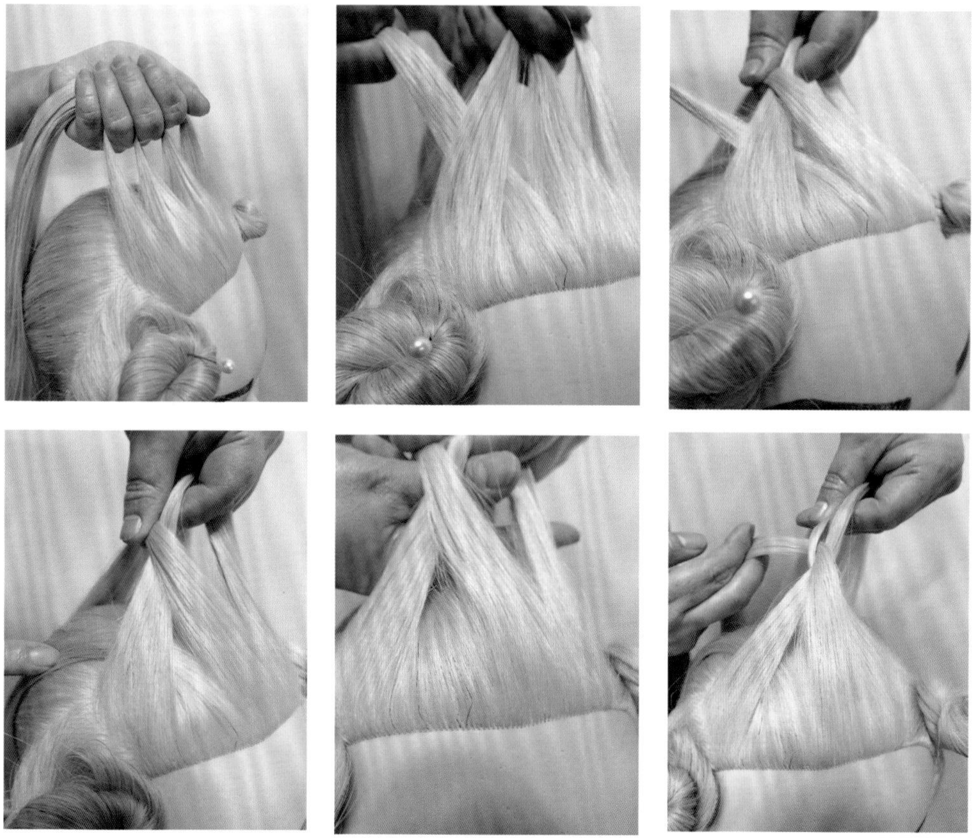

5 분리시켜 놓은 가닥은 왼손 아래로 네 번째 가닥을 집어 위로 땋기 하고 왼손 가닥 중 맨 아래 가닥을 분리하고 첫 번째 분리해 놓은 가닥을 오른손 아래로 집어 위로 올려 땋아 준다.

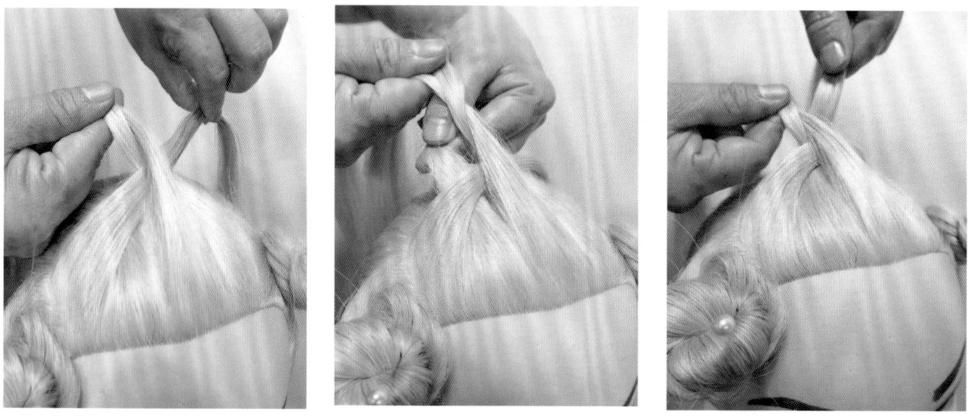

6 오른손 아래로 집어 위로 올려 땋 아주고 오른손 가닥 중 맨 아래 가닥을 분리하고 두 번째 분리해 놓은 가닥을 왼손 아래로 집어 위로 올려 땋아 준다.

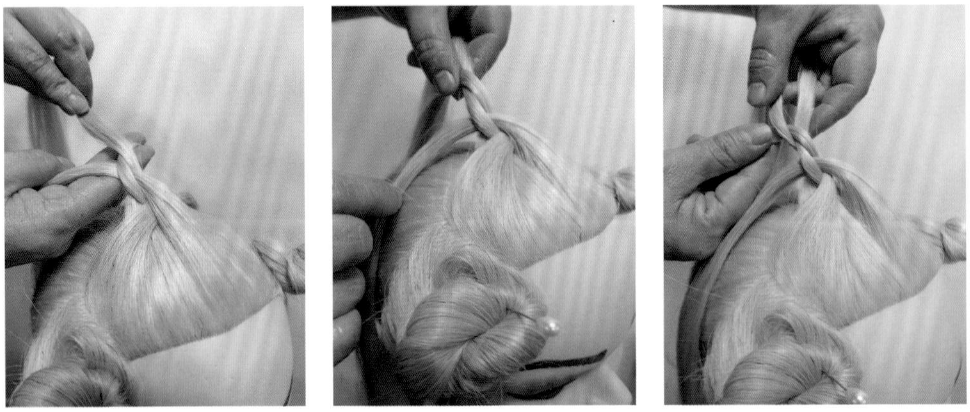

7 위와 동일하게 진행한다. 쇠사슬 모양이 2개 이상 되면 레이스를 좌, 우로 느슨하게 빼주면서 진행한다.

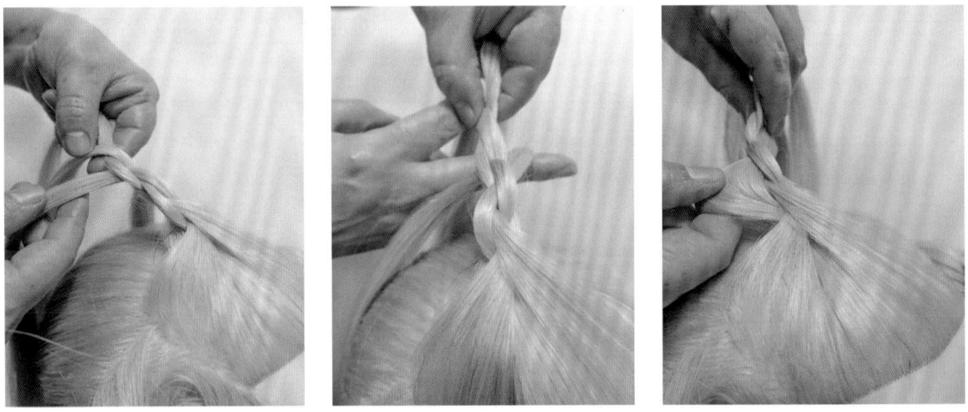

8 빼준 레이스는 임시 고정을 하고 남은 모발 결을 정리해 준다. 위와 동일하게 반복적으로 진행하면서 레이스가 흐트러지지 않도록 임시 고정을 한다.

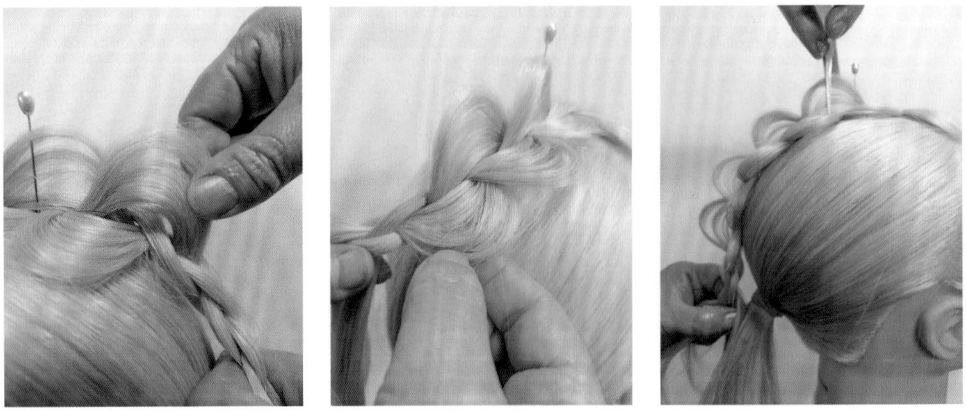

9 끝 처리는 네이프 포니테일에 돌려 실핀에 걸어 마무리한다.

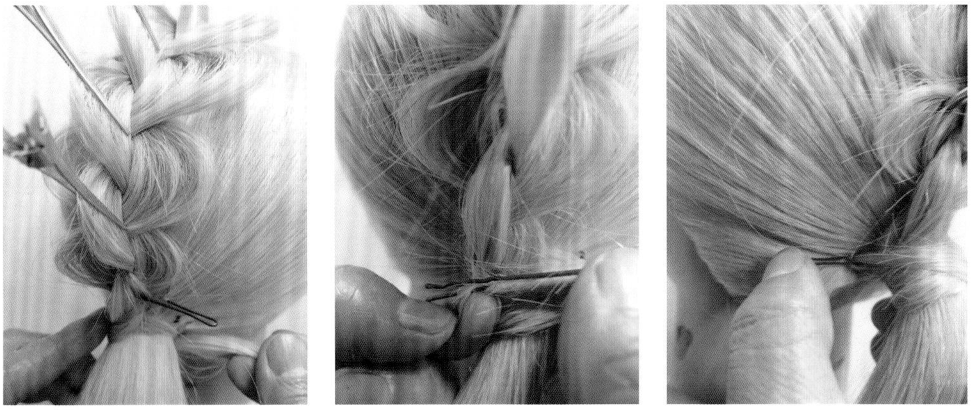

10 사이드는 네 가닥으로 나눈다. 세 가닥 위로 땋기를 시작하여 가운데 가닥을 분리하고 왼손 아래로 네 번째 가닥을 위로 올려 땋아주며 같은 방법으로 시술한다.

11 분리한 가닥을 오른손 아래로 올려 땋아 주고 레이스를 좌, 우 느슨하게 빼주고 센터를 빼준다. 레이스를 임시 고정하고 끝 처리는 네이프 포니테일에 고정한다.

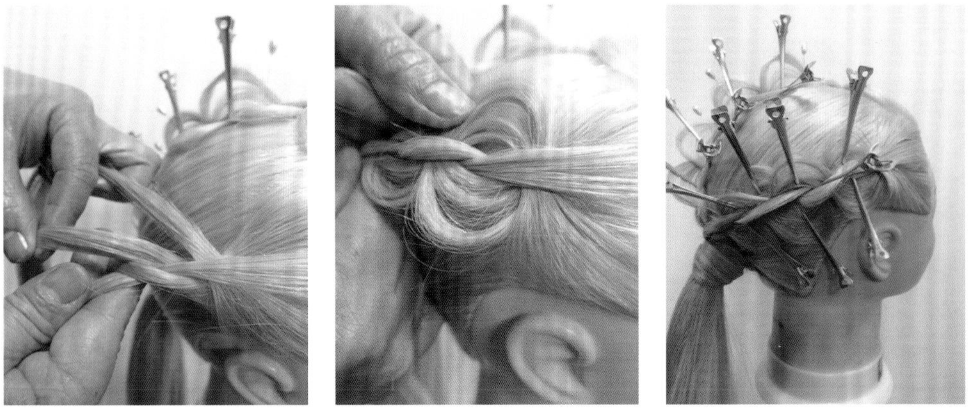

12 동일한 방법으로 진행한다.

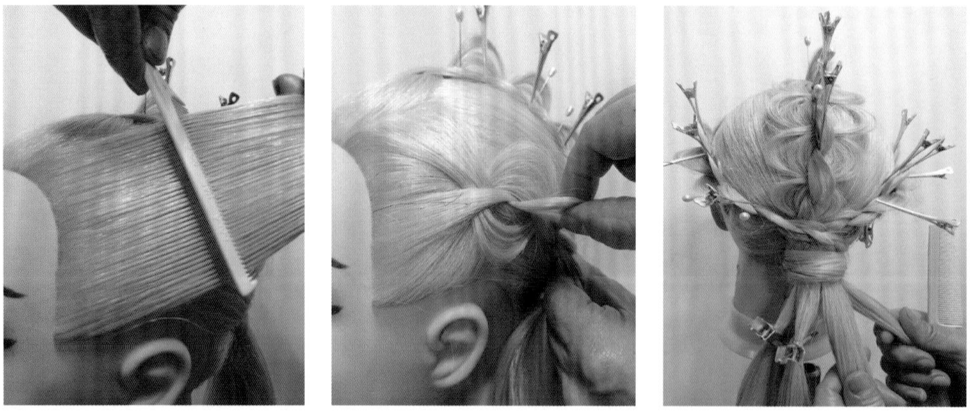

13 네이프는 포니테일을 4개의 패널로 나눈다. 첫 번째 패널은 위의 시술 방법과 동일하게 시술한다.

14 쇠사슬 모양이 두개 이상이 되면 좌, 우 레이스를 느슨하게 빼주고 센터 레이스를 빼준다. 반복적인으로 진행하고 레이스를 정리한 다음, 끝 처리는 스크런치 백콤으로 마무리한다.

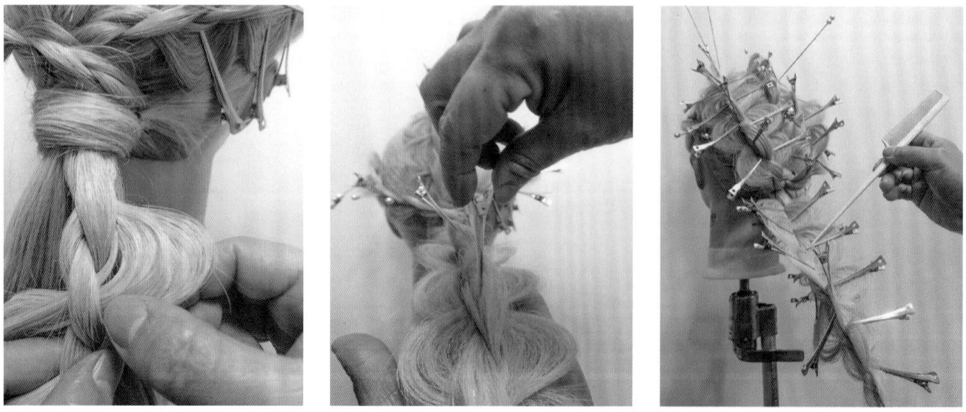

15 쇠사슬 모양의 4개를 만들어 준다. 첫 번째 패널은 우측 방향으로 고정하고 좌측 방향에 마무리 고정한다.

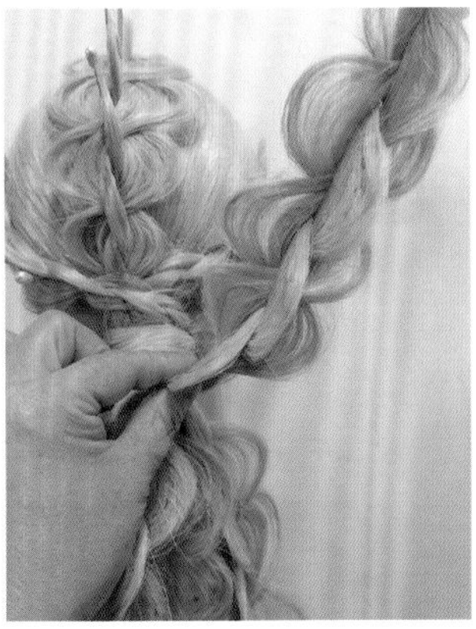

16 세 번째 패널은 우측 방향으로 고정하고 좌측 방향에 마무리 고정한다. 좌·우의 균형을 체크하며 안정되게 고정한다. 레이스가 흐트러지지 않도록 고정 스프레이로 마무리한다.

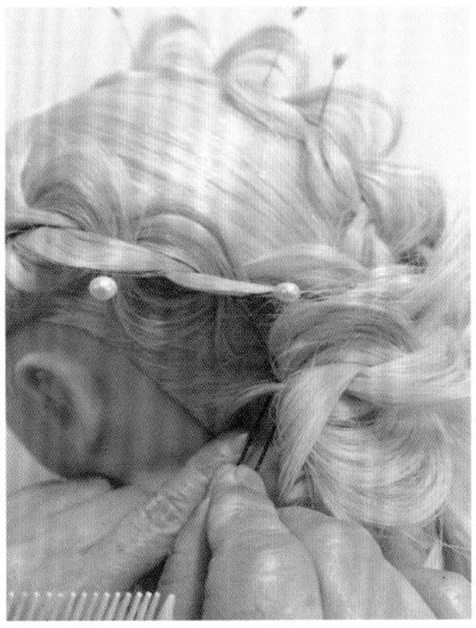

소라 & 롤 응용

학습 내용	소라 & 롤 응용(Asymmetric & Roll)
수업 목표	• 업스타일을 위한 사전 드라이를 할 수 있다. • 수평 롤의 상위양감 스타일을 연출할 수 있다. • 소라 모양의 응용 테크닉을 할 수 있다.

1. 준비하기

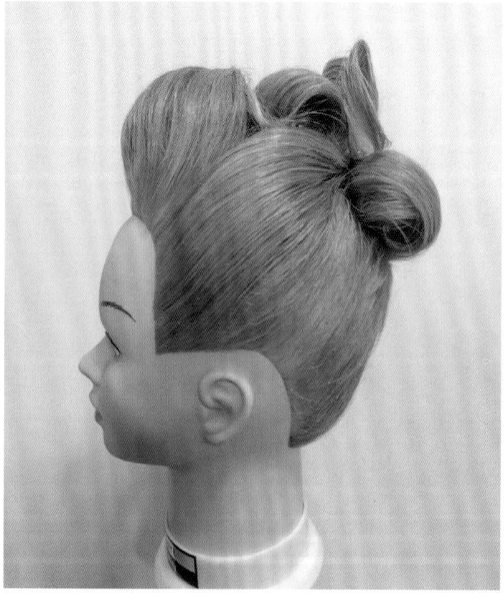

2. 시술하기

1 전두부의 패널을 3등분으로 나눈다. 전두부는 이어 투 이어 포인트(E.P~to~E.P)를 나눈 다음, 후두부는 골덴 포인트(G.P)와 골덴 백 미디엄 포인트(G.B.M.P)에 포니테일을 한다.

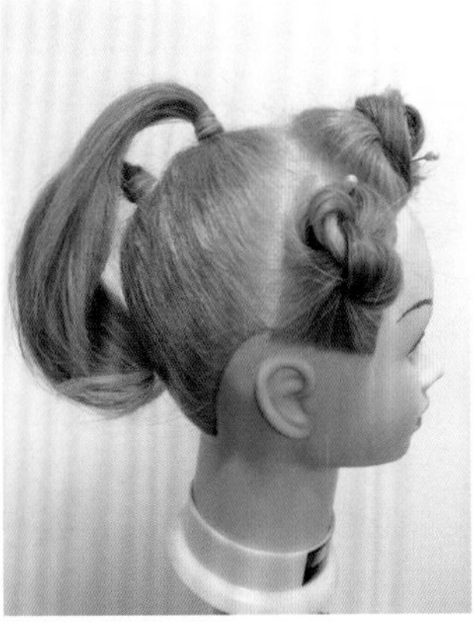

2 포니테일 한 부분을 1mm 정도 슬라이스하여 분리하여 백콤을 넣어 면을 펴주며 진행하고 마무리로 백콤을 넣어 준다.

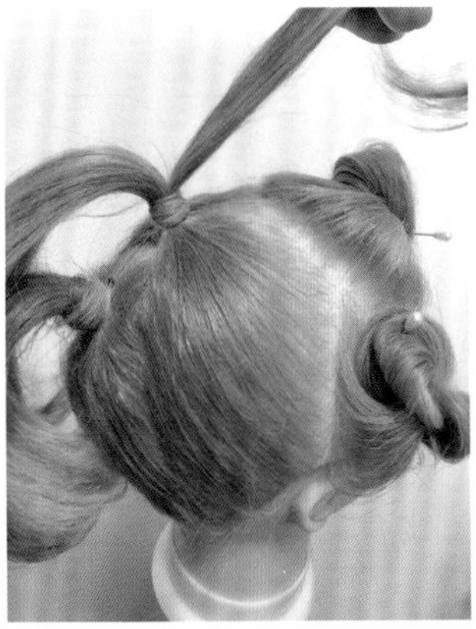

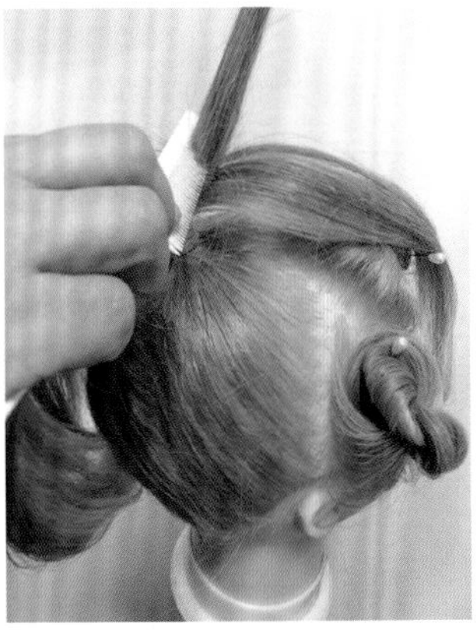

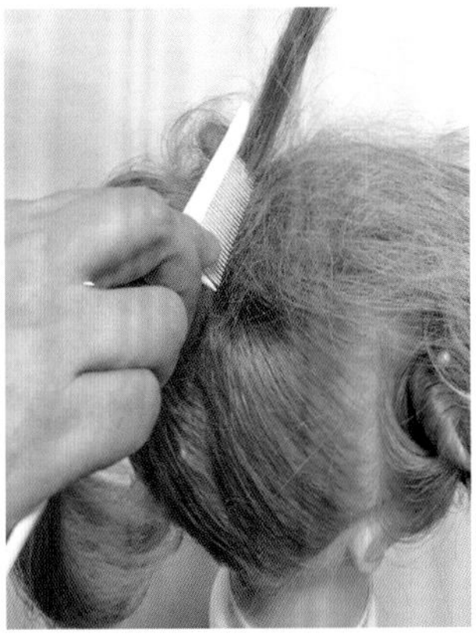

3 백콤된 부분은 돈모 브러시로 결을 정리한다. 정리된 부분은 1mm 분리해 놓은 모발을 덮어 주고 양 끝부분은 빗살 끝으로 정리한다.

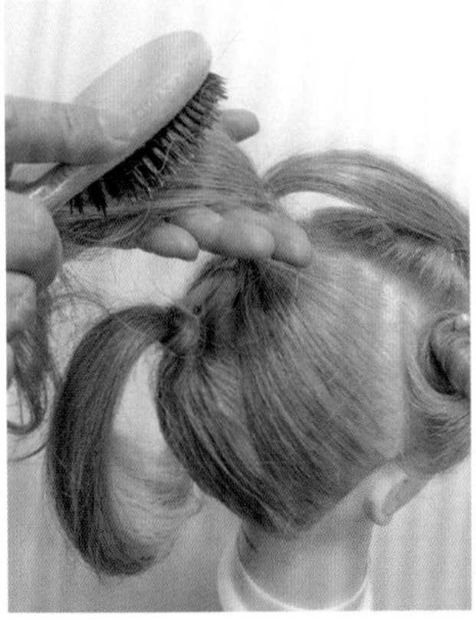

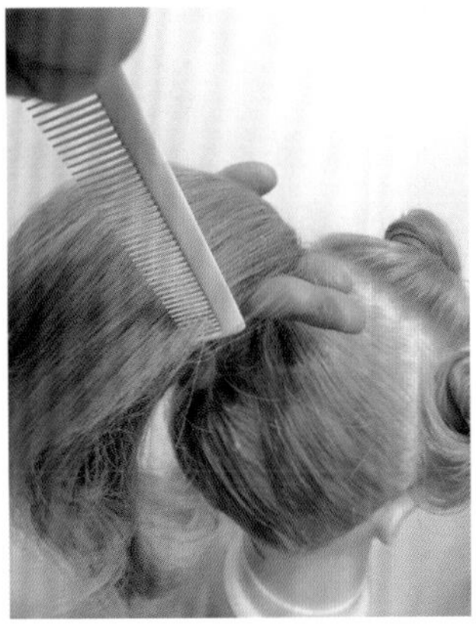

4 모발의 결을 곱게 정리한 다음 롤을 말아 고정해 준다. 고정된 롤은 잘 안착시키고 롤 면은 수평이 되도록 옆으로 늘려 준다.

5 모발을 슬라이스하여 1mm 분리해 놓는다. 골덴 백미디엄 포인트(G.B.M.P)도 백콤을 넣고 백콤 면을 고르게 펴준다.

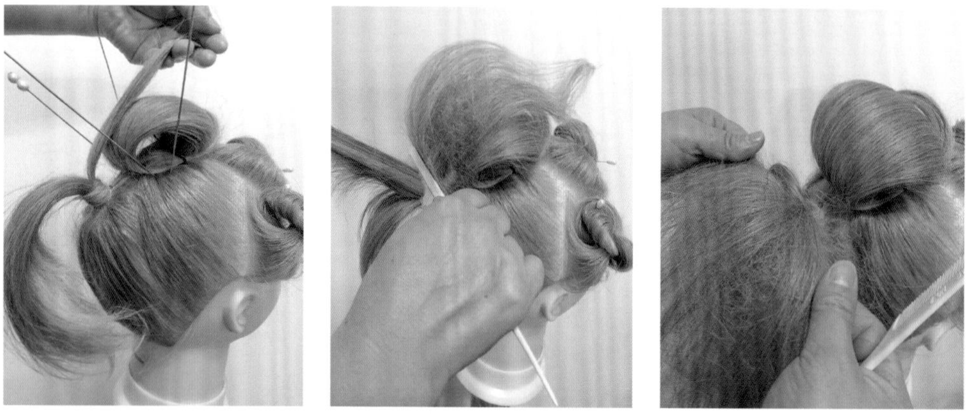

6 백콤된 부위는 돈모 브러시로 정리하여 롤을 말아 고정해 준다. 고정된 롤은 잘 안착시키고 롤 면은 수평이 되도록 옆으로 늘려 준다.

7 사이드는 1mm 헤어라인을 슬라이스하여 분리해 놓는다. 볼륨을 위해 백콤을 넣어 주고 백콤된 면을 펴준다.

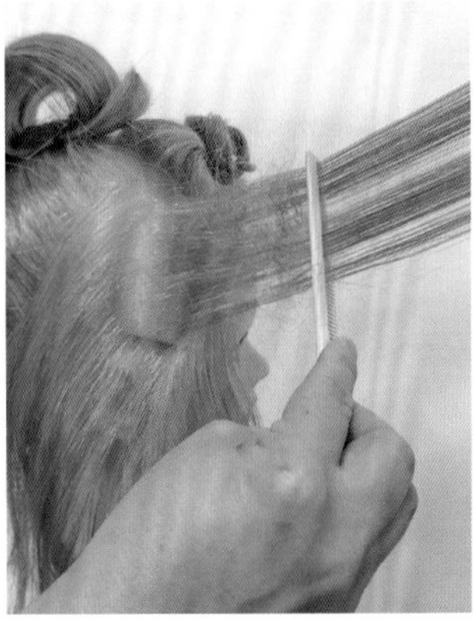
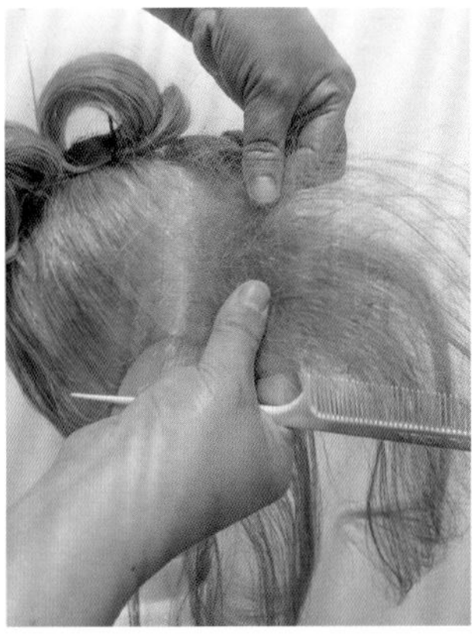

8 백콤된 부위는 돈모 브러시로 정리한 다음 샤인 스프레이를 뿌려 모발 결을 매끈하게 정리한다. 왼손에 모아진 모발은 시계 방향의 소라 모양으로 돌려준다.

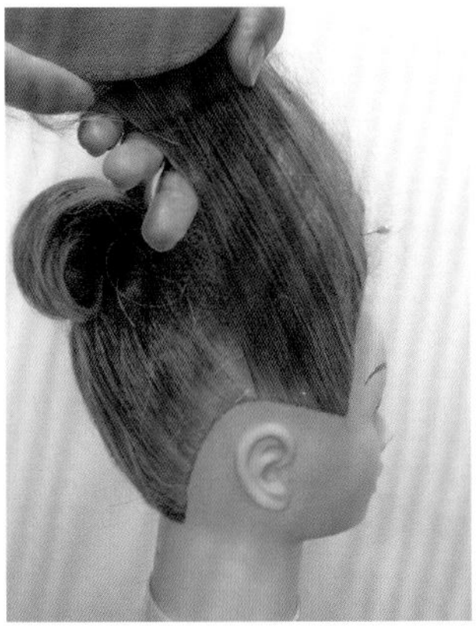
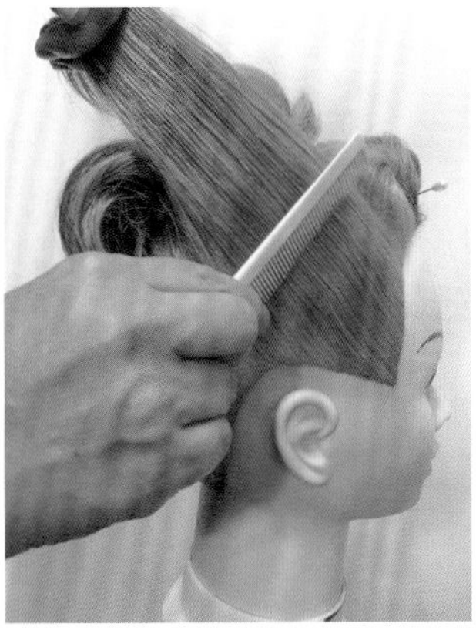
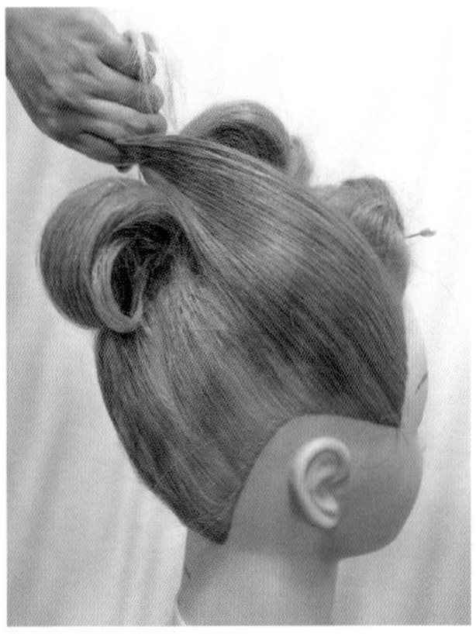

9 모발의 끝 처리는 수평 롤 사이에 고리 모양으로 안착시켜 고정시킨다. 고정된 부분의 잔머리는 꼬리빗 끝으로 잘 정리하여 마무리해 준다.

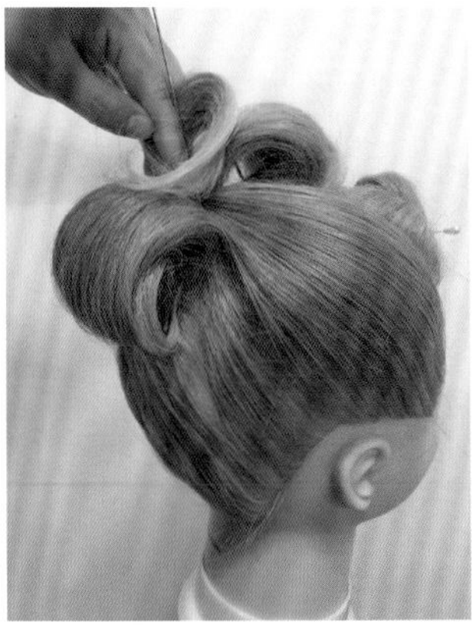

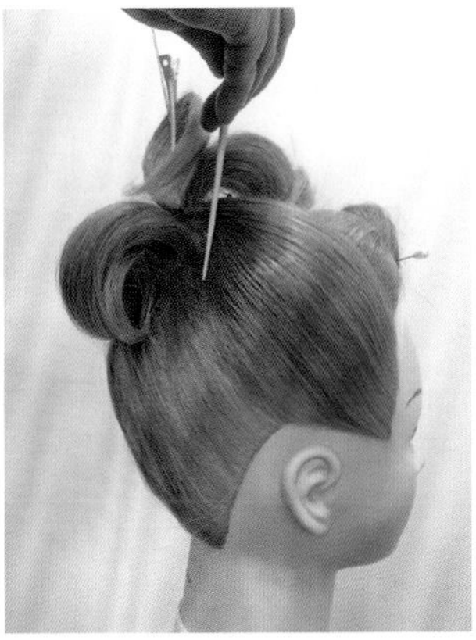

10 반대편 사이드도 1mm 슬라이스하여 분리해 놓은 다음, 볼륨을 위해 백콤을 넣어 꼬리빗으로 모발 결을 매끈하게 정리한다.

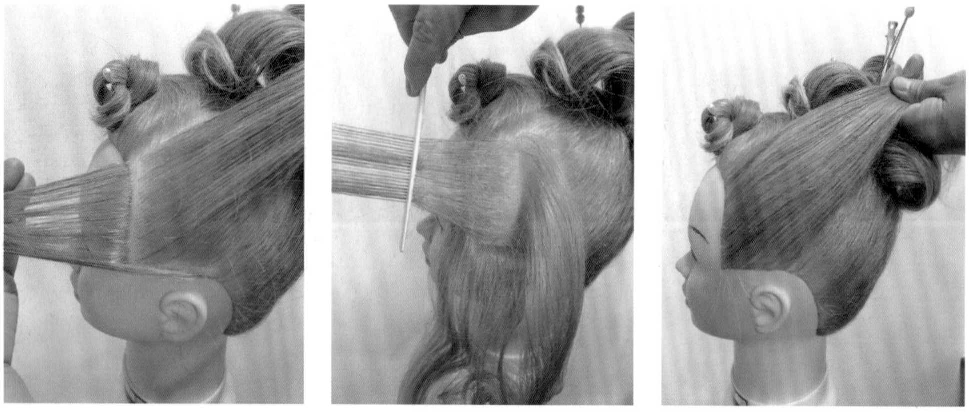

11 오른손에 모아진 모발은 시계 반대 방향으로 소라 모양을 돌려 고정시킨다. 잔머리는 샤인 스프레이를 뿌려 정리한다.

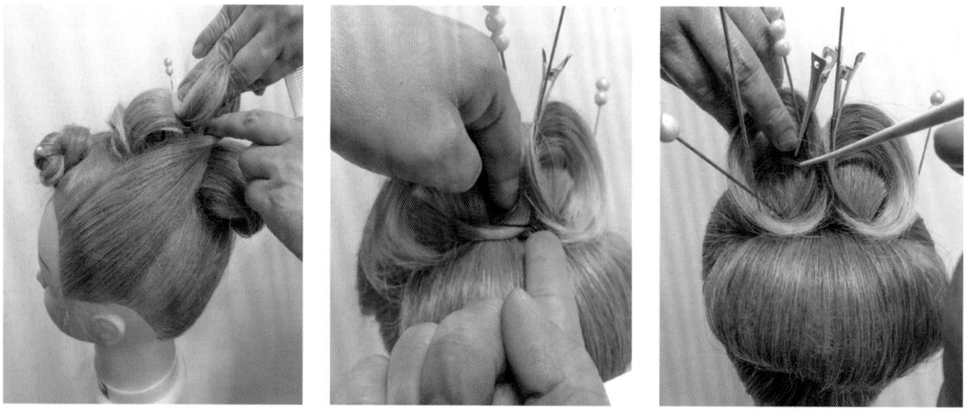

12 프런트 헤어라인도 1mm 분리해 놓은 다음, 사선 섹션으로 백콤을 넣어 준다. 백콤 면을 고르게 하기 위하여 백콤 된 부위을 잘 펴준다.

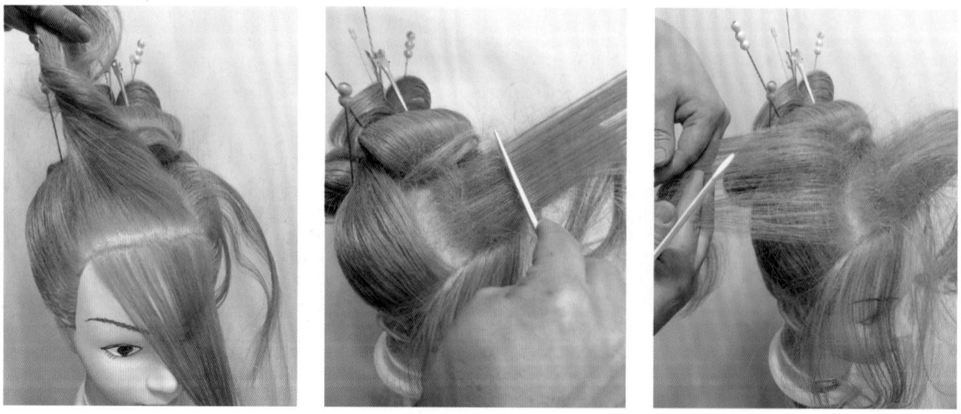

13 백콤 된 부위를 꼬리빗으로 정리한 다음 모발 결을 매끈하게 정리한다. 왼손에 모아진 모발은 시계 반대 방향으로 돌려 톱 포인트(T.P)에 고정한다.

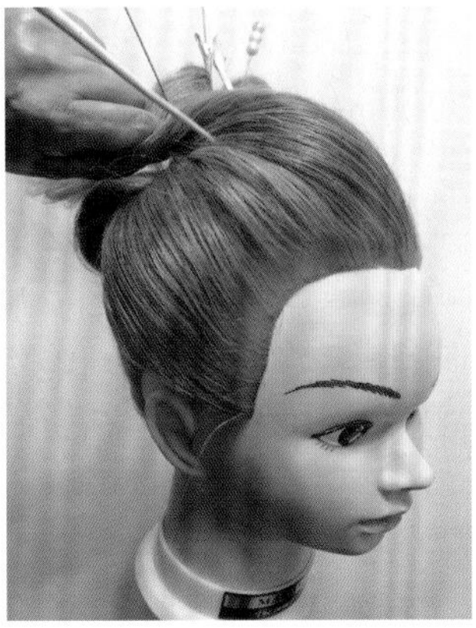
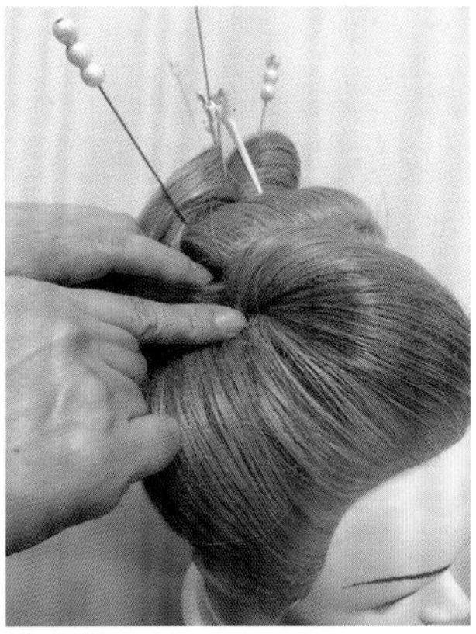

14 소라 모양의 끝 자락을 2가닥으로 나눈다. 첫 번째 가닥은 후두부의 사이드에 웨이브 형태로 백 포인트에 고정시킨다. 두 번째 가닥은 전두부의 사이드에 고리 모양으로 고정한다.

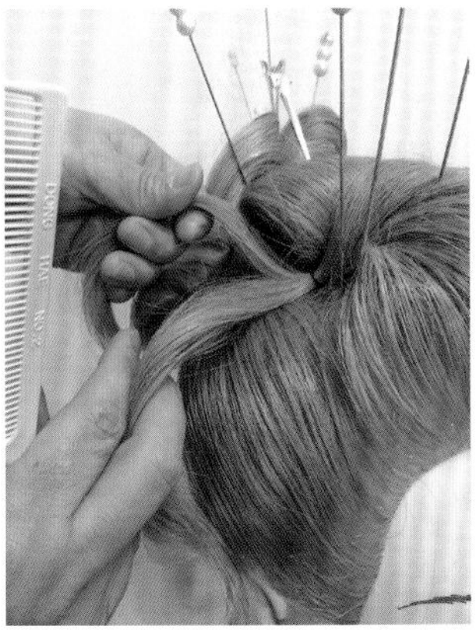
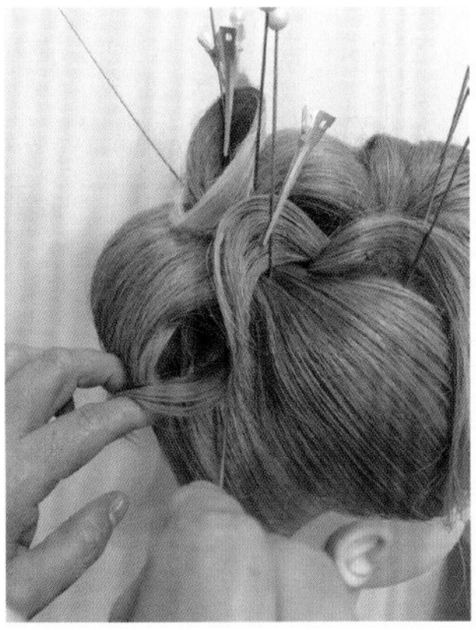
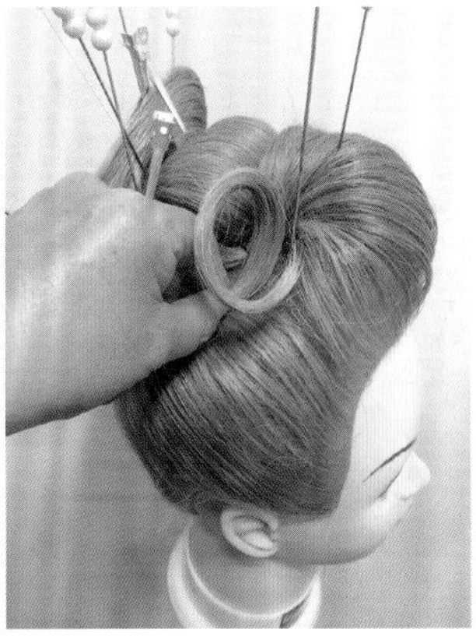

롤 매듭 & 땋기 응용

학습 내용	롤 매듭 & 땋기 응용
수업 목표	• 업스타일의 바구니 땋기와 롤을 응용한 테크닉을 시술할 수 있다. • 고객의 특성과 상황을 고려하며 상위양감 스타일을 디자인할 수 있다. • 다양한 기법을 활용하여 창의적인 업스타일을 시술할 수 있다.

1. 준비하기

2. 시술하기

1 양쪽 눈썹 2/3 지점 중심으로 톱 센터 포인트를 지나 사각 섹션으로 나눈다. 톱 포인트를 향해 라운드로 연결하여 포니테일 한다. 후두부 양쪽 이어 백 포인트를 기준으로 G.P, M.P와 B.P를 설정하여 3등분으로 나누어 준다.

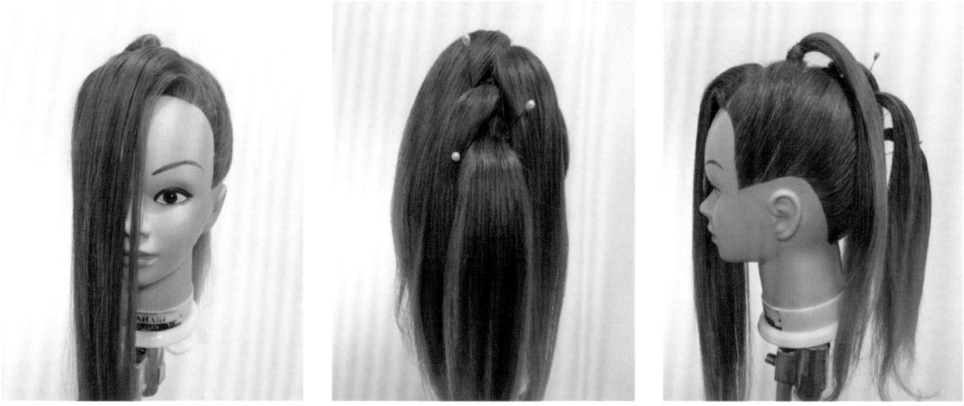

2 양쪽 눈썹 2/3 지점으로 사각 섹션을 섹셔닝하여 분리해 놓는다. 양쪽 이어 사이드 포인트 기준으로 톱 포인트(T.P)를 향해 라운드로 나누어 주고 결정리를 한다.

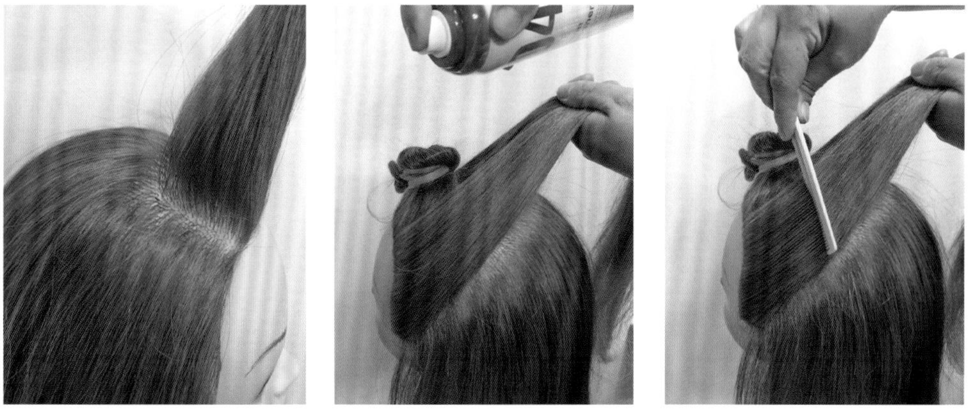

3 톱 포인트에 포니테일 할 때 엄지손가락에 고무줄을 건 다음, 시계 방향으로 2바퀴 이상 돌려 고무밴드에 매듭을 주고 고정시킨다.

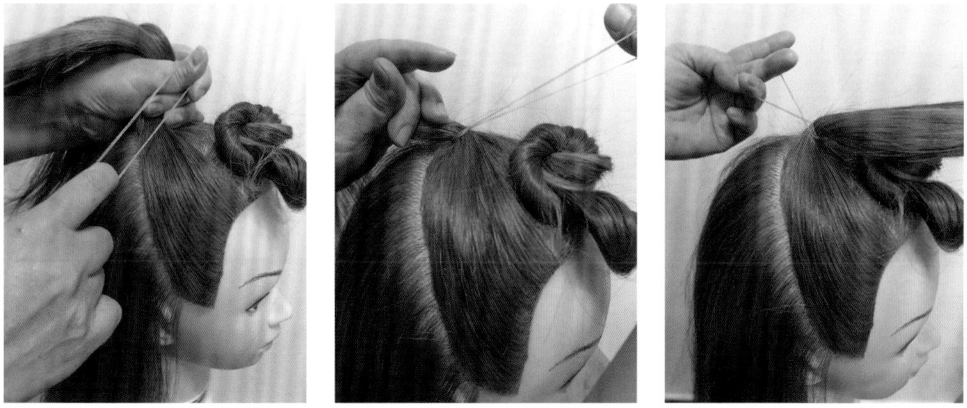

[4] 양쪽 이어 백 사이드 기준 골덴 포인트를 향해 라운드로 섹션한다. 패널은 두피에 밀착시켜 골덴 포인트(G.P)를 향해 빗질한다.

[5] 엄지손가락에 고무밴드을 건 다음 시계 방향으로 2바퀴 이상 돌려 고무밴드에 매듭을 주고 고정한다. 꼬리빗으로 모발 결을 정리해 준다.

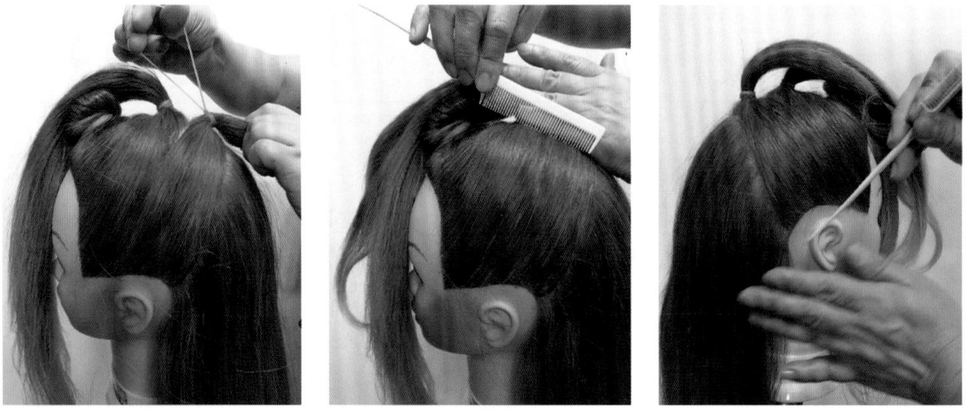

[6] 양쪽 이어 백 사이드와 네이프 사이드 포인트 기준 골덴 백 미디엄 포인트(G.B.M.P)를 향해 섹셔닝한다. 패널은 두피에 밀착시켜 빗질한 다음 G.B.M.P와 B.P에 각각 포니테일을 한다.

7 톱 포인트(T.P) 묶음부터 백 포인트(B.P) 묶음까지 소량의 슬라이스하여 묶음에 고무밴드가 보이지 않도록 커버해 준다. (Tip: 잔머리는 스프레이로 정리한다.)

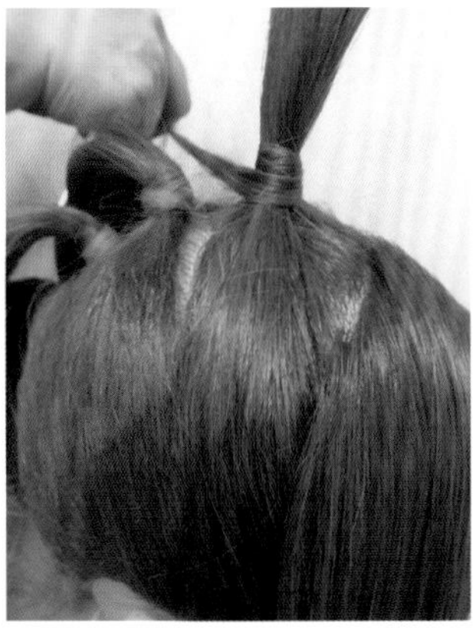

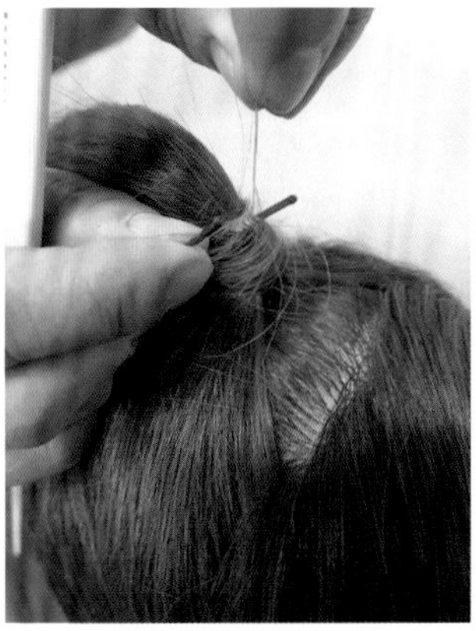

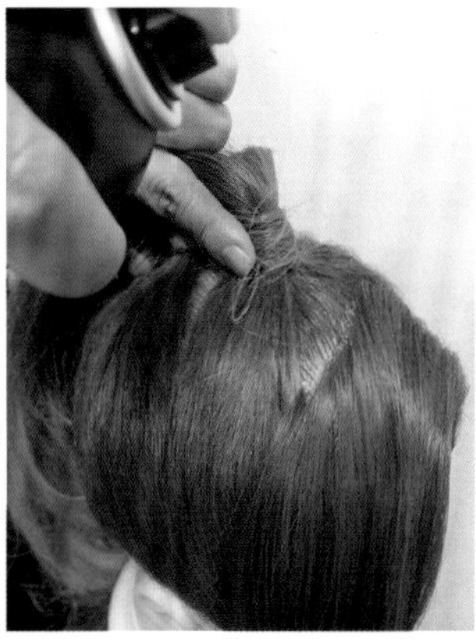

8 1mm 정도 슬라이스하여 분리해 놓고 롤 볼륨을 위해 백콤를 넣어 준다. 백콤된 패널은 빗질한 다음 1mm 분리해 놓은 패널을 백콤된 부위를 덮어 준다.

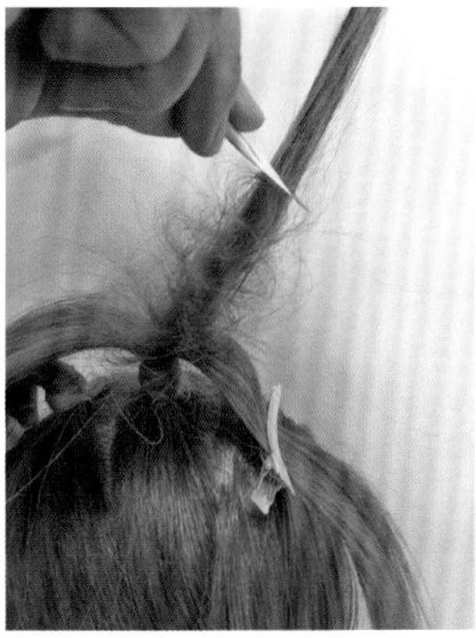

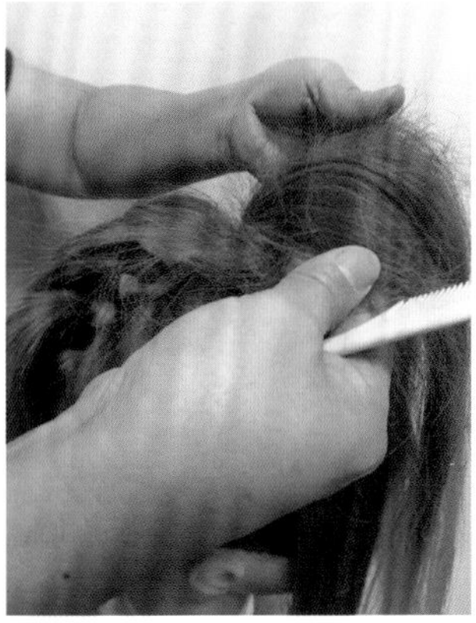

9 샤인 스프레이로 모발 결을 정리해 준다. 정리한 패널은 오른손이 롤의 넓이를 잡아주고 왼손은 모발 끝을 시계 방향으로 돌려준다.

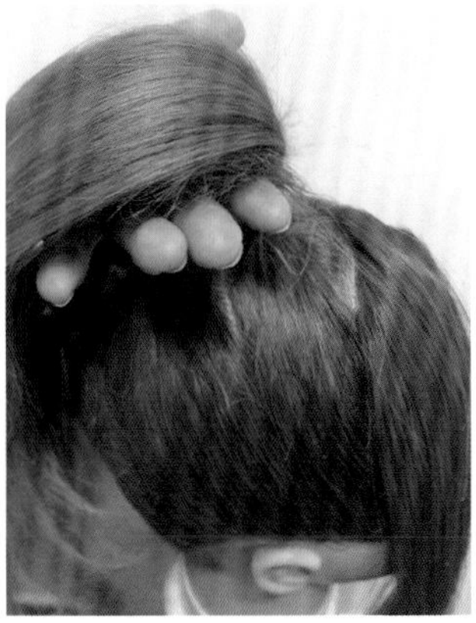

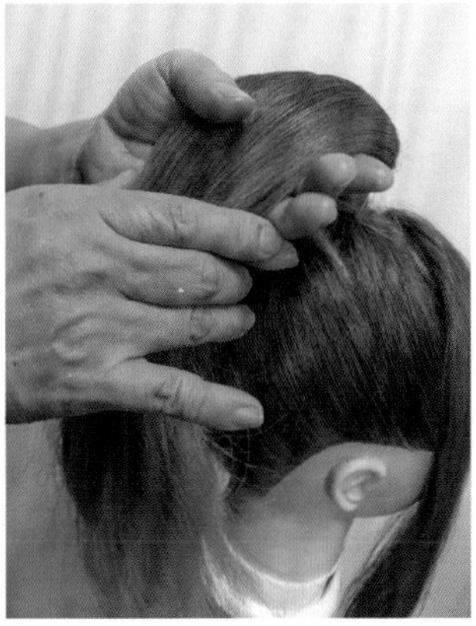

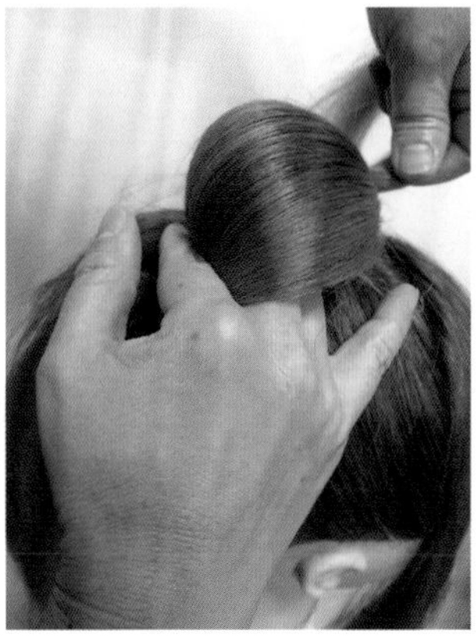

10 시계 방향으로 돌려준 모발 끝은 롤의 넓이 사이 왼쪽으로 빼준다. 롤을 안전하게 고정하고 롤 넓이를 조절하여 임시 고정한다.

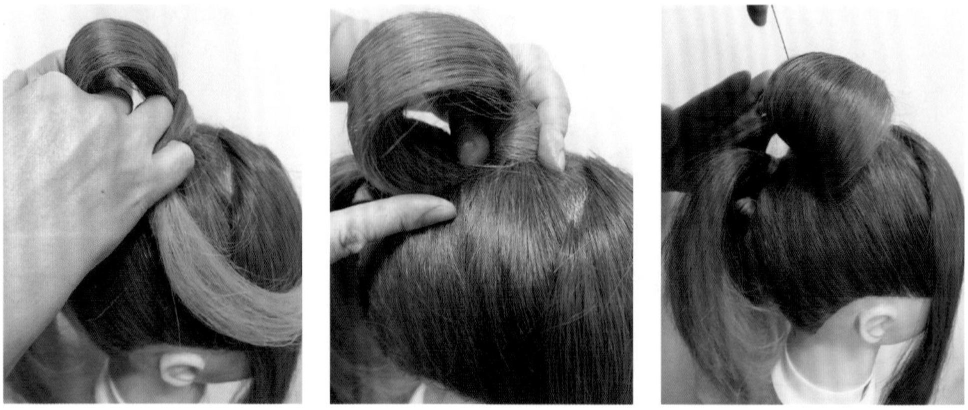

11 골덴 포인트의 1mm 정도를 슬라이스하여 분리해 놓고 백콤을 넣어 준다. 면을 잘 펴주고 빗질한 다음 1mm 분리해 놓은 패널을 백콤된 부위를 덮어 준다.

12 패널은 왼손이 롤의 넓이를 잡고 오른손은 모발 끝을 시계 반대 방향으로 돌려준다. 돌려준 모발 끝은 롤의 넓이 사이 오른쪽으로 빼준 다음 고정한다.

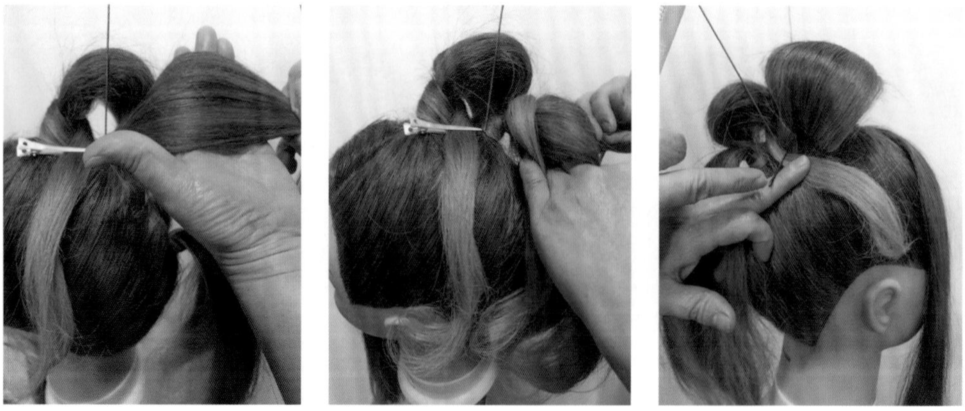

13 G.B.M.P의 1mm 정도를 슬라이스하여 분리해 놓고 백콤을 넣어 준 다음 잘 펴주고 빗질한다. 1mm 분리해 놓은 패널을 백콤된 부위를 덮어 준다

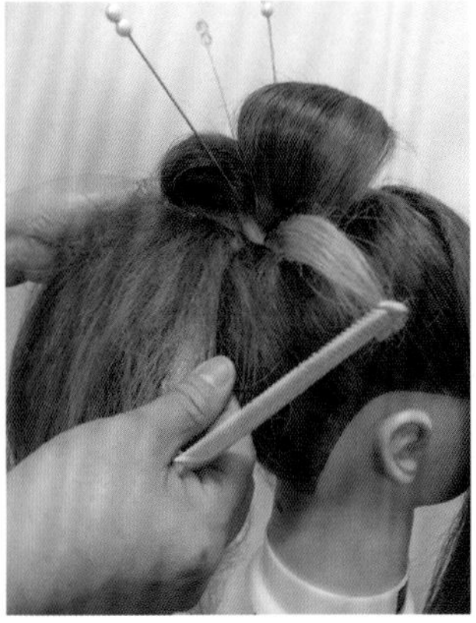
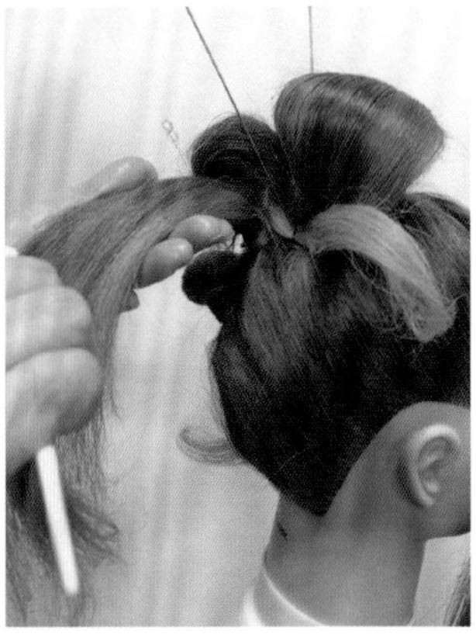

14 볼륨을 정리한 패널은 오른손이 롤의 넓이를 잡고 왼손은 모발 끝을 시계 방향으로 돌려준 다음, 모발 끝은 롤의 넓이 사이 왼쪽으로 빼준다.

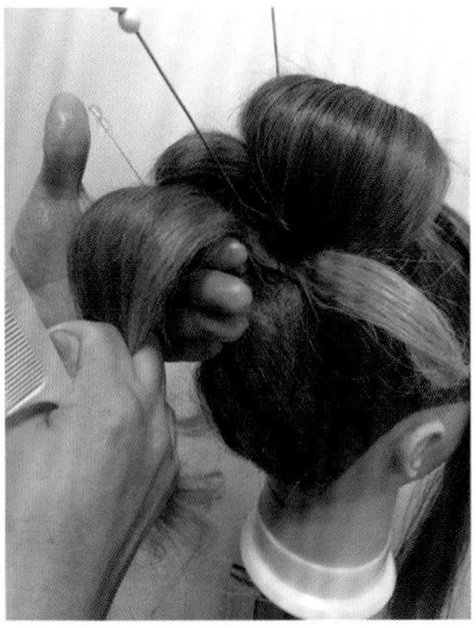

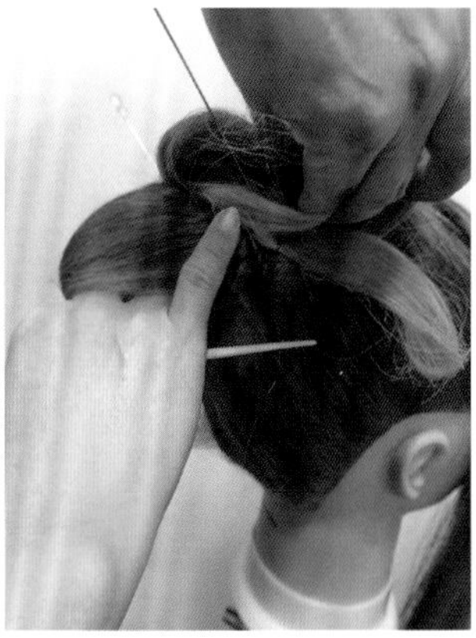

15 1mm 정도 슬라이스하여 분리해 놓고 롤 볼륨을 위해 백콤을 넣어 준다. 면을 잘 펴주고 빗질한 다음 분리해 놓은 패널을 백콤된 부위를 덮어 준다.

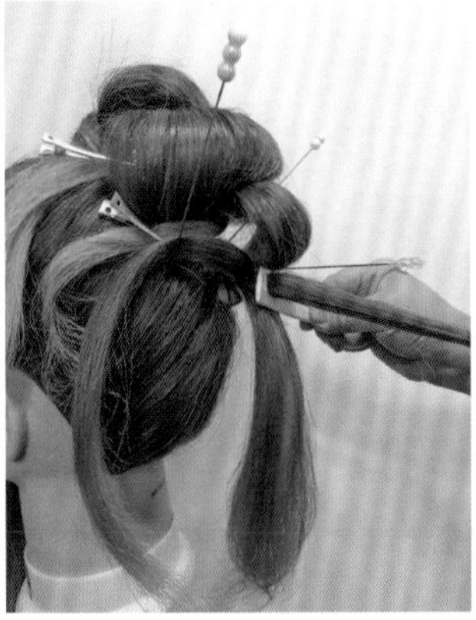
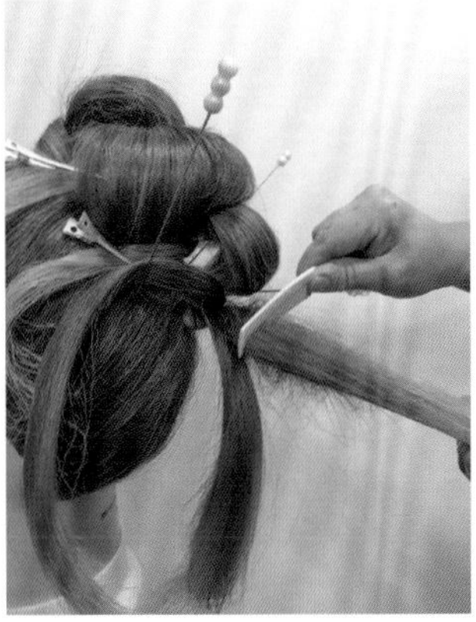
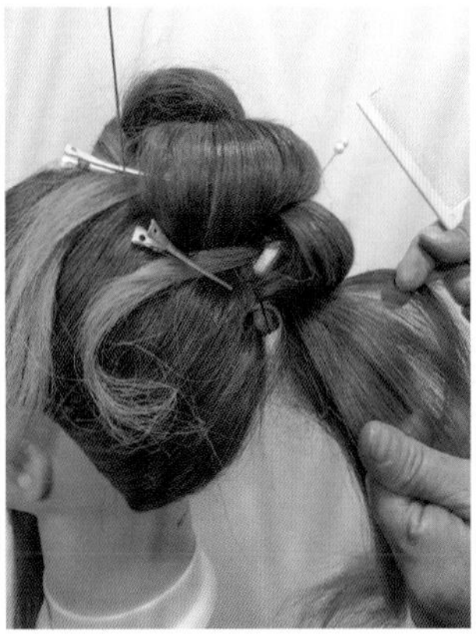

16 롤 볼륨을 위해 잘 정리한 다음 샤인 스프레이로 모발 결을 정리해 준다. 왼손이 롤의 넓이를 잡고 오른손은 모발 끝을 시계 반대 방향으로 돌려준 후 고정한다.

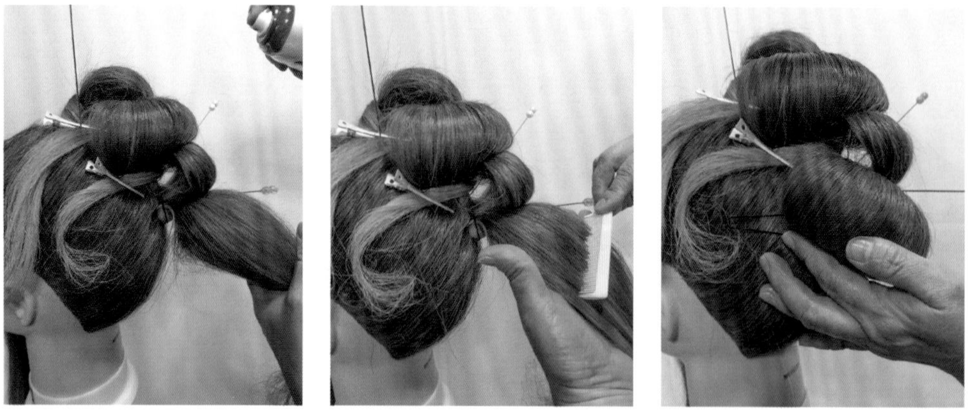

17 톱 포인트 끝부분을 왼쪽 사이드에 시계 방향으로 골덴 포인트는 오른쪽 사이드에 시계 반대 방향으로 매듭하여 고정한다. (골덴 백 포인트와 백 포인트 끝부분도 같은 방법으로 진행한다).

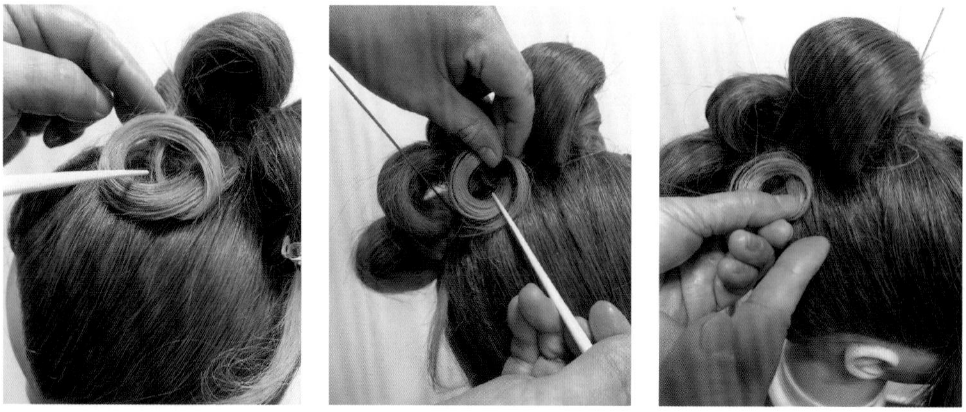

18 세 가닥 위로 땋기를 시작하여 10가닥 바구니 땋기를 한다. 세 가닥을 지그재그로 엮어주고 마지막 한 가닥만 잡고 다음 패널 집어 땋기 하는 방법으로 동일하게 시술한다.

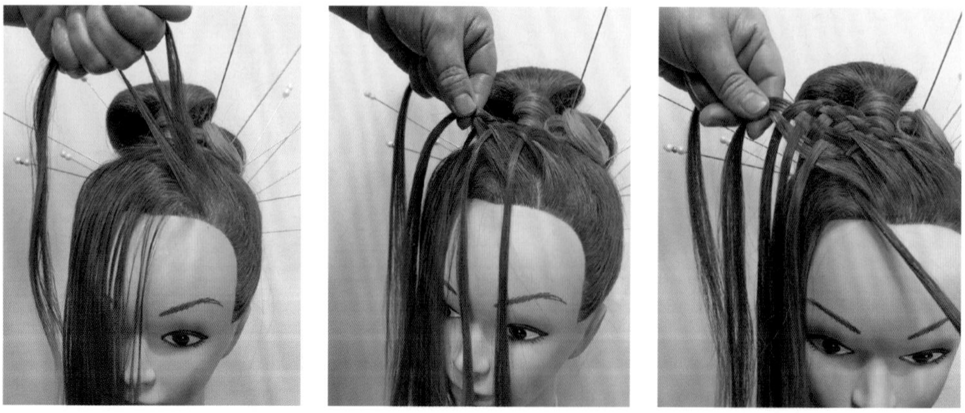

19 계속해서 동일하게 바구니 땋기를 시술한 다음, 엮어진 패널은 넓혀 준다.

20 나머지는 엮어진 패널이 아래 있는 패널은 엄지손가락 위로 올려주고 위에 있는 패널은 검지와 중지 사이에 모아 주고 마지막 패널은 엮어 준다. 엮어진 패널은 가닥가닥 늘려 준다.

21 늘려진 가닥은 입체를 만들어 S웨이브로 톱 포인트(T.P)에 연결한다. 입체적인 모양은 임시 고정하고 스타일을 잡아준 다음 고정시킨다.

CREATIVE HAIR DESIGN
08

작품 액세서리 만들기

학습 내용	작품 액세서리 만들기
수업 목표	• 롤피스를 응용하여 다양한 모양의 헤어 액세서리를 제작 할 수 있다. • 헤어 액세서리를 기털 및 구슬, 큐빅 등 다양한 소재로 제작할 수 있다.

1. 준비하기

컬러 롤피스, 큐빅, 깃털, 검정 피스, 구슬, 유핀(대, 중), 가위, 실리콘 인두건총, 샤인 스프레이, 강력 스프레이, 접착 스프레이, 반짝이 가루 등 준비한다.

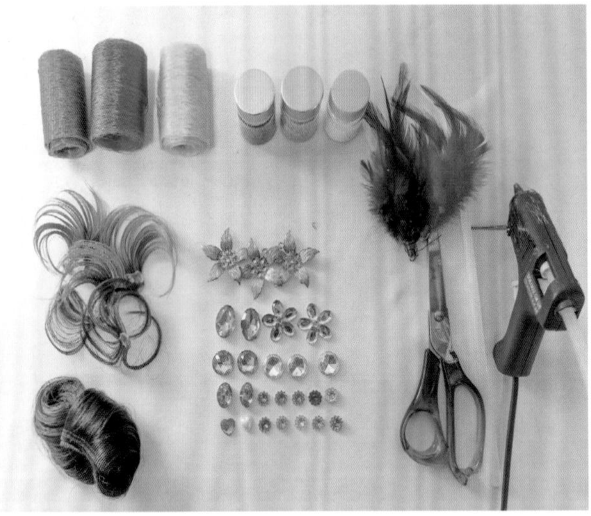

2. 컬러 롤 피스 제작하기

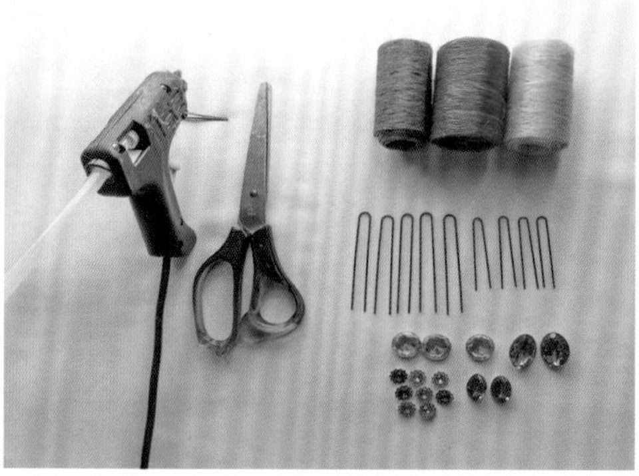

1 컬러 피스를 4cm로 잘라 양쪽 끝을 사선으로 다듬어 준다.

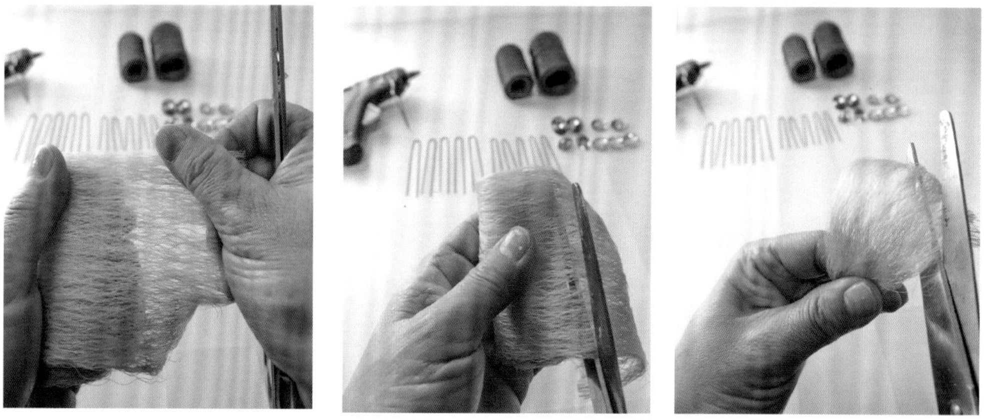

2 잘라진 끝부분은 실리콘으로 붙여 주고 꽃잎 모양을 만든 다음, 유핀을 붙여 큐빅으로 마무리한다. (컬러 롤 피스는 다양한 모양으로 액세서리를 응용할 수 있다.)

3. 머리카락 피스 제작하기

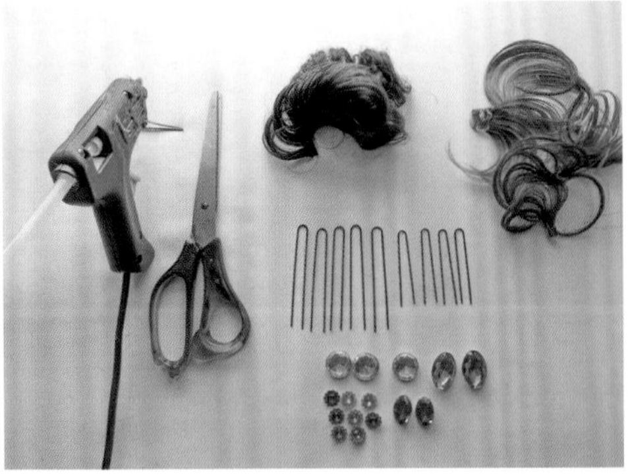

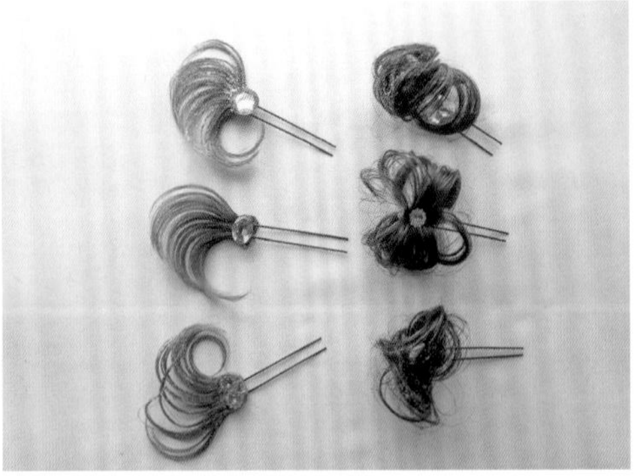

1 머리카락 줄피스를 7cm로 잘라 준다. 자른 피스는 반으로 접어 실리콘으로 붙여 주고 유핀을 붙인 다음 샤인 스프레이 도포한다.

2 샤인 스프레이이 도포한 다음, 반짝이와 큐빅 등으로 마무리한다.

4. 깃털 피스 제작하기

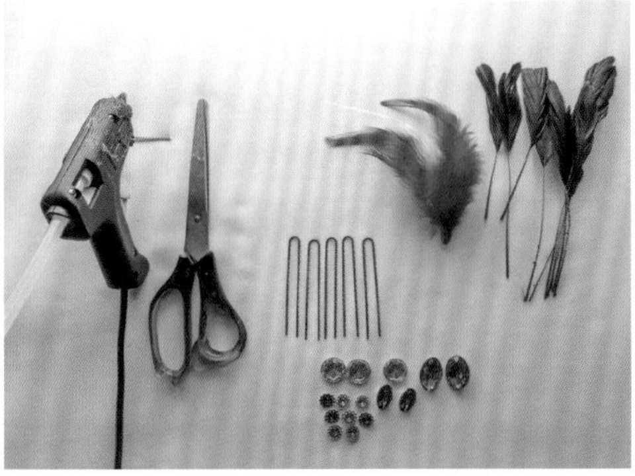

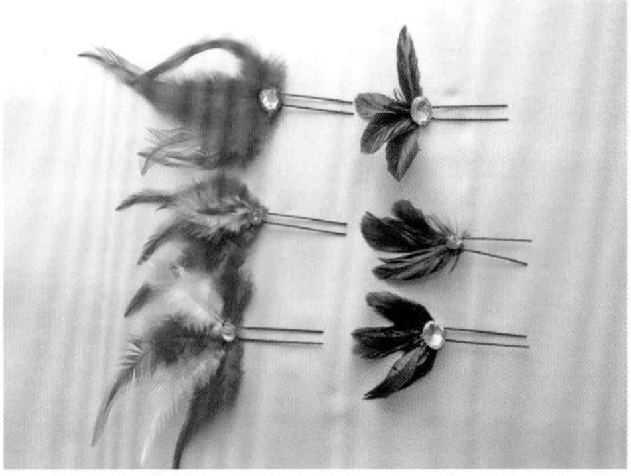

1 깃털 3~4가닥을 겹쳐 실리콘으로 고정 후 불필요한 것은 잘라준다. 앞면에 실리콘을 묻혀 유핀과 큐빅을 붙여 마무리한다.

5. 큐빅 액세서리 제작하기

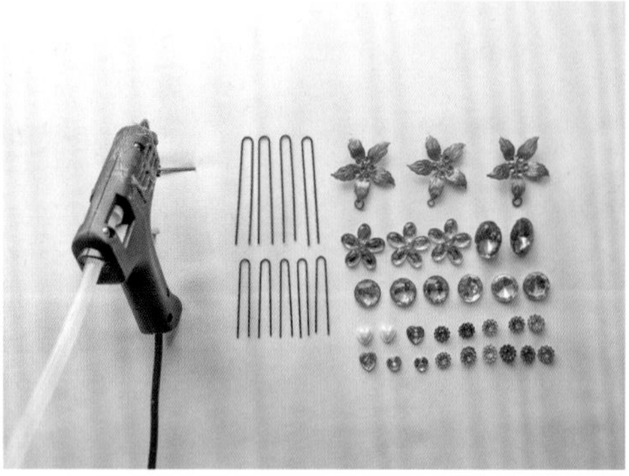 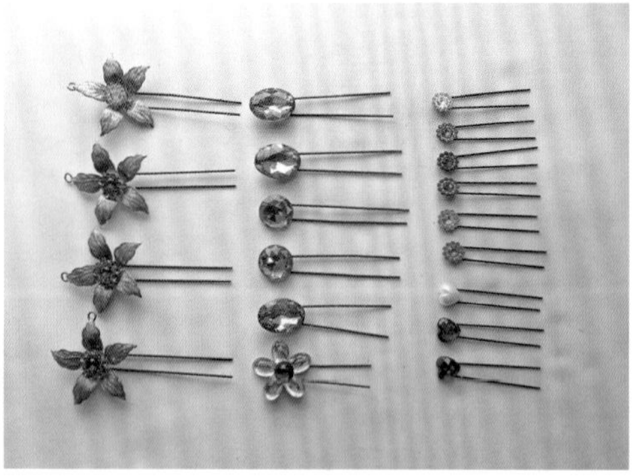

1 유핀과 액세서리를 준비한다. 액세서리 뒤에 실리콘을 묻힌 다음 유핀을 붙여준다.

 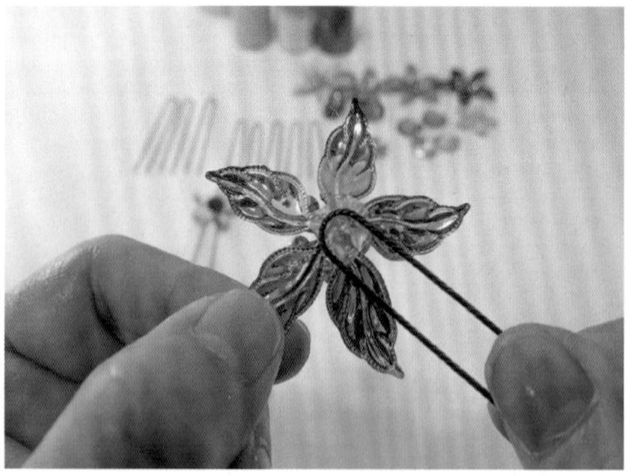

2 앞면에도 실리콘 묻혀 큐빅을 붙여 마무리한다.

CHAPTER 05

부록

CREATIVE HAIR DESIGN

CHAPTER 05

Portfolio

헤어디자인창작론

교 과 목 명	헤어디자인창작론
학 교 명	
학과(전공)	
이 름	
학 번	
담 당 교 수	
제 출 일	
점 수	

CREATIVE HAIR DESIGN

<table>
<tr><th colspan="4">실습 일지</th></tr>
<tr><td>작성 일자</td><td>20 년 월 일</td><td>교과목명</td><td></td></tr>
<tr><td>학 년</td><td>학년 반</td><td>담당 교수</td><td></td></tr>
<tr><td>학 번</td><td></td><td>성 명</td><td></td></tr>
<tr><td>학습 내용</td><td colspan="3"></td></tr>
<tr><td>학습 목표</td><td colspan="3"></td></tr>
<tr><td>시술하기</td><td colspan="3">시술 순서</td></tr>
<tr><td>1. 섹션
2. 디자인요소
3. 디자인 기법
4. 디자인 법칙</td><td colspan="3"></td></tr>
<tr><td rowspan="3">마무리하기</td><td colspan="3">시술 과정</td></tr>
<tr><td colspan="2"></td><td></td></tr>
<tr><td colspan="2"></td><td></td></tr>
</table>

<table>
<tr><th colspan="4">실습 일지</th></tr>
<tr><td>작성 일자</td><td>20　　년　　월　　일</td><td>교과목명</td><td></td></tr>
<tr><td>학　　년</td><td>학년　　반</td><td>담당 교수</td><td></td></tr>
<tr><td>학　　번</td><td></td><td>성　　명</td><td></td></tr>
<tr><td>학습 내용</td><td colspan="3"></td></tr>
<tr><td>학습 목표</td><td colspan="3"></td></tr>
<tr><td>시술하기</td><td colspan="3">시술 순서</td></tr>
<tr><td>1. 섹션
2. 디자인요소
3. 디자인 기법
4. 디자인 법칙</td><td colspan="3"></td></tr>
<tr><td rowspan="3">마무리하기</td><td colspan="3">시술 과정</td></tr>
<tr><td></td><td colspan="2"></td></tr>
<tr><td></td><td colspan="2"></td></tr>
</table>

실습 일지			
작성 일자	20 년 월 일	교과목명	
학 년	학년 반	담당 교수	
학 번		성 명	
학습 내용			
학습 목표			
시술하기	시술 순서		
1. 섹션 2. 디자인요소 3. 디자인 기법 4. 디자인 법칙			
마무리하기	시술 과정		

실습 일지			
작성 일자	20 년 월 일	교과목명	
학 년	학년 반	담당 교수	
학 번		성 명	
학습 내용			
학습 목표			
시술하기	시술 순서		
1. 섹션 2. 디자인요소 3. 디자인 기법 4. 디자인 법칙			
마무리하기	시술 과정		

실습 일지

작성 일자	20 년 월 일	교과목명	
학 년	학년 반	담당 교수	
학 번		성 명	
학습 내용			
학습 목표			
시술하기	시술 순서		
1. 섹션 2. 디자인요소 3. 디자인 기법 4. 디자인 법칙			
마무리하기	시술 과정		

<table>
<tr><th colspan="5">실습 일지</th></tr>
<tr><td>작성 일자</td><td>20 년 월 일</td><td>교과목명</td><td colspan="2"></td></tr>
<tr><td>학 년</td><td>학년 반</td><td>담당 교수</td><td colspan="2"></td></tr>
<tr><td>학 번</td><td></td><td>성 명</td><td colspan="2"></td></tr>
<tr><td>학습 내용</td><td colspan="4"></td></tr>
<tr><td>학습 목표</td><td colspan="4"></td></tr>
<tr><td>시술하기</td><td colspan="4">시술 순서</td></tr>
<tr><td>1. 섹션
2. 디자인요소
3. 디자인 기법
4. 디자인 법칙</td><td colspan="4"></td></tr>
<tr><td rowspan="3">마무리하기</td><td colspan="4">시술 과정</td></tr>
<tr><td colspan="2"></td><td colspan="2"></td></tr>
<tr><td colspan="2"></td><td colspan="2"></td></tr>
</table>

<table>
<tr><th colspan="5">실습 일지</th></tr>
<tr><td>작성 일자</td><td>20 년 월 일</td><td>교과목명</td><td colspan="2"></td></tr>
<tr><td>학 년</td><td>학년 반</td><td>담당 교수</td><td colspan="2"></td></tr>
<tr><td>학 번</td><td></td><td>성 명</td><td colspan="2"></td></tr>
<tr><td>학습 내용</td><td colspan="4"></td></tr>
<tr><td>학습 목표</td><td colspan="4"></td></tr>
<tr><td>시술하기</td><td colspan="4">시술 순서</td></tr>
<tr><td>1. 섹션
2. 디자인요소
3. 디자인 기법
4. 디자인 법칙</td><td colspan="4"></td></tr>
<tr><td rowspan="3">마무리하기</td><td colspan="4">시술 과정</td></tr>
<tr><td colspan="2"></td><td colspan="2"></td></tr>
<tr><td colspan="2"></td><td colspan="2"></td></tr>
</table>

실습 일지

작성 일자	20 년 월 일	교과목명	
학 년	학년 반	담당 교수	
학 번		성 명	
학습 내용			
학습 목표			
시술하기	시술 순서		
1. 섹션 2. 디자인요소 3. 디자인 기법 4. 디자인 법칙			
마무리하기	시술 과정		

<table>
<tr><th colspan="4">실습 일지</th></tr>
<tr><td>작성 일자</td><td>20 년 월 일</td><td>교과목명</td><td></td></tr>
<tr><td>학 년</td><td>학년 반</td><td>담당 교수</td><td></td></tr>
<tr><td>학 번</td><td></td><td>성 명</td><td></td></tr>
<tr><td>학습 내용</td><td colspan="3"></td></tr>
<tr><td>학습 목표</td><td colspan="3"></td></tr>
<tr><td>시술하기</td><td colspan="3">시술 순서</td></tr>
<tr><td>1. 섹션
2. 디자인요소
3. 디자인 기법
4. 디자인 법칙</td><td colspan="3"></td></tr>
<tr><td rowspan="3">마무리하기</td><td colspan="3">시술 과정</td></tr>
<tr><td colspan="2"></td><td></td></tr>
<tr><td colspan="2"></td><td></td></tr>
</table>

실습 일지

작성 일자	20 년 월 일	교과목명	
학 년	학년 반	담당 교수	
학 번		성 명	
학습 내용			
학습 목표			
시술하기	시술 순서		
1. 섹션 2. 디자인요소 3. 디자인 기법 4. 디자인 법칙			
마무리하기	시술 과정		

<table>
<tr><th colspan="4">실습 일지</th></tr>
<tr><td>작성 일자</td><td>20 년 월 일</td><td>교과목명</td><td></td></tr>
<tr><td>학 년</td><td>학년 반</td><td>담당 교수</td><td></td></tr>
<tr><td>학 번</td><td></td><td>성 명</td><td></td></tr>
<tr><td>학습 내용</td><td colspan="3"></td></tr>
<tr><td>학습 목표</td><td colspan="3"></td></tr>
<tr><td>시술하기</td><td colspan="3">시술 순서</td></tr>
<tr><td>1. 섹션
2. 디자인요소
3. 디자인 기법
4. 디자인 법칙</td><td colspan="3"></td></tr>
<tr><td rowspan="3">마무리하기</td><td colspan="3">시술 과정</td></tr>
<tr><td colspan="2"></td><td></td></tr>
<tr><td colspan="2"></td><td></td></tr>
</table>

실습 일지

작성 일자	20 년 월 일	교과목명	
학 년	학년 반	담당 교수	
학 번		성 명	
학습 내용			
학습 목표			
시술하기	시술 순서		
1. 섹션 2. 디자인요소 3. 디자인 기법 4. 디자인 법칙			
마무리하기	시술 과정		

실습 일지			
작성 일자	20 년 월 일	교과목명	
학 년	학년 반	담당 교수	
학 번		성 명	
학습 내용			
학습 목표			
시술하기	시술 순서		
1. 섹션 2. 디자인요소 3. 디자인 기법 4. 디자인 법칙			
마무리하기	시술 과정		

실습 일지

<table>
<tr><td>작성 일자</td><td>20 년 월 일</td><td>교과목명</td><td></td></tr>
<tr><td>학 년</td><td>학년 반</td><td>담당 교수</td><td></td></tr>
<tr><td>학 번</td><td></td><td>성 명</td><td></td></tr>
<tr><td>학습 내용</td><td colspan="3"></td></tr>
<tr><td>학습 목표</td><td colspan="3"></td></tr>
<tr><td>시술하기</td><td colspan="3">시술 순서</td></tr>
<tr><td>1. 섹션
2. 디자인요소
3. 디자인 기법
4. 디자인 법칙</td><td colspan="3"></td></tr>
<tr><td rowspan="3">마무리하기</td><td colspan="3">시술 과정</td></tr>
<tr><td></td><td colspan="2"></td></tr>
<tr><td></td><td colspan="2"></td></tr>
</table>

<table>
<tr><th colspan="5">실습 일지</th></tr>
<tr><td>작성 일자</td><td>20 년 월 일</td><td>교과목명</td><td colspan="2"></td></tr>
<tr><td>학 년</td><td>학년 반</td><td>담당 교수</td><td colspan="2"></td></tr>
<tr><td>학 번</td><td></td><td>성 명</td><td colspan="2"></td></tr>
<tr><td>학습 내용</td><td colspan="4"></td></tr>
<tr><td>학습 목표</td><td colspan="4"></td></tr>
<tr><td>시술하기</td><td colspan="4">시술 순서</td></tr>
<tr><td>1. 섹션
2. 디자인요소
3. 디자인 기법
4. 디자인 법칙</td><td colspan="4"></td></tr>
<tr><td rowspan="3">마무리하기</td><td colspan="4">시술 과정</td></tr>
<tr><td colspan="2"></td><td colspan="2"></td></tr>
<tr><td colspan="2"></td><td colspan="2"></td></tr>
</table>

실습 일지			
작성 일자	20 년 월 일	교과목명	
학 년	학년 반	담당 교수	
학 번		성 명	
학습 내용			
학습 목표			
시술하기	시술 순서		
1. 섹션 2. 디자인요소 3. 디자인 기법 4. 디자인 법칙			
마무리하기	시술 과정		

실습 일지			
작성 일자	20 년 월 일	교과목명	
학 년	학년 반	담당 교수	
학 번		성 명	
학습 내용			
학습 목표			
시술하기	시술 순서		
1. 섹션 2. 디자인요소 3. 디자인 기법 4. 디자인 법칙			
마무리하기	시술 과정		

<table>
<tr><th colspan="5">실습 일지</th></tr>
<tr><td>작성 일자</td><td>20　　년　　월　　일</td><td>교과목명</td><td colspan="2"></td></tr>
<tr><td>학　　년</td><td>학년　　　반</td><td>담당 교수</td><td colspan="2"></td></tr>
<tr><td>학　　번</td><td></td><td>성　　명</td><td colspan="2"></td></tr>
<tr><td>학습 내용</td><td colspan="4"></td></tr>
<tr><td>학습 목표</td><td colspan="4"></td></tr>
<tr><td>시술하기</td><td colspan="4">시술 순서</td></tr>
<tr><td>1. 섹션
2. 디자인요소
3. 디자인 기법
4. 디자인 법칙</td><td colspan="4"></td></tr>
<tr><td rowspan="3">마무리하기</td><td colspan="4">시술 과정</td></tr>
<tr><td colspan="2"></td><td colspan="2"></td></tr>
<tr><td colspan="2"></td><td colspan="2"></td></tr>
</table>

실습 일지			
작성 일자	20 년 월 일	교과목명	
학 년	학년 반	담당 교수	
학 번		성 명	
학습 내용			
학습 목표			
시술하기	시술 순서		
1. 섹션 2. 디자인요소 3. 디자인 기법 4. 디자인 법칙			
마무리하기	시술 과정		

실습 일지			
작성 일자	20 년 월 일	교과목명	
학 년	학년 반	담당 교수	
학 번		성 명	
학습 내용			
학습 목표			
시술하기	시술 순서		
1. 섹션 2. 디자인요소 3. 디자인 기법 4. 디자인 법칙			
마무리하기	시술 과정		

MEMO

MEMO

MEMO

MEMO

MEMO

MEMO

MEMO

MEMO

MEMO

MEMO

[저자 소개]

최은정

정화예술대학교 미용예술학부 교수
건국대학교 이학박사
국가기술자격검정 미용장
국가기술자격검정 이용장
한국산업인력공단 이/미용장 감독위원
한국산업인력공단 전국기능경기대회 출제위원(헤어디자인부문)
한국산업인력공단 지방대회, 전국기능경기대회 심사위원

노인선

정화예술대학교 미용예술학부 외래교수
동덕여자대학교 보건과학대학원 석사
고추잠자리 헤어뉴스 대표
국가기술자격검정 미용장
한국산업인력공단 미용장 감독위원
한국미용장협회 교육강사
한국산업인력공단 지방대회, 전국기능경기대회 심사위원

진영모

정화예술대학교 미용예술학부 겸임교수
서경대학교 미용예술학 석사
국가기술자격검정 이용장
NCS개발 교육전문가
한국산업인력공단 이용장 감독위원
한국산업인력공단 지방대회, 전국기능경기대회 심사위원

[참고 문헌]

《응용 디자인 헤어커트》, 최은정 외 4명, 광문각, 2017
《실전 남성커트 & 이용사 실기 실습서》, 최은정, 진영모, 광문각, 2017
《미용장개론》, 홍도화 외 9명, 청구문화사, 2005
《Up Style》, 이복자, 문재원, 대원인쇄, 2007
《업스타일 마스트》, 이효숙 외 6명, 청구문화사, 2011
《Commercial Up Style(실용 업스타일)》, 김진숙 외 1명, 청구문화사, 2016
고용노동부: 한국산업인력공단 마이스터Net 숙련기술인포털
행정안전부: 국가기록원 역사기록관

헤어디자인창작론

2018년 2월 27일 1판 1쇄 인 쇄
2018년 3월 6일 1판 1쇄 발 행

지 은 이 : 최은정 · 노인선 · 진영모
펴 낸 이 : 박정태

펴 낸 곳 : **광 문 각**

10881
경기도 파주시 파주출판문화도시 광인사길 161
광문각 B/D 4층
등 록 : 1991. 5. 31 제12-484호
전 화(代) : 031) 955-8787
팩 스 : 031) 955-3730
E - mail : kwangmk7@hanmail.net
홈페이지 : www.kwangmoonkag.co.kr

ISBN : 978-89-7093-881-3 93590

값 : 27,000원